“十四五”高等学校动画与数字媒体类专业系列教材
普 通 高 校 应 用 型 本 科 教 材

CC 2022

Photoshop 图像处理案例教程

微课版

孙正广◎主

◎ 慕课+微课+教案+教学课件+案例素材

◎ 从“认识Photoshop+图像操作常用命令+图层+数字绘图+抠图+修图+调色+行业综合案例”循序渐进讲解

中国铁道出版社有限公司
CHINA RAILWAY PUBLISHING HOUSE CO., LTD.

内 容 简 介

本书按照普通高等院校Photoshop课程的教学基本要求编写，以Photoshop CC 2022版本全面讲解了 Photoshop 的基本操作方法和核心处理技巧，配合“慕课+微课”教学资源，为读者提供深入浅出的理论阐述、丰富经典的案例、扫码即得的在线资源，为教学和学习提供便利。

全书分为八章，包括认识Photoshop、图像操作常用命令、图层、数字绘图、抠图、修图、调色和行业综合案例。最后一章通过6个综合案例的学习，提高读者的综合运用能力。

本书适合作为普通高等院校Photoshop 相关课程的教材，也可作为 Photoshop 自学者的参考书。

图书在版编目（CIP）数据

Photoshop图像处理案例教程/孙正广主编．—北京：中国铁道出版社有限公司，2023.9（2025.2重印）
“十四五”高等学校动画与数字媒体类专业系列教材
ISBN 978-7-113-30418-8

Ⅰ.①P… Ⅱ.①孙… Ⅲ.①图像处理软件-高等学校-教材
Ⅳ.①TP391.413

中国国家版本馆CIP数据核字（2023）第136548号

书　　名： Photoshop 图像处理案例教程
作　　者： 孙正广

策　　划： 曹莉群　　　　**编辑部电话：**（010）63549501
责任编辑： 贾　星　曹莉群
封面设计： 孙正广
封面制作： 刘　颖
责任校对： 安海燕
责任印制： 赵星辰

出版发行： 中国铁道出版社有限公司（100054，北京市西城区右安门西街8号）
网　　址： https://www.tdpress.com/51eds
印　　刷： 河北宝昌佳彩印刷有限公司
版　　次： 2023年9月第1版　2025年2月第2次印刷
开　　本： 787 mm × 1 092 mm　1/16　**印张：** 15.5　**字数：** 420千
书　　号： ISBN 978-7-113-30418-8
定　　价： 59.80元

Aa

前　言

Photoshop是一款被广泛应用于平面设计、网页设计、UI设计、摄影后期图片处理、网店美工、创意设计等领域的实用型软件，深受广大设计人员喜爱。Photoshop是普通高等院校媒体类、动画类以及平面设计类等相关专业开设的专业课程。

本书根据普通高等院校Photoshop课程的教学基本要求编写，通过简明易懂的语言、经典丰富的实用案例，让读者掌握Photoshop CC 2022版本软件使用的方法及制作技巧，理论知识与案例操作融会贯通，学以致用。本书编写特点如下：

第一，贯彻党的二十大精神，全面落实立德树人根本任务。本书在讲解专业知识的同时，引入思政案例，培养学生的爱国情怀、文化自信、工匠精神、环保意识，以及进取的人生态度。

第二，零起点，快速入门。本书通过对基础知识的详细讲解，结合简单易学的中小型实例，让学生快速掌握相关工具、命令以及参数设置，轻松入门。

第三，学习目标明确。每章都给出了明确的学习目标，知识点和案例围绕学习目标进行设置，通过案例制作轻松掌握所学知识。

第四，强化动手能力。本书采用“工具或命令介绍＋应用案例＋课后习题”的编写模式，轻松易学，工具或命令介绍便于学生快速掌握；应用案例帮助学生加深印象，提高实际应用能力；课后习题帮助学生巩固知识，提高软件操作技巧，为将来开展设计工作奠定基础。最后精心筛选的6个行业综合案例，综合利用前面各章知识，将技术与艺术相结合，理论联系实际，让学生充分体验真实案例的设计过程。

本书配套的慕课视频、课件和随堂作业等资源，学生可以到超星平台网站观看，也可到中国铁道出版社教育资源平台http://www.tdpress.com/51eds/下载。书中所有的案例都配有操作微视频，扫描案例旁边的二维码即可观看。

本书由孙正广任主编，彭萍、黄检文、张秀梅、陈川奇等参与了资料收集和整理工作。本书在编写过程中，得到了精通Photoshop设计的多位一线教师的大力支持，他们为本书的案例选择和内容编写提出了很多宝贵的意见与建议，在此表示诚挚的感谢！

由于编者水平有限，书中难免存在疏漏或不妥之处，敬请广大读者批评指正，以便不断修订和完善。

编　者

2023年5月

案例索引

目　录

第1章 认识Photoshop

本章导读 >>>

本章主要讲解 Photoshop 基础知识，使读者了解 Photoshop 的应用领域，熟悉 Photoshop CC 2022 工作界面，熟练掌握 Photoshop 软件的基本操作，如新建、打开、存储、关闭等，为进一步学习使用 Photoshop CC 2022 做好准备。

学习目标 >>>

了解 Photoshop 的基础知识；
熟悉 Photoshop CC 2022 的工作界面；
掌握 Photoshop CC 2022 的基本操作。

1.1 Photoshop 简介

Photoshop是美国Adobe公司开发的图像设计及处理软件，其以强大的功能备受用户的青睐。它是集图像扫描、图像编辑修改、图像制作、图像合成、图像输入输出、网页制作于一体的专业图像处理软件。它为美术设计人员提供了无限的创意空间，可以从一个空白的画面或从一幅现成的图像开始，通过各种绘图工具的配合使用及图像调整方式的组合，任意调整颜色、明度、彩度、对比，甚至轮廓及图像等，为作品增添变幻无穷的魅力。Photoshop设计的所有结果均可以输出到彩色喷墨打印机、激光打印机打印出来，也可以复制至任何出版印刷系统。

软件的版本经过多次迭代，由当初的Photoshop 1.0至Photoshop 7.0，到2003年Photoshop 8.0更名为Photoshop CS（Creative Suite的简称）。随着互联网的发展，Adobe公司在2013年7月发布了Photoshop CC（Creative Cloud的简称）版本，Adobe公司在特定的基础下对CC版本持续推出软件更新。

1.2　Photoshop 的应用领域

Photoshop不仅被广泛的应用于海报设计、UI设计、排版设计、人像修复等多个领域，在图像、图形、文字、视频、出版各方面都有涉及，下面对Photoshop的应用领域进行介绍。

1. 在平面设计中的应用

平面设计是Photoshop应用最为广泛的领域之一，无论是我们正在阅读的图书封面，还是在大街上看到的招贴、海报，这些具有丰富图像的平面印刷品，基本上都需要使用Photoshop来设计和制作，图1-1即为用Photoshop设计的平面广告作品。

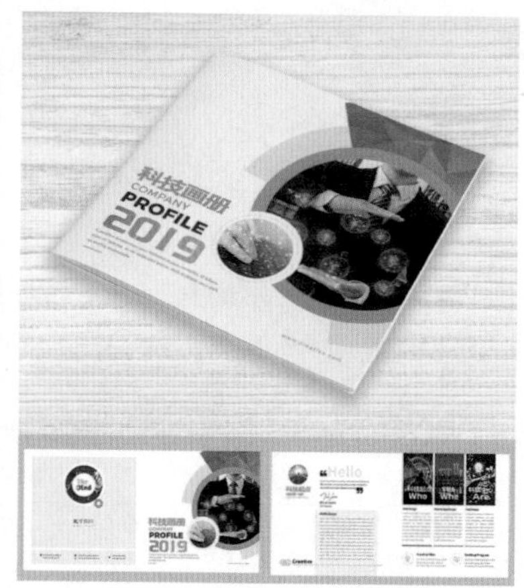

图 1-1

2. 在照片处理中的应用

Photoshop作为照片处理的常用软件之一，具有相当强大的图像修饰功能。利用这些功能可以快速修复数码照片上的瑕疵，同时可以调整照片的色调或为照片添加装饰元素等。图1-2即为用Photoshop处理过的摄影作品和画册设计。

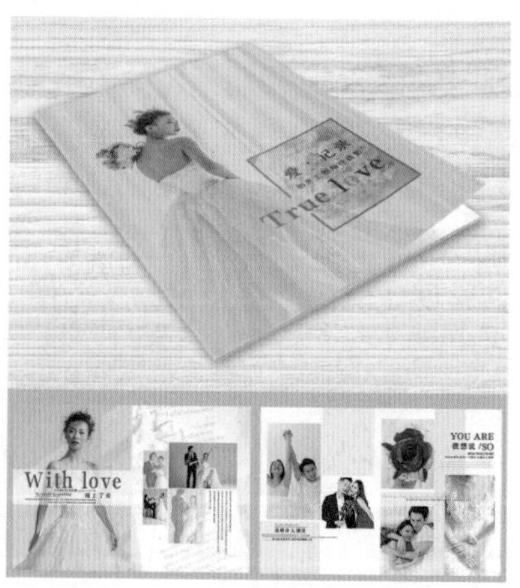

图 1-2

3. 在网页设计中的应用

网页是使用网络终端与用户之间建立的一组具有展示和交流互动功能的虚拟界面，通过这个界面，可以让用户得到更好的使用体验。随着互联网的普及，人们对网页的审美要求也不断提升，利用Photoshop可以在平面设计的理念基础上对网页进行版面设计，使页面更符合用户的使用习惯，同时也可以美化网页元素，让页面更美观。图1-3所示为用Photoshop设计的网页作品。

图 1-3

4. 在UI设计中的应用

UI（User Interface，用户界面）设计是一块新兴的领域，受到越来越多的软件企业及开发者的重视，从最先的软件界面、游戏界面到现在的移动终端界面，在这些界面设计过程中，都能见到Photoshop应用的影子。图1-4所示为用Photoshop设计的移动UI设计作品。

图 1-4

5. 在文字设计中的应用

在广告设计中，很多艺术字体为广告设计的画面增色不少，很多特效字体或质感字体的设计与制作也离不开Photoshop。图1-5所示为用Photoshop设计的艺术字体作品。

图 1-5

6. 在插画创作中的应用

Photoshop有一套优秀的绘画工具，可以使用Photoshop里的绘画工具来绘制出各种各样的精美插画。图1-6所示为用Photoshop绘制出的插画作品。

图 1-6

7. 在三维设计中的应用

Photoshop在三维设计中的应用主要包括两个方面：一是对效果图进行后期修饰，包括配景的搭配以及色调的调整等；二是为三维模型绘制精美的贴图，以期更好的渲染效果。图1-7所示为用Photoshop处理后的建筑效果图。

图 1-7

8. 在电商平台中的应用

随着电子商务的迅猛发展，电商美工行业需求也越来越大，同时对Photoshop的使用也越来越广泛，如店铺的招牌Logo、店铺导航、网店页面的横幅广告（Banner）、商品展示图、商品促销海报等设计制作，都需要Photoshop来协助完成。图1-8为用Photoshop设计制作的电商平台首页广告效果图。

图 1-8

1.3 Photoshop 基本概念

在学习Photoshop之前，首先需要掌握一些关于图形和图像的基本概念，以有利于读者对软件的深入了解，为后续学习打下良好基础。

1.3.1 矢量图与位图

1. 矢量图

矢量图也称为面向对象的图像或绘图图像，是指计算机图形学中用点、直线或者多边形等基于数学方程的几何图元表示的图像。矢量图形比较突出的优点是对其进行放大、缩小或旋转等操作时图形不会失真；缺点是难以表现出色彩层次丰富的逼真图像效果。

矢量图以几何图形居多，常用于图案、标志、VI、文字等设计。常用软件有CorelDraw、Illustrator、Freehand、AutoCAD等。图1-9所示为矢量图放大前后对比效果。

图 1-9

2. 位图

位图亦称为点阵图像或栅格图像，是由多个像素（图片元素）的单个点排列组成的。将位图图像放大到一定倍数时，会发现图像是由很多带有颜色信息的小方块构成的。位图图像可以很容易地在不同软件中进行交换，但缺点是当对位图进行多次缩放和旋转时图像会产生失真现象；优点是色彩较矢量图丰富。常用软件有Photoshop、光影魔术手、美图秀秀等。图1-10所示为位图放大前后对比效果。

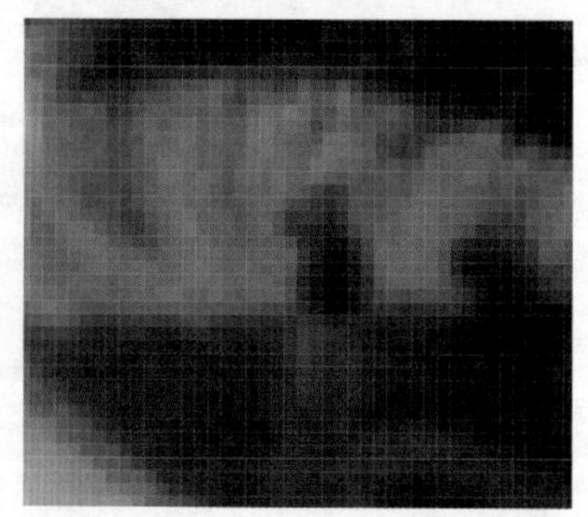

图 1-10

1.3.2　像素

像素是目前点阵图像的最小组成单位，是构成图像的最小单元。一般情况下，它是正方形形状，带有颜色、明暗、坐标等信息，一定数量的颜色有别的正方形小块，越高位的像素，其拥有的色板越丰富，越能表达颜色的真实效果。

1.3.3　分辨率

分辨率是用来描述图像文件信息的术语。一般包括图像分辨率、屏幕分辨率和打印分辨率。通常是以宽 × 高来表示的。

（1）图像分辨率：图像分辨率通常以“像素/英寸”为单位（pixels per inch，ppi），是指每单位长度上的像素数目。例如分辨率为150 ppi是指在一英寸面积内含有22 500个像素点（150 × 150）。分辨率越高，单位面积上含有的像素点就越多，图像所占的空间就越大。处理图片时占用的计算机资源就越多。

（2）屏幕分辨率：屏幕分辨率是指计算机屏幕纵横方向上的像素点数，单位是像素（pixel，px）。屏幕分辨率确定计算机屏幕上显示多少信息，以水平和垂直像素来衡量。就相同大小的屏幕而言，当屏幕分辨率低时（如640 × 480），在屏幕上显示的像素少，单个像素尺寸比较大；当屏幕分辨率高时（如1 920 × 1 440），在屏幕上显示的像素多，单个像素尺寸比较小。屏幕尺寸一样的情况下，分辨率越高，显示效果就越精细。

（3）打印分辨率：打印机分辨率又称为输出分辨率，是指在打印输出时横向和纵向两个方向上每英寸最多能够打印的点数，通常以“点/英寸”（dot per inch，dpi）表示。

1.3.4　常用色彩模式

在Photoshop中图像色彩模式共有8种，分别是位图模式、灰度模式、双色调模式、RGB模式、CMYK模式、索引模式、Lab模式及多通道模式。

（1）位图模式：由黑白两种颜色表示图像的色彩模式。该模式下图像没有彩色信息，适用于一些黑白对比强烈的创意作品。该模式需要先将图片由其他模式转换为灰度模式后，再行转换为位图模式。该模式文件相比较其他模式的文件所占存储空间较小，如图1-11所示。

（2）灰度模式：灰度模式图片一般由256阶灰度构成。该模式下图像没有彩色信息，但相比位图模式图像的质量较细腻，文件保存时所占存储空间比彩色模式要小。可以通过彩色模式转换为灰度模式完成彩色照片转黑白照片的效果，如图1-12所示。

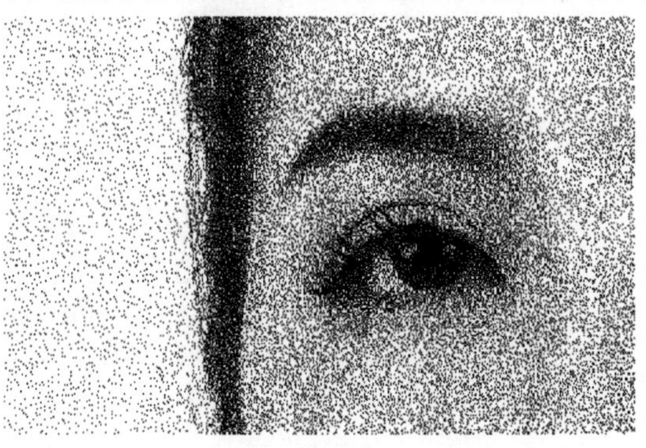

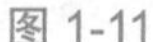
图 1-11

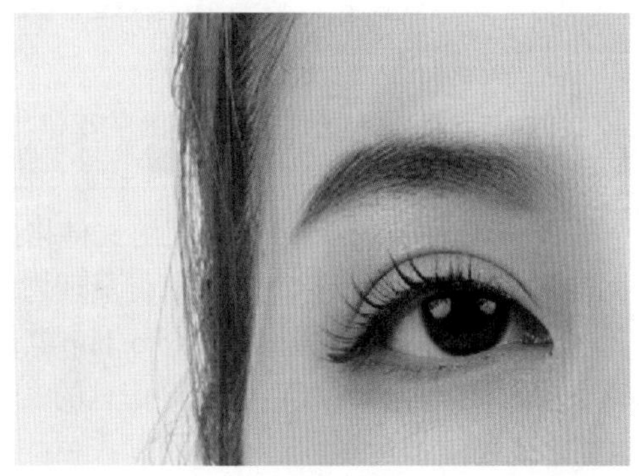

图 1-12

（3）双色调模式：通过自定义1~4种油墨创建单色调或多色调的灰度图像。可以理解为单一色彩（最多可以添加4种单一色彩）的灰度图像效果，常用于宣传单的单色印刷或双色印刷，降低印刷成本。

（4）RGB模式：该模式由红、绿、蓝三种颜色（红、绿、蓝三色被称为色光三原色）构成，是Photoshop最常用的一种色彩模式。红、绿、蓝三色按照不同比例混合可以形成自然界中肉眼所能看到的任何色彩。三种颜色按照等比例混合则构成灰色。该模式也被称为加色模式，如图1-13所示。

（5）CMYK模式：印刷时使用的一种色彩模式，被称为减色模式。主要由C（青色Cyan）、M（洋红色Magenta）、Y（黄色Yellow）和K（黑色Black）4种颜色构成。在设计作品进行打印或印刷时需将图像的RGB模式转换为CMYK模式，并进行后续色彩调整和矫正后才能进行打印或印刷，如图1-14所示。

（6）索引模式：索引模式是采用一个颜色查找表存放并索引图像颜色中使用最多的256种颜色。当转换为索引颜色时，Photoshop将构建一个颜色查找表，用以存放并索引图像中的颜色。因该模式是通过控制图像的色彩数量来减少文件大小的，所以多用于网页图片或网络GIF动画。

（7）Lab模式：Lab模式是由RGB三基色转换而来的。L表示亮度，范围是0~100，a代表葱绿色到红色的色谱变化，b代表从蓝色到黄色的色谱变化。Lab模式在转换成CMYK模式时色彩不会丢失或被替换。因此，最佳避免色彩损失的方法是应用Lab模式编辑图像，再转换为CMYK模式打印输出。Lab颜色模式如图1-15所示。

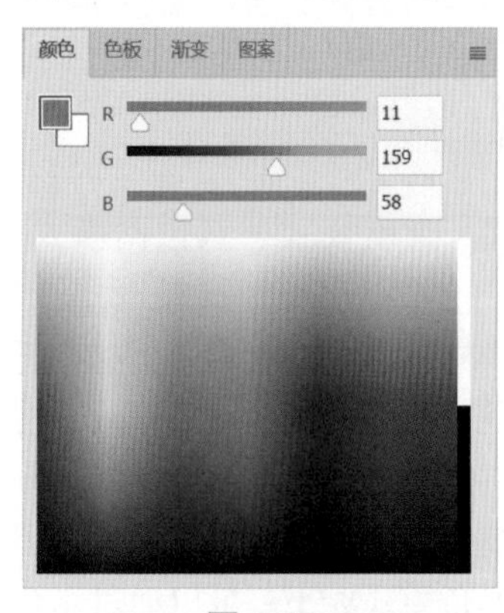

图 1-13

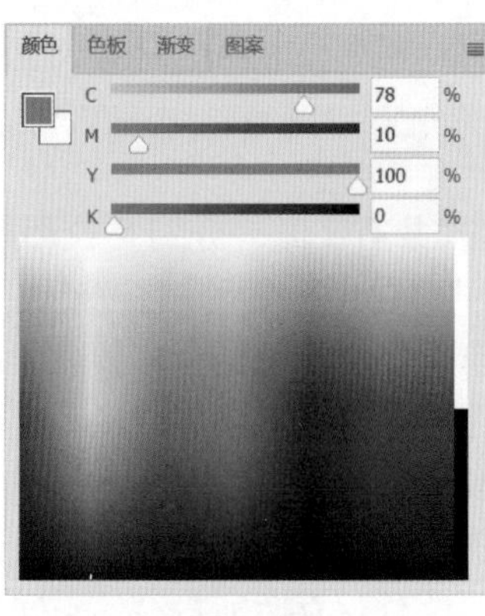

图 1-14

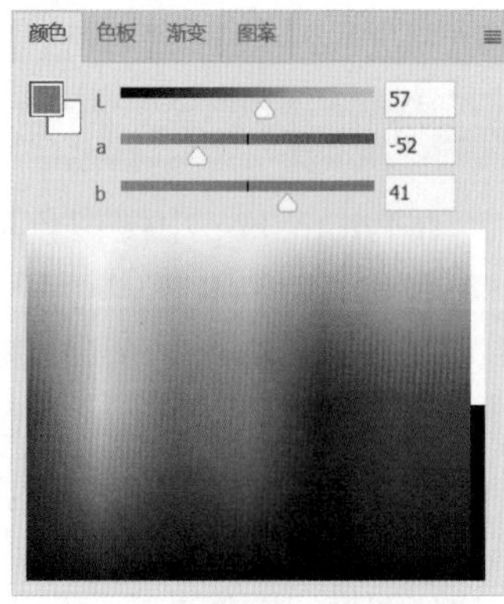

图 1-15

（8）多通道模式：多通道模式是指在图像中包含多个单色通道，每个通道包含256阶灰，常用于特殊打印。

1.3.5 常用文件格式

Photoshop支持20多种不同的文件格式，在对文件进行保存时可根据使用情况，选择不同的文件格式进行保存，以便获得最理想的效果。下面对一些常用的文件格式进行介绍。

（1）PSD和PDD格式：Photoshop默认的文件保存格式，是唯一能保存图层、通道、路径、参考线、注释和颜色模式等信息的文件格式，为后续修改提供便利。缺点是保存的文件较大。

（2）BMP格式：微软公司绘图软件的专用格式，支持RGB、索引、灰度和位图等颜色模式，不支持Alpha通道。很多软件都支持BMP格式，便于图片的跨软件使用。

（3）Photoshop EPS格式：该格式可以包含位图图像和矢量图信息，是最广泛地被矢量绘图软件和排版软件所接受的格式。若用户要将图像置入矢量绘图软件中使用，可将图像存储成Photoshop EPS格式，该格式不支持Alpha通道。

（4）JPEG格式：一种有损压缩文件格式。支持真色彩，生成的文件较小。支持CMYK、RGB和灰度等颜色模式，不支持Alpha通道。JPEG格式常用于网络传输。

（5）TIFF格式：印刷行业标准的图像格式，它既能用于Mac，又能用于PC，几乎所有的图像处理软件和排版软件都支持该格式，通用性很强，是一种无损压缩文件格式。

（6）GIF格式：只能处理256种色彩，因文件小适合网络传输，常用于网页设计中，可以将多张图像存储成一个文件进而形成动画效果。

（7）PDF格式：Adobe公司推出的专为网上出版而制定的文件格式，也是Acrobat的源文件格式，不支持Alpha通道。可以存储多页信息，包含图形、文件的查找和导航功能。由于该软件支持超文本链接，因此网络下载时经常使用该格式。

（8）PNG格式：主要用于替换GIF格式，这种格式可以使用无损压缩方式压缩图像文件，支持24位图像，并利用Alpha通道制作透明背景，是功能非常强大的网络文件格式，常用于抠除标志背景后存储的文件格式。

1.4　Photoshop CC 2022 工作界面及相关设置

1.4.1　工作界面布局

启动Photoshop CC 2022后，将打开软件的工作界面，该工作界面由菜单栏、属性栏、标题栏、工具箱、面板组、图像窗口、状态栏等构成，如图1-16所示。

图 1-16

（1）菜单栏：由“文件”“编辑”“图像”“图层”等12个菜单组成，如图1-17所示，通过选择菜单命令可以完成相关的操作，每个菜单包含多个命令，菜单命令中含有▶符号，代表还包含子菜单；菜单命令中含有...符号，代表含有弹出对话框，可以进行参数设置；某些命令显示灰色，代表该命令在当前状态下不可用，如图1-18所示。

Ps 文件(F) 编辑(E) 图像(I) 图层(L) 文字(Y) 选择(S) 滤镜(T) 3D(D) 视图(V) 增效工具 窗口(W) 帮助(H)

图 1-17

（2）属性栏：属性栏位于菜单栏下方，用于显示或设置当前所选工具的属性。随着所选工具箱中的工具不同，属性栏会发生相应变化，图1-19为单击“移动工具” ✥ 后属性栏显示状态。

（3）标题栏：包含文件名称、文件格式、窗口缩放比例和颜色模式等相关信息。如果文件包含多个图层，则会显示所选图层名称信息。当打开多个文件时，高亮显示状态的为当前选择文件，可单击需要显示的文件标签，切换显示文件。

（4）工具箱：Photoshop将常用的工具图标集中在工具箱中，以小图标形式显示，系统默认放在工作界面的左侧，小图标右下角含有三角号代表存在一个工具组，内含其他工具。右击该按钮可以查看工具组中的其他工具，也可以在工具图标上长按鼠标左键显示该工具组中的其他工具；按住【Alt】键，同时单击可以切换该工具组中的其他工具；也可以通过按键盘工具组右侧英文字母键直接切换到该工具，按【Shift+工具快捷键】可以在工具组中各命令来回切换，工具箱面板的展开效果如图1-20所示。

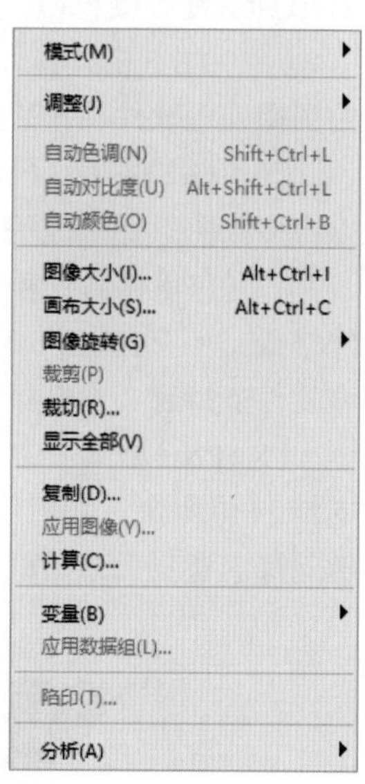

图 1-18

自动选择： 图层 显示变换控件 3D模式：

图 1-19

（5）面板组：面板主要用来配合图像的编辑、工具参数及选项内容的设置。Photoshop有20多个面板，可以通过“窗口”菜单，调出相应面板。常用面板有“图层面板”、“通道面板”“路径面板”“颜色面板”等，按【Shift+Tab】组合键显示或隐藏面板，利用鼠标左键拖动面板中的选项卡，可以组合和拆分默认的面板组合。

1.4.2 Photoshop CC 2022相关设置

1. 工作界面设置

在进行图像设计前，会对Photoshop的工作界面进行设置，从而达到设计者的设计需求。例如，在工作过程中，设计师会选择Photoshop深灰色色调界面，这样可以有效减少长时间面对计算机屏幕对眼睛造成的疲劳。具体设置方法如下：

单击“编辑”>“首选项”命令，弹出“首选项”对话框（快捷键为【Ctrl+K】），单击左侧的“界面”选项，在对话框右侧对Photoshop界面色调进行调整，选择“颜色方案”中的深灰色色块来更正工作界面颜色，同时也可以对屏幕模式的边界效果、用户界面字号等内容进行设置，如图1-21所示。

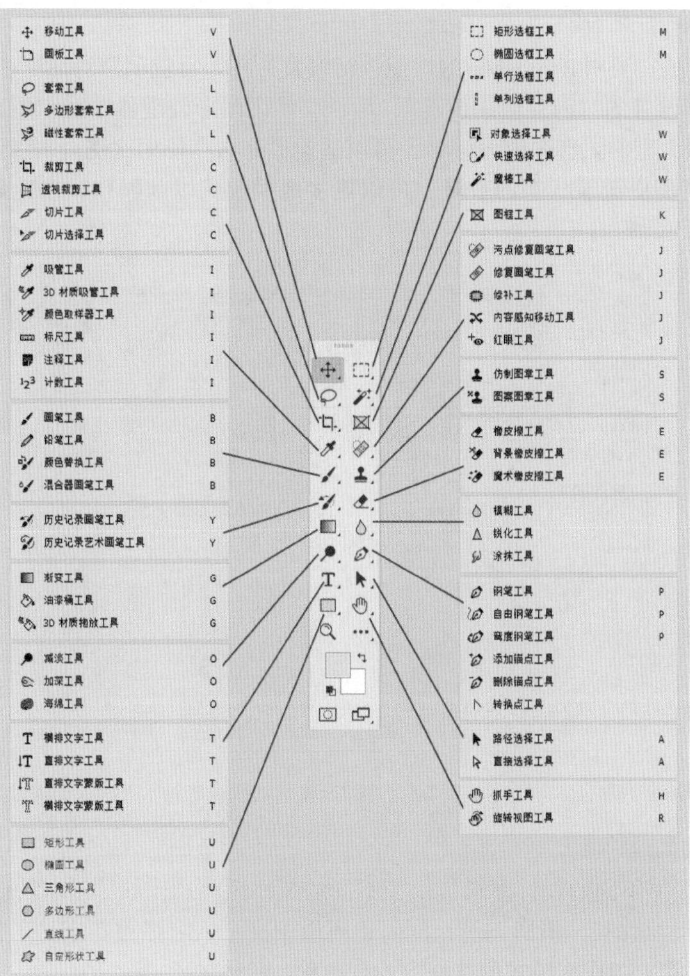

移动工具 V
画板工具 V
套索工具 L
多边形套索工具 L
磁性套索工具 L
裁剪工具 C
透视裁剪工具 C
切片工具 C
切片选择工具 C
吸管工具 I
3D 材质吸管工具 I
颜色取样器工具 I
标尺工具 I
注释工具 I
计数工具 I
画笔工具 B
铅笔工具 B
颜色替换工具 B
混合器画笔工具 B
历史记录画笔工具 Y
历史记录艺术画笔工具 Y
渐变工具 G
油漆桶工具 G
3D 材质拖放工具 G
减淡工具 O
加深工具 O
海绵工具 O
横排文字工具 T
直排文字工具 T
直排文字蒙版工具 T
横排文字蒙版工具 T
矩形工具 U
椭圆工具 U
三角形工具 U
多边形工具 U
直线工具 U
自定形状工具 U
矩形选框工具 M
椭圆选框工具 M
单行选框工具
单列选框工具
对象选择工具 W
快速选择工具 W
魔棒工具 W
图框工具 K
污点修复画笔工具 J
修复画笔工具 J
修补工具 J
内容感知移动工具 J
红眼工具 J
仿制图章工具 S
图案图章工具 S
橡皮擦工具 E
背景橡皮擦工具 E
魔术橡皮擦工具 E
模糊工具
锐化工具
涂抹工具
钢笔工具 P
自由钢笔工具 P
弯度钢笔工具 P
添加锚点工具
删除锚点工具
转换点工具
路径选择工具 A
直接选择工具 A
抓手工具 H
旋转视图工具 R

图 1-20

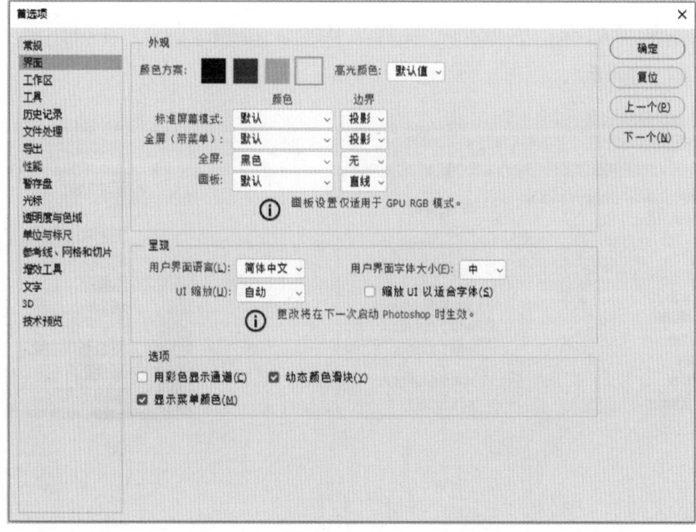

首选项
常规
界面
工作区
工具
历史记录
文件处理
导出
性能
暂存盘
光标
透明度与色域
单位与标尺
参考线、网格和切片
增效工具
文字
3D
技术预览
外观
颜色方案:
高光颜色: 默认值
颜色
边界
标准屏幕模式: 默认 投影
全屏（带菜单）: 默认 投影
全屏: 黑色 无
画板: 默认 直线
画板设置仅适用于 GPU RGB 模式。
呈现
用户界面语言(L): 简体中文
用户界面字体大小(E): 中
UI 缩放(U): 自动
缩放 UI 以适合字体(S)
更改将在下一次启动 Photoshop 时生效。
选项
用彩色显示通道(C)
动态颜色滑块(Y)
显示菜单颜色(M)
确定
复位
上一个(P)
下一个(N)

图 1-21

2. Photoshop 性能设置

在进行设计前，要对Photoshop的性能进行设置，在“首选项”对话框中，选择“性能”选项，可以设置软件的“内存使用情况”、是否“使用图形处理器”及“历史记录状态”的步数等。在进行大型的图形图像设计时，可以适当提高内存使用比例，来保证文件内存的使用量，同时提高历史记录状态的数量，可以更多地撤销到以前操作，来达到高效设计的目的，如图1-22所示。

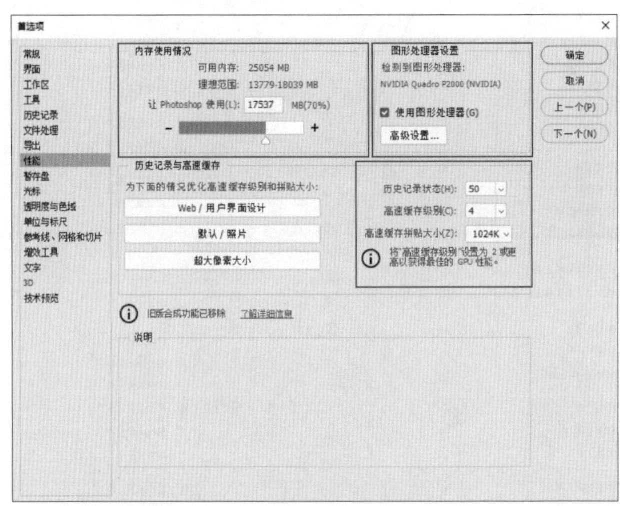

图 1-22

3. 工作区的选择和复位

Photoshop根据不同的设计需求提供了不同的工作区模式，如“基本功能”“3D”“图形和Web”“动感”“绘画”“摄影”等，同时也可以根据个人习惯重新定义工作区，并对新建的工作区进行保存，工作区模式的选择方式有两种，具体如下：

方法一：单击“窗口”>“工作区”命令右侧的三角箭头，在弹出的子菜单中根据情况进行选择，如图1-23所示。

方法二：单击软件属性栏右侧的“选择工作区”按钮，在弹出的子菜单中选择需要的工作区，如图1-24所示。

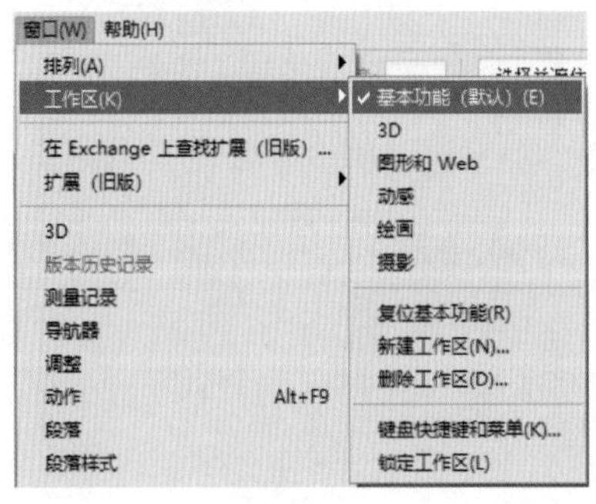

图 1-23

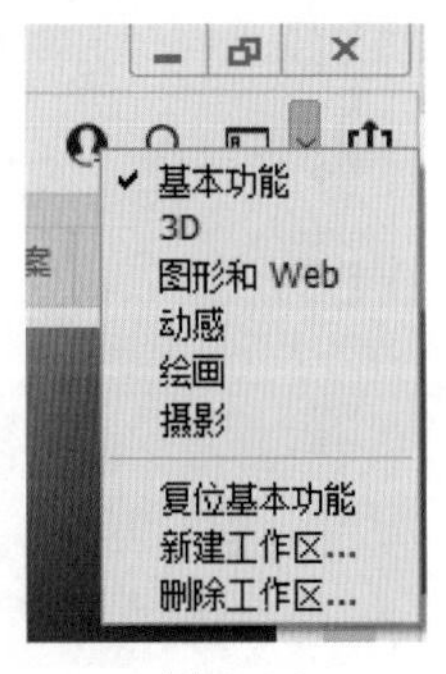

图 1-24

4. 控制面板的移动、拆分、组合、关闭与复位

以组为单位进行堆叠的控制面板可以根据需要进行重新排列，包括对原有组中的控制面

板进行位置的移动、拆分，也可对现有面板组的组合进行关闭或复位操作。

打开Photoshop，新建空白文档，将光标移动到软件界面右上角的“色板”选项卡上，按住鼠标不放，拖动到“渐变”选项卡后方释放鼠标，即可将“色板”选项卡移动到“渐变”选项卡后方，如图1-25所示。

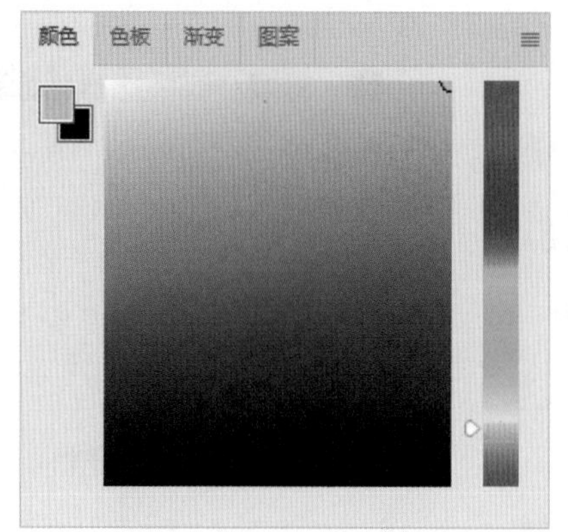

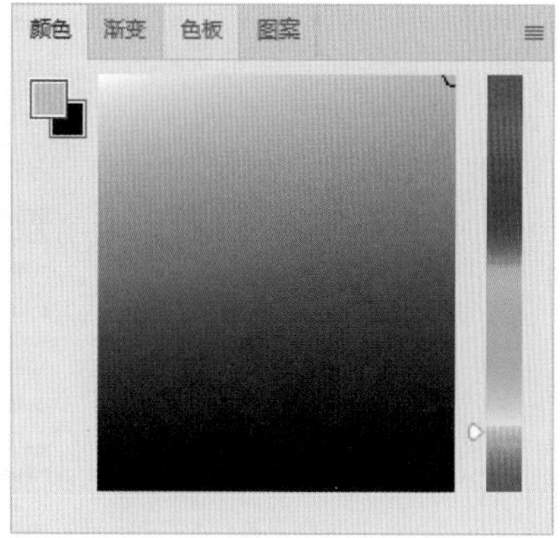

图 1-25

单击“渐变”选项卡，按住鼠标不放，拖动到图像窗口后释放鼠标，将“渐变”选项卡从组中拆分出来，如图1-26所示。

图 1-26

单击“颜色”选项卡，按住鼠标不放，将其拖动到“属性”面板组中，面板组会出现蓝色边框，松开鼠标后即将“颜色”选项卡与“属性”面板组进行了组合，“颜色”面板会在“属性”面板组的最后方，如图1-27所示。

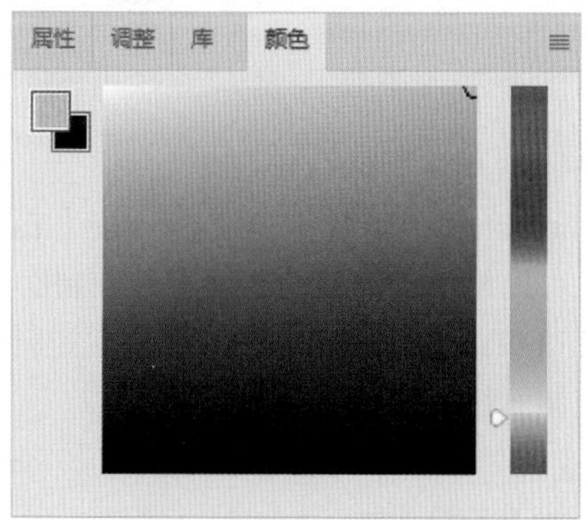

图 1-27

单击“色板”面板组右上方的弹出式菜单中的“关闭”命令，即可关闭所选的选项卡面板，单击“关闭选项卡组”命令则关闭该面板组所有面板，如图1-28所示。

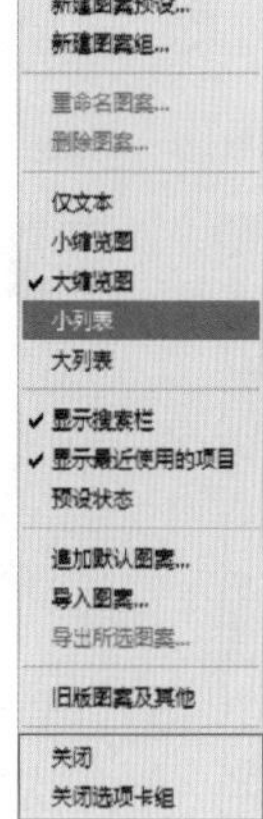

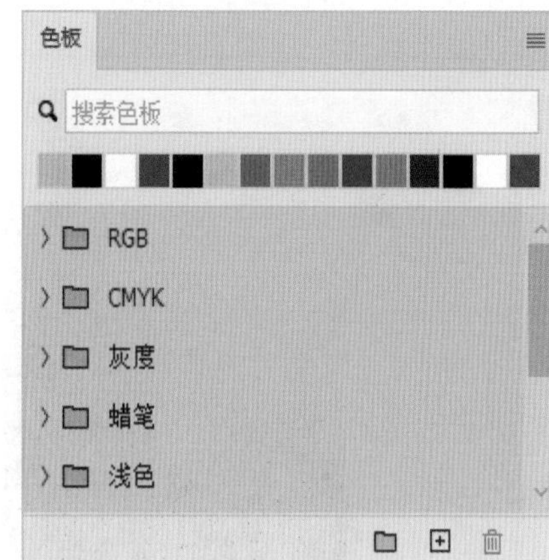

图 1-28

如需要复位到面板初始状态，可单击“窗口”>“工作区”>“复位基本功能”命令对所有控制面板组进行复位，如图1-29所示。

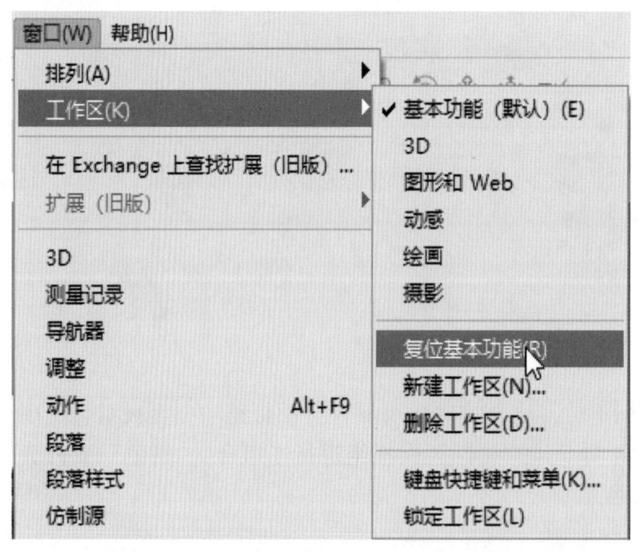

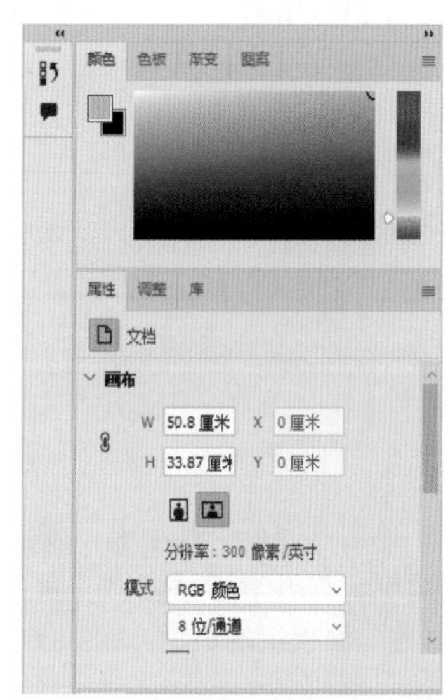

图 1-29

5. 工作区的显示与隐藏

打开Photoshop，新建空白文档，按【Tab】键，可以隐藏工具箱和控制面板；再次按【Tab】键，可以显示出隐藏的工具箱和控制面板，如图1-30所示。

按【Shift+Tab】组合键，可以只隐藏控制面板，再次按【Shift+Tab】组合键，可以显示出隐藏的控制面板，如图1-31所示。

按【F】键，可以在“标准屏幕模式”“带有菜单栏的全屏模式”“全屏模式”三种模式之间切换，如图1-32所示。

文件(F) 编辑(E) 图像(I) 图层(L) 文字(Y) 选择(S) 滤镜(T) 3D(D) 视图(V) 增效工具 窗口(W) 帮助(H)
未标题-1 @ 100%(RGB/8#)
100%
4 厘米 x 5 厘米 (300 ppi)

文件(F) 编辑(E) 图像(I) 图层(L) 文字(Y) 选择(S) 滤镜(T) 3D(D) 视图(V) 增效工具 窗口(W) 帮助(H)
未标题-1 @ 100%(RGB/8#)
100%
4 厘米 x 5 厘米 (300 ppi)

图 1-30

图 1-31

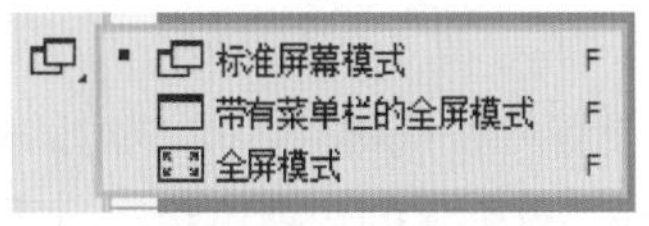

图 1-32

6. 快捷键

在进行图形图像处理时，Photoshop经常会利用快捷键进行操作，从而简化复杂的操作步骤，提高设计的工作效率。Photoshop为菜单命令和工具按钮提供了默认的快捷键，读者也可以根据自己的使用习惯自行设置快捷键，设置方法有两种：

方法一：单击“窗口”>“工作区”>“键盘快捷键和菜单”命令，弹出“键盘快捷键和菜单”对话框，单击“键盘快捷键”选项卡，如图1-33所示。在“快捷键用于”下拉列表框中选择设置快捷键的选项，如“应用程序菜单”“面板菜单”“工具”和“任务空间”，选择相关选项后可以在快捷键指定区域重新定义快捷键。

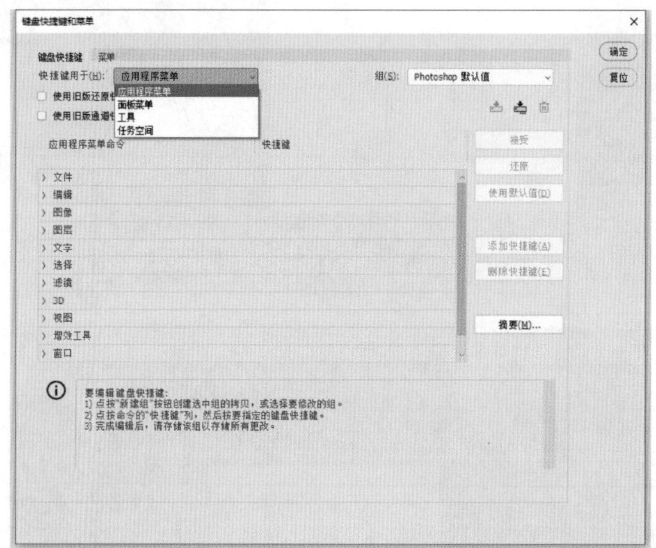

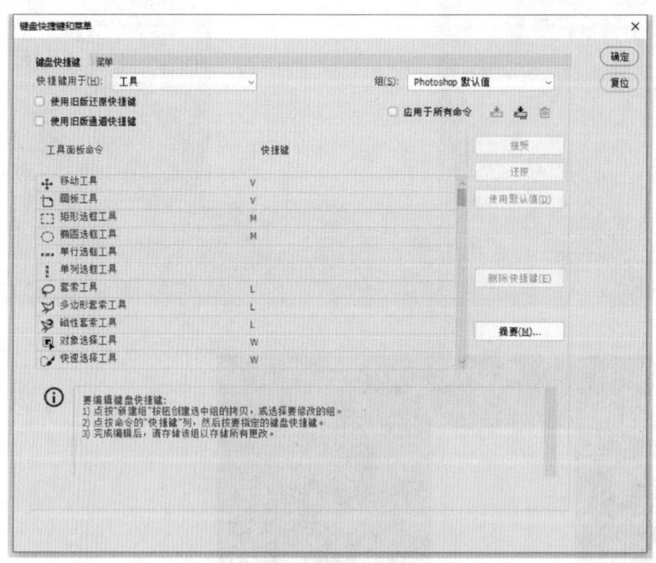

图 1-33

设置好快捷键后，单击对话框右上方的“根据当前的快捷键组创建一组新的快捷键”按钮，对创建的快捷键组进行重命名保存。

方法二：单击“编辑”>“键盘快捷键”命令（快捷键为【Alt+Shift+Ctrl+K】），弹出

“键盘快捷键和菜单”对话框，设置方法同上。

7. 标尺、参考线和网格线设置

标尺、参考线和网格线的设置可以增加图像处理的精确性，在平面设计过程中经常要调用标尺、参考线和网格线作为辅助。

（1）标尺。

①标尺的设置。单击“编辑”>“首选项”>“单位与标尺”命令，弹出相应的对话框，可以对相关参数进行设置，如图 1-34 所示。

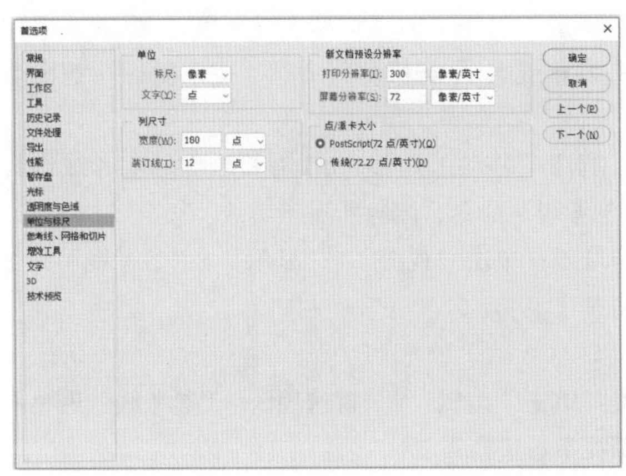

图 1-34

“单位”用于设置标尺、文字的显示单位；“新文档预设分辨率”用于设置新建文档的预设分辨率；“列尺寸”用于设置导入排版软件的图像所占据的列宽度和装订线的尺寸；“点 / 派卡大小”是与输出有关的参数。

②显示与隐藏。单击“视图”>“标尺”命令，可以显示或隐藏标尺，也可以使用【Ctrl+R】组合键来显示与隐藏标尺。

③标尺单位的修改。在标尺上右击，显示出单位选项，选择需要显示的单位，即可完成标尺单位的修改，如图 1-35 所示。

④修改与复位原点位置。在左上角两个标尺重叠区域处，按住鼠标左键拖动到标尺原点所在的位置松手，即可将标尺原点设置到该点；如果需要复位标尺原点，则双击左上角两个标尺重叠区域处，即可将标尺原点设置在图像的左上角，如图 1-36 所示。

图 1-35

图 1-36

（2）参考线。

①参考线的创建：

方法一：将鼠标放在标尺上，按住鼠标左键向工作区拖动即可创建出一条参考线。

方法二：单击“视图”>“新建参考线”命令，在弹出的“新建参考线”对话框中选择“取向”（水平或垂直），在“位置”文本框中输入创建参考线的数值（默认单位是和文件单位相同，也可自行修改为像素），如图1-37所示。

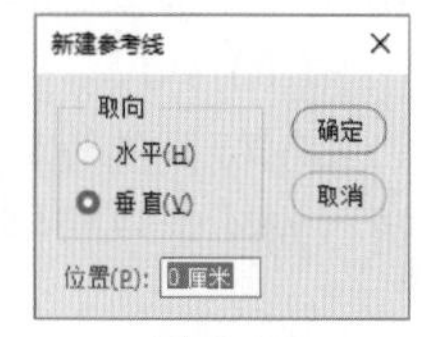

图 1-37

②参考线的移动：单击工具箱中的“移动工具”，将鼠标指针放在参考线上，当出现左右或上下移动剪头时，按下鼠标左键拖动即可对参考线进行移动。

③参考线的删除：利用“移动工具”，选择需要删除的参考线将其拖出工作区；也可以单击“视图”>“清除参考线”命令，删除所有参考线。

④参考线的显示与隐藏：单击“视图”>“显示”>“参考线”命令，可以显示或隐藏参考线，快捷键为【Ctrl+；】。

（3）网格线。

①网格线参数设置：单击“编辑”>“首选项”>“参考线、网格和切片”命令，弹出相应的对话框，可以对相关参数进行设置。

②网格线的显示与隐藏：单击“视图”>“显示”>“网格”命令，可以显示或者隐藏网格线，快捷键为【Ctrl+‘】。

1.5　文件基本操作

由于软件版本不同，新建、打开及存储文件时对话框也略有不同，下面简要介绍使用Photoshop CC 2022进行新建、打开、保存、关闭等常用操作。

1.5.1　新建文件

快捷键：【Ctrl+N】。

新建文件是利用Photoshop进行设计的第一步，只有按照设计需求新建出所需的文件才能为后续的设计做好准备。

视频

新建文档

案例 1-1　新建文档

要求：新建文档，名称为“我的新建文档”，尺寸为10 cm × 15 cm，分辨率为150 ppi，颜色模式为RGB颜色，背景内容为白色的文件。

操作步骤如下：

1 双击Photoshop CC 2022图标，打开Photoshop，弹出欢迎界面，如图1-38所示，在左上方有“新建”和“打开”按钮，单击“新建”按钮，弹出“新建文档”对话框，如图 1-39 所示。

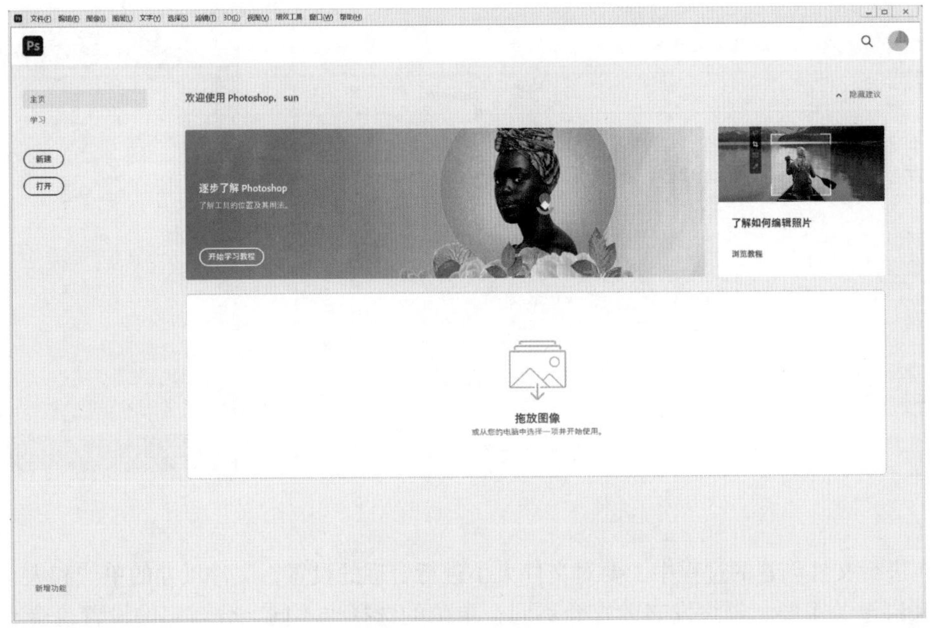

图 1-38

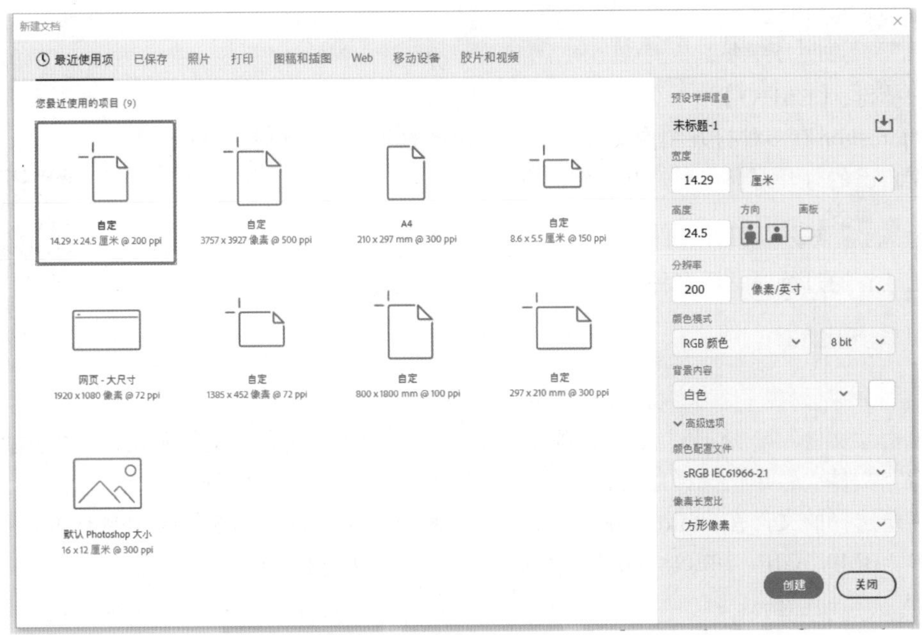

图 1-39

2 在界面右侧“预设详细信息”内输入文件名称“我的新建文档”，选择宽度下方右侧单位设置框，设置为“厘米”，在单位左侧输入 10，在“高度”栏输入 15，设置“分辨率”的单位为“像素/英寸”，更改分辨率为 150，“背景内容”下拉列表框中选择“白色”，参数设置如图 1-40 所示。

3 单击“创建”按钮后，在Photoshop中出现新建的文档，如图1-41所示。

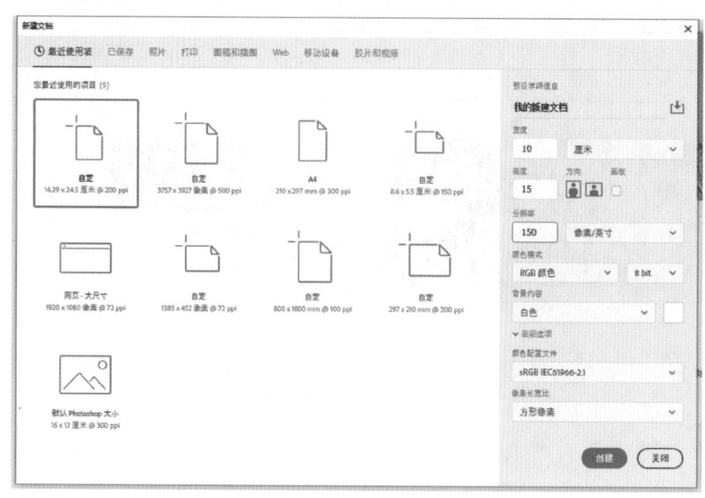

图 1-40

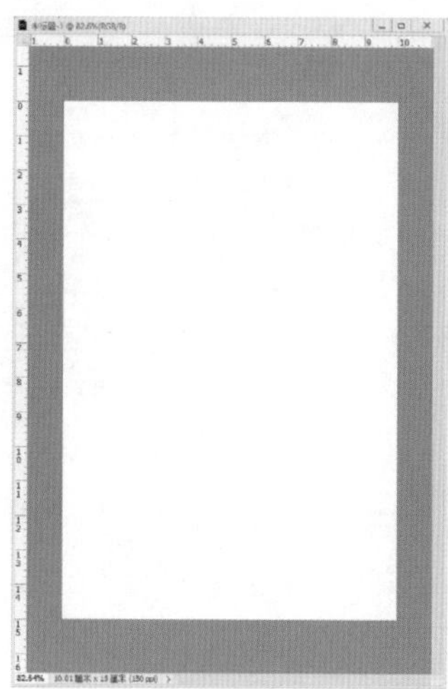

图 1-41

在进行文件创建的过程中，要对文件大小进行合理的设置，文件尺寸的单位和大小对于媒介来讲至关重要，最终发布的媒介不同，单位的选择也不同，分辨率的设置也会有所区别。通常都有一些基本的标准，要根据实际情况灵活设置。

1.5.2 打开文件

快捷键：【Ctrl+O】。

Photoshop有多种打开图像文件的方法（快捷键为【Ctrl+O】），读者可以根据自己的打开习惯选择打开文件的方法。

视 频

打开文件

案例 1-2 打开文件

要求：通过练习掌握多种方式打开多个文件的方法。

操作步骤如下：

1 利用打开命令或快捷键打开文件

单击“文件”>“打开”命令，弹出“打开”对话框，在素材文件所在目录中选择“打开图像”文件夹，单击选择需要打开的文件“04.jpg”，如图1-42所示，单击“打开”按钮，即可将所选择的文件在Photoshop CC 2022的界面中打开，如图1-43所示。Photoshop可以打开PSD、BMP、GIF、JPEG、TIFF和PNG等多种格式的图像文件。

2 拖动图片打开法

打开文件所在目录“打开图像”，鼠标框选需要打开的“01.jpg”“02.psd”“03.jpg”这三张图片，如图1-44所示，按住鼠标不放，拖动到桌面上的Photoshop图标上松手，系统将自动启动Photoshop软件，并打开被拖动的图片，如图1-45所示。

3 打开最近打开的图像

当利用Photoshop编辑多张图片后，在Photoshop的“文件”>“最近打开文件”选项中可以选择之前编辑过的图片进行打开（文件名称按时间排序，最新打开或保存的文件排列在最上方），如图1-46所示，单击文件名称即可直接打开，如图1-47所示。

图 1-42

图 1-43

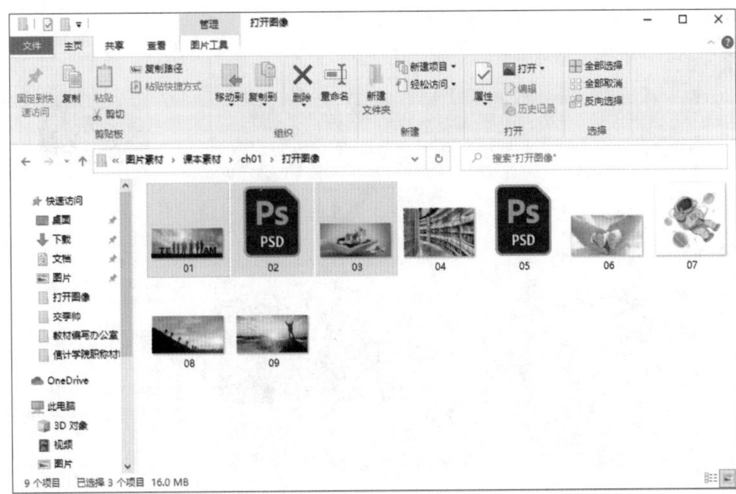

图 1-44

图 1-45

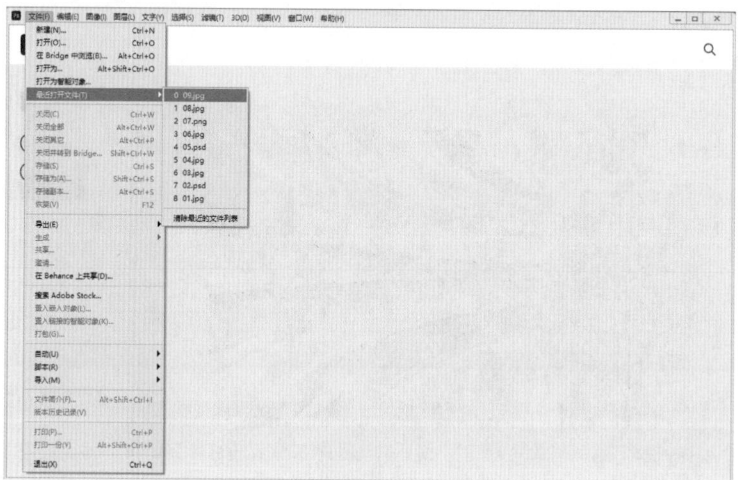

图 1-46

图 1-47

4 双击工作界面打开图像

将打开的图像最小化或从选项卡区域拖动出后，可以在灰色工作区双击鼠标左键，弹出“打开”对话框，双击需要打开的图像可直接打开文件，如图 1-48 所示。

图 1-48

5 打开多张图片

单击“文件” > “打开”命令在欢迎界面中单击“打开”按钮或按【Ctrl+O】组合键，弹出“打开”对话框，选择素材文件“打开图像”文件夹。按住【Shift】键，单击第一张和最后一张图片，单击“打开”按钮，即可打开多张连续的图片；按住【Ctrl】键单击选择需要打开的多张不连续图片，单击“打开”按钮即可打开不连续的多张图片。例如：按住【Ctrl】键，单击“01.jpg”和“06.jpg”，单击“打开”按钮，即可完成操作如图 1-49 和 1-50 所示。

图 1-49

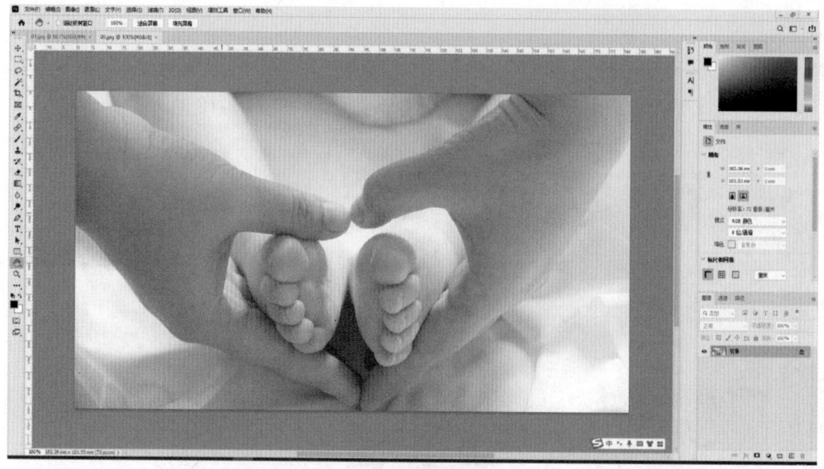

图 1-50

1.5.3 保存图像

快捷键:【Ctrl+S】。

对图像编辑完成后需通过单击“文件”>“存储”命令对文件进行存储。当第一次存储制作的文件时，单击“存储”命令，将会弹出存储为对话框，需要对文件进行命名，选择对应的文件格式，单击“保存”按钮，即可将该文件进行保存，如图 1-51 所示。

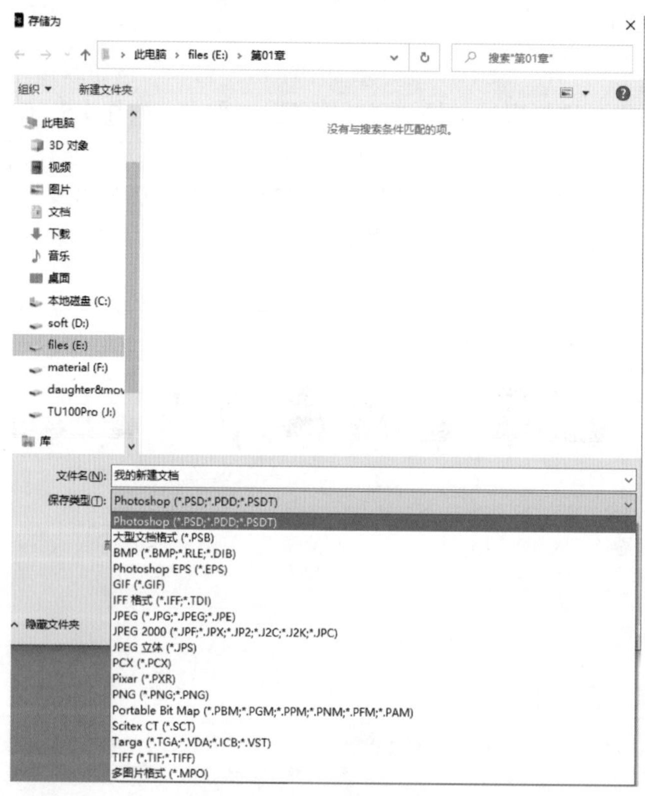

图 1-51

1.5.4　关闭图像

快捷键：Ctrl+W。

存储图像文件后，单击“文件”>“关闭”命令或直接按【Ctrl+W】组合键即可关闭该文件。关闭图像时，如果当前文件被修改过或新建文件并未保存，则会弹出提示框，询问是否对文件进行更改，单击“是”按钮即可存储并关闭图像，如图 1-52 所示。

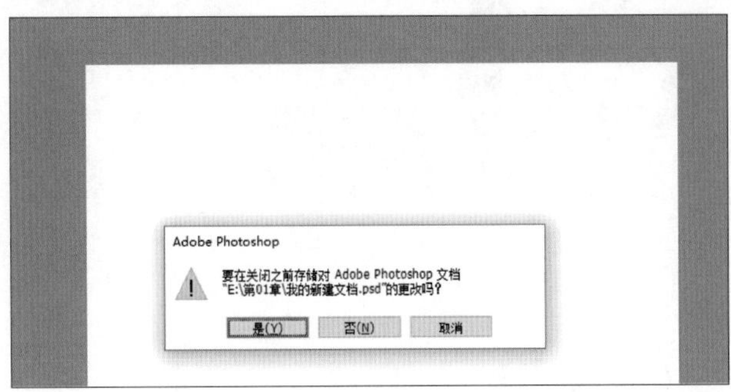

图 1-52

练　习

新建名称为“登录界面”的图像文档。要求：文档大小为 800 像素 × 600 像素，分辨为 72 像素 / 英寸，背景颜色为蓝色 RGB 值为（150，220，255），将文档以 PSD 格式进行保存。范例如图 1-53 所示。

文档

新建“登录界面”

图 1-53

第2章 图像操作常用命令

本章导读

本章主要讲解Photoshop CC 2022的常用工具以及命令，其中包含利用“移动工具”“缩放工具”“抓手工具”对图像进行移动或复制、缩放、平移等操作；利用“图像大小”和“画布大小”命令调整图像的尺寸、分辨率；利用“裁切工具”对图像进行裁切操作以及使用“变换”命令对图像进行变换调整等操作，满足设计的各种需要。

学习目标

◎掌握移动工具的使用方法；

◎掌握调整图像尺寸和分辨率的方法；

◎掌握自由变换图像的方法；

◎掌握图片翻转修正的方法。

2.1 图像的移动或复制

2.1.1 移动工具

快捷键：V。

作用：对图像内容进行移动或移动复制。

“移动工具”是Photoshop图像制作中最常用的工具之一。“移动工具”不仅可以移动图层，还可以快速选定图层，调整图片大小、旋转图片。“移动工具”在同一图像文件内使用和不同图像文件之间使用效果会有区别，下面举例详细介绍。

单击“文件”>“打开”命令，选择素材“母亲节海报”文件夹中的“母亲节背景.psd”文件，单击工具箱中的“移动工具” 时，工具属性栏中系统默认勾选“自动选择”复选框并选择“图层”选项，如图2-1所示。

自动选择：图层　显示变换控件　3D 模式：

图 2-1

鼠标指针放置在图像文件内单击并拖动时，指针所在位置含有像素信息的最上方图层会被移动，如当指针放在“蝴蝶”上时，移动“蝴蝶”则在图层面板中自动切换到“蝴蝶”图层，如图 2-2 所示；当指针放置在图像中的“镂空效果”图像上时，移动“镂空效果”则自动切换到“镂空效果”图层，如图 2-3 所示。在设计过程中，初学者可视自身情况决定是否开启该功能。

图 2-2

图 2-3

2.1.2 同一文件中移动图像和复制图像

（1）打开素材文件，选取需要移动的“蝴蝶”图层。单击“移动工具”（快捷键为【V】），在图像窗口中拖动鼠标移动图层中的图像，如图2-4所示，松开鼠标完成图像的移动，如图2-5所示。

图 2-4

图 2-5

（2）选择需要移动的图像，按住【Alt】键的同时拖动鼠标，完成移动复制该图像，如图2-6所示，按【Ctrl+T】组合键对复制的图像进行自由变换，选择角点进行旋转或缩放，完成效果如图2-7所示。

图 2-6

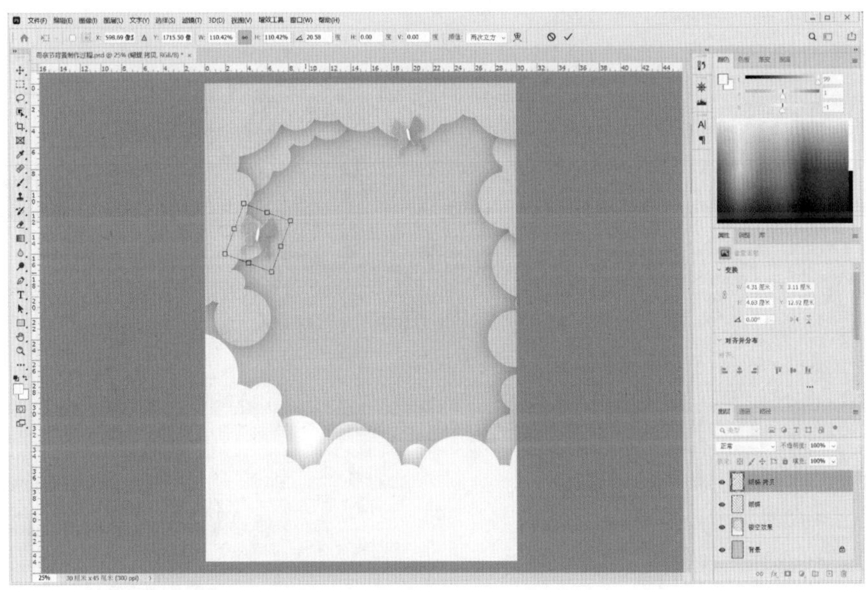

图 2-7

2.1.3　在不同文件中移动图像

（1）打开素材“母亲节海报”文件夹中的“图案.png”和“文字.png”文件，单击“移动工具”，鼠标光标变为移动图标，按住鼠标左键将“图案.png”文件中的图像拖动到“母亲节背景”图像窗口中，松开鼠标完成图片复制，如图2-8所示。单击图层面板中的“图层1”，按住鼠标左键，将其拖动到“镂空效果”图层下方，松开鼠标并调整图像位置完成图片移动，如图2-9所示。

图 2-8

图 2-9

（2）选择“文字.png”文件，单击“移动工具”，按住鼠标将“文字.png”文件中的图像拖动到“母亲节背景”图像窗口中，松开鼠标，完成复制图片，如图2-10所示。选择图层面板中的“图层2”，按住鼠标，将其拖动到“蝴蝶拷贝”图层上方，松开鼠标，并调整图像位置，如图2-11所示。

图 2-10

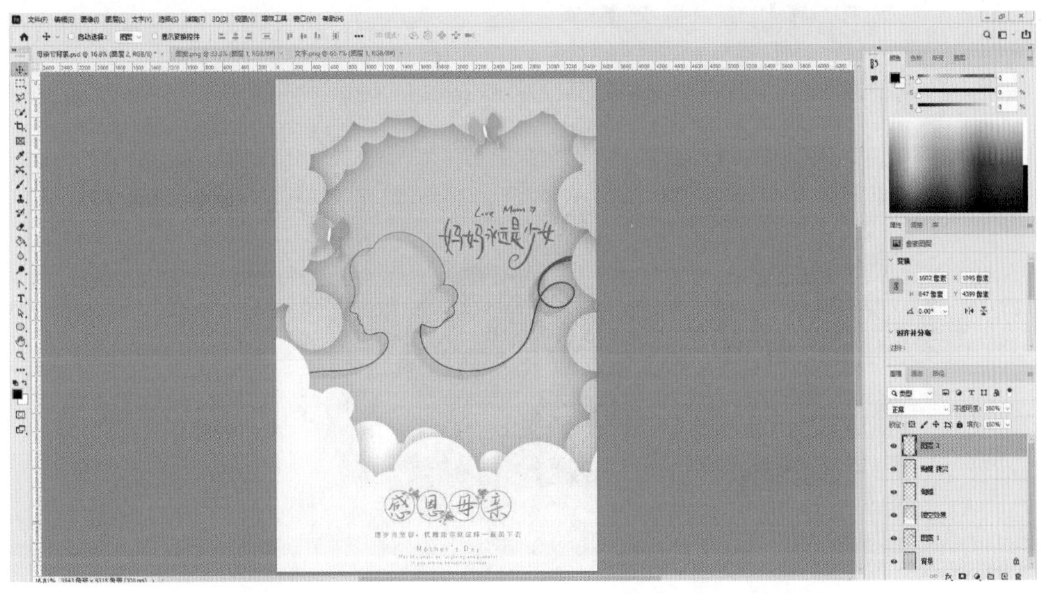

图 2-11

2.2　查看图像

编辑图像时，经常需要放大、缩小图像或移动画面的显示区域，以便于更好地观察和处理图像。Photoshop 提供了用于辅助查看图像功能的工具，如“缩放工具”“抓手工具”等。本节以打开素材“查看图像”文件夹中的“查看图像.jpg”为例进行讲解。

2.2.1 缩放工具

快捷键：Z。

作用：放大或缩小图像显示比例。

在使用Photoshop编辑图像文件的过程中，有时需要观看整体画面，有时需要放大显示画面的局部区域，这时就需要使用工具箱中的“缩放工具”来完成。

选择“缩放工具”后，工具的属性栏中会显示该工具的设置选项，如图2-12所示。

调整窗口大小以满屏显示 缩放所有窗口 细微缩放 100% 适合屏幕 填充屏幕

图 2-12

在属性栏中单击“放大”按钮后，在图片处单击即可放大该图片；单击“缩小”按钮则可以对图片进行缩小处理。也可以单击“100%”按钮使画面百分之百显示，如图2-13所示；或者单击“适合屏幕”按钮，使画面最大化完全显示图片，如图2-14所示；单击“填充屏幕”按钮，则图片充满屏幕，如图2-15所示；双击工具箱中的“缩放工具”，则可以100%显示图片。

图 2-13

“缩放工具”既可以放大，也可以缩小图像的显示比例。单击工具箱中的“缩放工具”，将光标移动到图片上时，光标会变成放大镜图标，每单击一次，图像都会被放大；在放大状态下同时按住【Alt】键，放大镜则会转换成缩小状态，每次单击图像则会相应缩小。

1. 放大图像常用方法

方法一：单击工具箱中的“缩放工具”按钮（或按【Z】键），切换到缩放工具，光标变为放大图标，在需要放大处单击，图像则会放大显示；

方法二：使用【Ctrl++】组合键放大图片；

方法三：按住【Alt】键向上推动鼠标滚轮，完成图片放大；

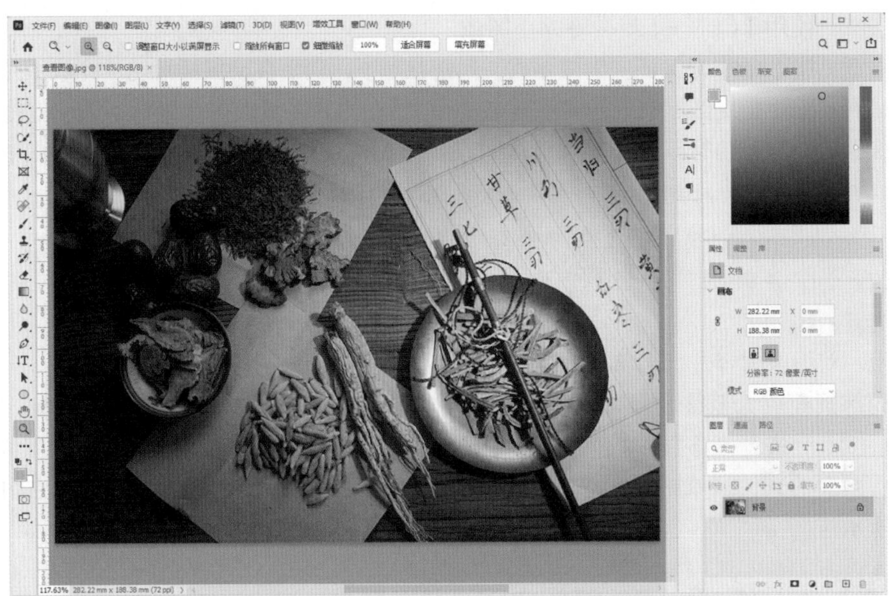

图 2-14

图 2-15

方法四：放大指定区域时，选择“缩放工具”，在属性栏中勾选“细微缩放”复选框，在图片区域内按住鼠标不放向下拖动，完成图片放大；

方法五：在鼠标执行其他工具箱命令时，按【Ctrl+空格】组合键，在图片区域内向下拖动鼠标或者单击图片完成放大图片（在实际操作中该方法更为常用）。

2. 缩小图像常用方法

方法一：单击工具箱中的“缩放工具”按钮（或按【Z】键），切换到缩放工具，光标变为放大图标，按住【Alt】键，在需要缩小处单击，图像会缩小显示；

方法二：使用【Ctrl+-】组合键缩小图像；

方法三：按【Alt】键保证“细微缩放”勾选状态下，向下拨动鼠标滚轮，完成图片缩小；

方法四：缩小指定区域时，选择“缩放工具”，在图片区域内按住鼠标不放向上拖动；

方法五：在鼠标执行其他工具箱命令时，按【Alt+空格】组合键，在图片区域内向上拖动鼠标或者单击图片完成缩小图片操作（在实际操作中该方法更为常用）。

2.2.2 抓手工具

快捷键：H。

作用：对图像内容进行平移。

当局部画面放大至整个屏幕不能显示完整的图像时，要查看其余部分的图像，需要使用“抓手工具”进行平移操作。单击工具箱中的“抓手工具”，在画面中按住鼠标拖动，即可查看画面的其他区域图像，双击“抓手工具”，图片将会最大化完全显示在界面内，如图2-16所示。

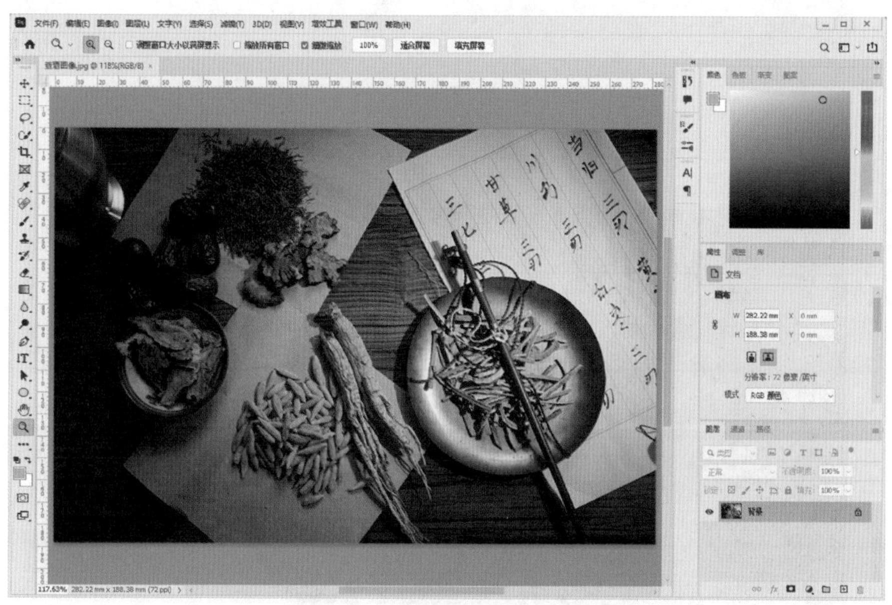

图 2-16

在使用工具箱其他工具时可以按住【空格】键快速切换到“抓手工具”，进行图片显示位置的调整，松开【空格】键后重新回到初选的工具（此方法在图像设计中较常使用）。

2.3 调整图像的尺寸和分辨率

图像的大小与图像的像素、分辨率以及图像的尺寸之间存在密切的联系，分辨率的高低、图像的尺寸共同决定着存储文件所需的磁盘空间的大小，因此，进行图像设计时可以通过更改图像的尺寸和分辨率来调整图像画面的大小。

案例 2-1 调整图片大小

视频

调整图片大小

要求：使用“图像大小”“画布大小”命令及裁切工具完成图片宽度和高度的调整。

操作步骤如下：

1 单击“文件”>“打开”命令，打开素材“调整图像的尺寸和分辨率”中的“商务科技背景.jpg”文件，如图2-17所示，原始图像的长度为1 920像素，高度为1 000像素，如图2-18所示。

图 2-17

图 2-18

2 单击“图像”>“图像大小”命令（快捷键【Alt+Ctrl+I】），弹出“图像大小”对话框，如图2-19所示，单击宽度、高度左侧的链接符号，激活链接命令，将高度更改为800，单位选择“像素”，宽度系统会自动匹配，如图2-20所示。单击“确定”按钮，完成对图片大小的更改。

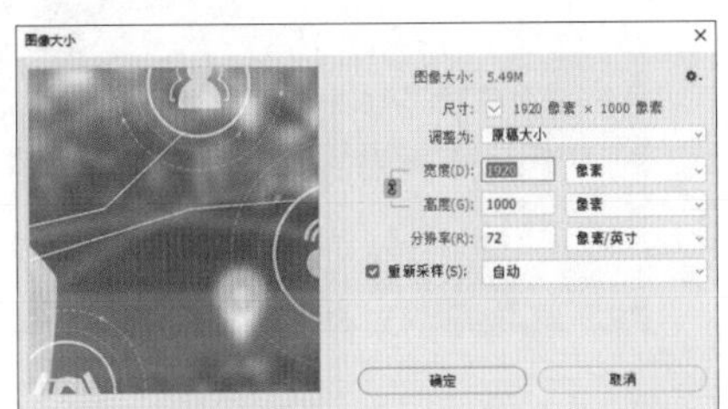

图 2-19

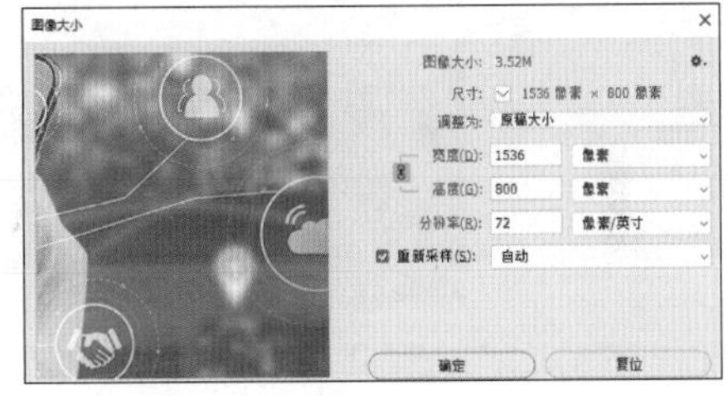

图 2-20

3 单击“图像”>“画布大小”命令（快捷键【Alt+Ctrl+C】），弹出“画布大小”对话框，如图2-21所示；更改对话框中宽度为800像素，单击“定位”区域中的九宫格最左侧中间方块，如图2-22所示；单击“确定”按钮，会弹出剪切询问对话框，如图2-23所示；

图 2-21

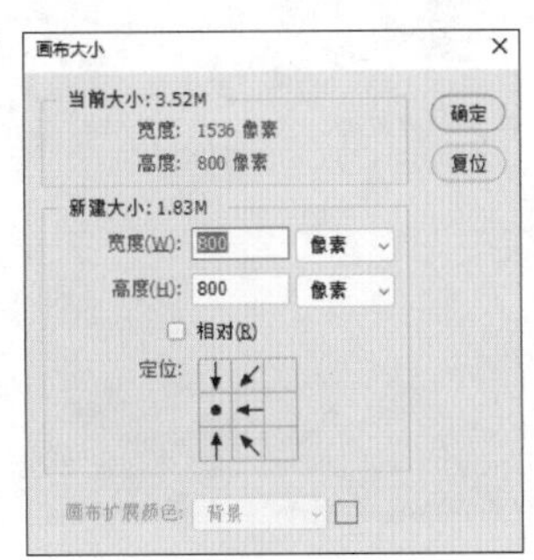

图 2-22

单击“继续”按钮，利用“画布大小”命令完成裁切，效果如图2-24所示。需要注意的是，利用“画布大小”命令完成的图像裁切无法自由选择裁切位置。

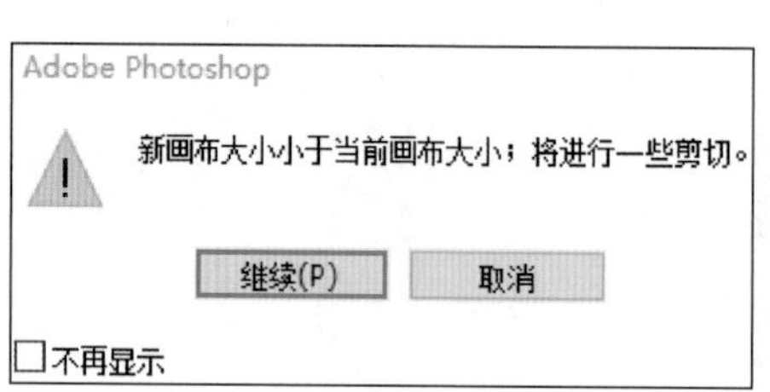

图 2-23

图 2-24

4 利用裁切工具完成选择区域的图像裁切：重新打开素材“调整图像的尺寸和分辨率”文件夹中的“商务科技背景.jpg”的文件，选择工具箱中的“裁剪工具”，在属性栏中打开“比例”下拉列表，选择“宽 × 高 × 分辨率”，设置宽度为800像素，高度为800像素，分辨率为72像素/英寸，如图2-25所示，得到图2-26所示的裁切效果。

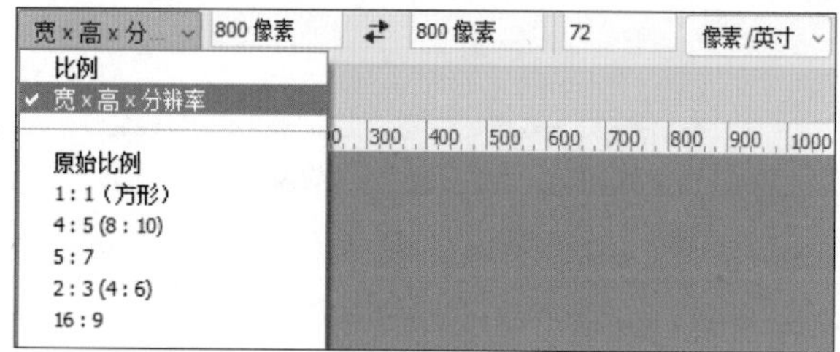

图 2-25

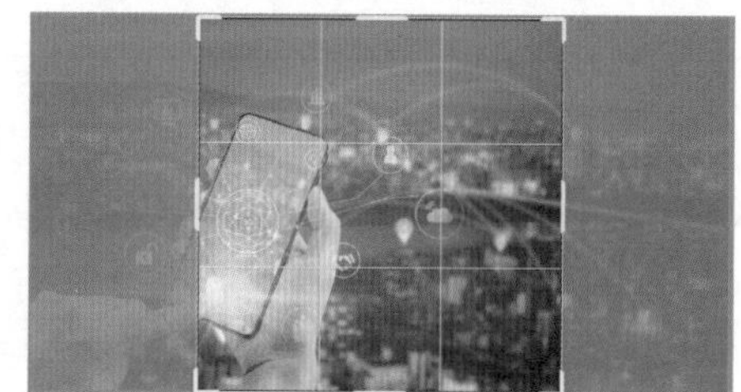

图 2-26

5 移动图像到所需要的位置，如图2-27所示，按【Enter】完成裁切，得到800 × 800像素的裁切图，如图2-28所示。

图 2-27

图 2-28

案例 2-2　2寸证件照排版效果

要求：使用“画布大小”“定义图案”“填充”命令来完成2寸证件照排版效果。

操作步骤如下：

1 打开素材“制作2寸证件照排版效果”中的“证件照.jpg”文件，该照片的原规格是3.3 cm × 4.8 cm，分辨率为320像素/英寸，如图2-29所示。

图 2-29

2 单击“图像”>“画布大小”命令（快捷键为【Alt+Ctrl+C】），画布大小设置为宽3.5 cm，高5.0 cm，画布扩展颜色选择“白色”，如图2-30所示，单击“确定”按钮，证件照边缘会出现一圈白色底色，如图2-31所示。

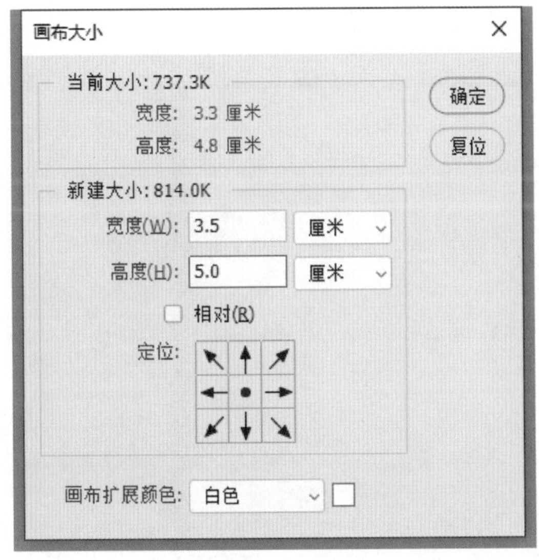

图 2-30

图 2-31

3 单击“编辑”>“定义图案”命令，弹出“图案名称”对话框，定义名称为“证件照.jpg”，单击“确定”按钮，如图2-32所示。

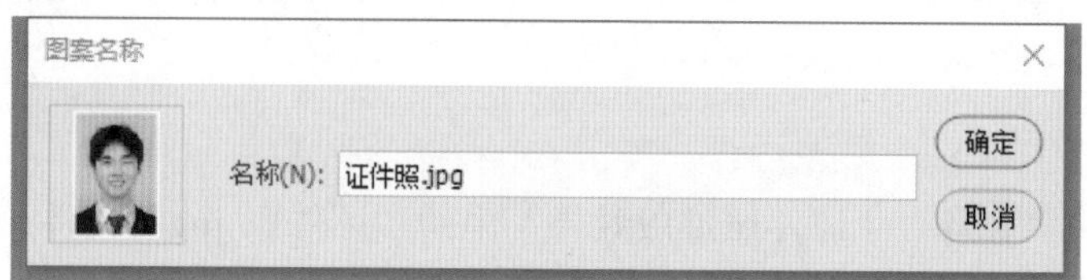

图 2-32

4 单击“图像”>“画布大小”命令（快捷键为【Alt+Ctrl+C】），画布大小设置宽度为“400百分比”，高度为“200百分比”，画布扩展颜色为“白色”，图像定位在左上角，如图2-33所示。

图 2-33

5 单击“确定”按钮后，证件照文件变成图2-34所示的效果。

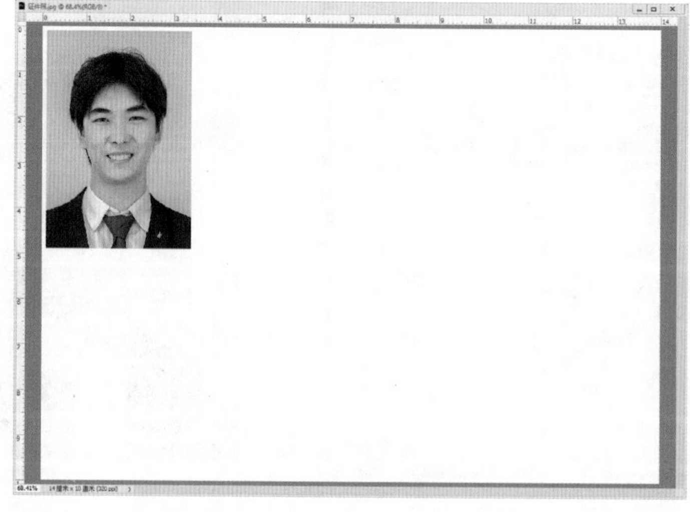

图 2-34

6 单击“编辑”>“填充”命令（快捷键为【Shift+F5】），弹出“填充”对话框，单击“内容”下拉列表，选择“图案”选项，在“选项”区选择自定图案中的“证件照.jpg”，如图2-35所示。

填充
内容(D): 图案
确定
复位
选项
自定图案:
脚本(S): 砖形填充
混合
模式(M): 正常
不透明度(O): 100 %
保留透明区域(P)

图 2-35

7 单击“确定”按钮，完成2寸证件照的4×2的排版效果，如图2-36所示。

图 2-36

拓展：证照常见尺寸见表2-1。

表 2-1　证照常见尺寸

类型	尺寸	类型	尺寸	类型	尺寸
1英寸	25 mm × 35 mm	2英寸	35 mm × 49 mm	3英寸	35 mm × 52 mm
大二寸	35 mm × 45 mm	护照	33 mm × 48 mm	毕业照	33 mm × 48 mm
身份证照	22 mm × 32 mm	驾照	21 mm × 26 mm	行驶证车辆照	60 mm × 91 mm

2.4 自由变换和翻转图像

设计过程中经常要对图片进行复制、翻转、缩放等相关操作，从而达到设计者的创作需求。下面将通过案例讲解相关的操作方法。

视频

中秋海报案例制作

案例 2-3　中秋海报

要求：使用移动工具、“变换”命令完成案例制作。

操作步骤如下：

1 打开素材“中秋海报案例制作”中的“中秋海报.psd”文件，如图2-37所示。

图 2-37

2 单击Photoshop图层面板中的“灯笼”图层，选中“灯笼”图层，按【Ctrl+J】组合键，复制出“灯笼拷贝”图层，如图2-38所示，选择“移动工具”，将复制的灯笼移动到图像左上方，如图2-39所示。

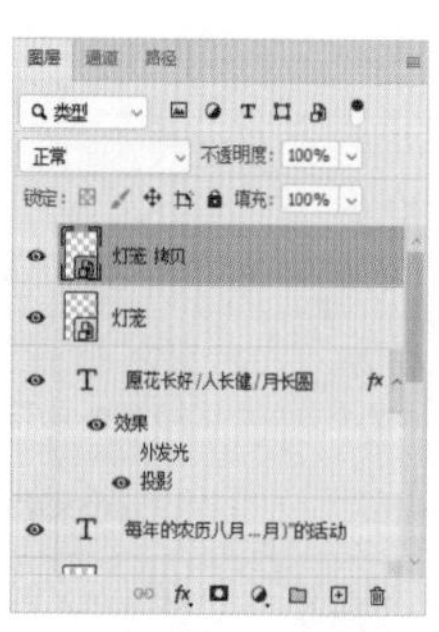

图 2-38

图 2-39

3 单击“编辑”>“变换”>“水平翻转”命令，对复制出的灯笼进行水平翻转。效果如图 2-40 所示，按【Ctrl+T】组合键，对“灯笼拷贝”图层的灯笼进行缩小和旋转，如图 2-41 所示。

图 2-40

图 2-41

4 利用同样的方法对灯笼进行多次复制和缩放变形，如图 2-42 所示。

5 选择“流星”图层，按【Ctrl+J】组合键，复制出“流星拷贝”图层，对图层进行位置调整和缩放，利用相同方法对“流星”进行多次复制和缩放变形，完成最终效果，如图 2-43 所示，对制作好的文件进行保存。

图 2-42

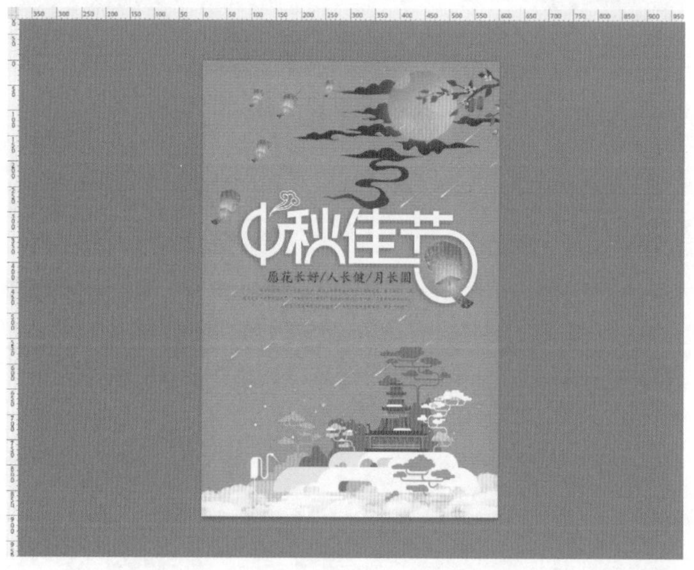

图 2-43

练　习

建筑物修正。在我们工作或生活中经常会遇到需要对图片进行修正的情况，利用Photoshop可以对建筑物、证件照、牌匾等图片内容进行修正。要求：利用给定素材，使用“自由变换”命令中的“斜切”命令完成建筑物修正，原始文档和修正完成文档对比如图2-44、图2-45所示。

文档

建筑物修正

图 2-44

图 2-45

第3章 图 层

本章导读>>>

图层是图形绘制和图像处理中最为基础、最为重要的命令。在设计过程中图形或图像的处理都离不开图层的应用。灵活地使用图层可以提高设计的效率，本章将详细介绍Photoshop CC 2022图层的相关操作，包含图层的选择、新建、复制、合并、删除、移动等操作及图层样式的添加、复制、删除等操作。

学习目标>>>

◎了解图层概念；
◎认识图层面板及图层类型；
◎熟练掌握图层的选择、新建、复制、合并、删除、移动等操作；
◎熟练掌握图层样式的添加技巧。

3.1 图层概述

3.1.1 图层简介

Photoshop图层就如同堆叠在一起的透明纸，可以透过图层的透明区域看到下面的图层。可以移动图层来定位图层上的内容，也可以更改图层不透明度使图层内容变得透明。利用图层可以执行多种任务，如复合多个图像、向图像添加文本或添加矢量图形形状，可以应用图层样式来添加特殊效果，如投影或发光等特效。

3.1.2 图层类型

Photoshop中图层分类丰富，不同的图层类型具有不同的功能和用途，下面具体介绍主要的图层类型。

（1）背景图层：新建文件时所创建的初始图层，该图层位于所有图层的最下方，初始状态为锁定状态。可以通过双击图层面板中的“背景”图层，将其转换为普通图层。

（2）普通图层：Photoshop最常见的图层类型，主要用于绘制各类图形或图像元素。可以通过单击图层面板下方的“创建新图层”按钮⊞创建，或者通过组合键【Ctrl+Shift+N】创建一个新的普通图层。

（3）调整图层：调整图层可将颜色和色调调整应用于图像，而不会永久更改像素值。颜色和色调调整存储在调整图层中并应用于该图层下面的图层或所有图层。可以通过单击图层面板中的“创建新的填充图层或调整图层”按钮◐来创建。

（4）填充图层：填充图层可以利用纯色、渐变或图案来填充图层。与调整图层不同，填充图层不影响它下面的图层，创建方法与调整图层相同。

（5）文字图层：文字工具输入文字时自动创建的图层，用于文字编辑。

（6）变形文字图层：为文字图层添加变形文字命令后形成的图层。

（7）矢量图层：包含矢量形状的图层。

（8）智能对象图层：含有智能对象的图层。

（9）矢量蒙版：由钢笔或形状等矢量工具所创建的蒙版，用以路径抠图。

（10）图层组：类似于文件夹，将图层按照类别放入图层组中，便于一起移动复制等操作。

图3-1所示为常见图层示意效果。

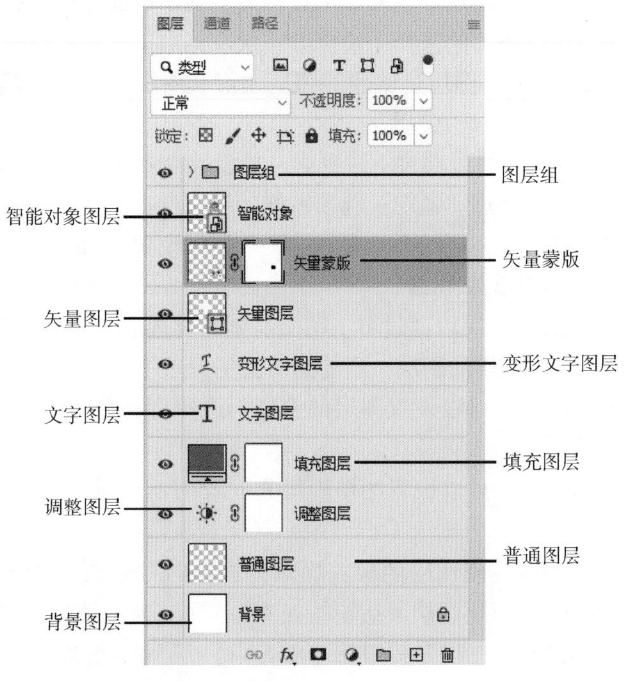

图3-1

3.2 图层基本操作

3.2.1 图层面板简介

图层面板中包含文件中创建的所有图层、图层组和图层效果。使用图层面板可以进行搜索图层、显示和隐藏图层、创建新图层以及处理图层组等操作，也可以利用图层面板右上方的面板菜单设置其他命令和选项。系统默认状态下图层面板位于软件的右下角，如果系统中没有显示图层面板，可以通过单击“窗口”>“图层”命令开启图层面板，或者按【F7】键显示或隐藏图层面板，图层面板相关信息如图3-2所示。

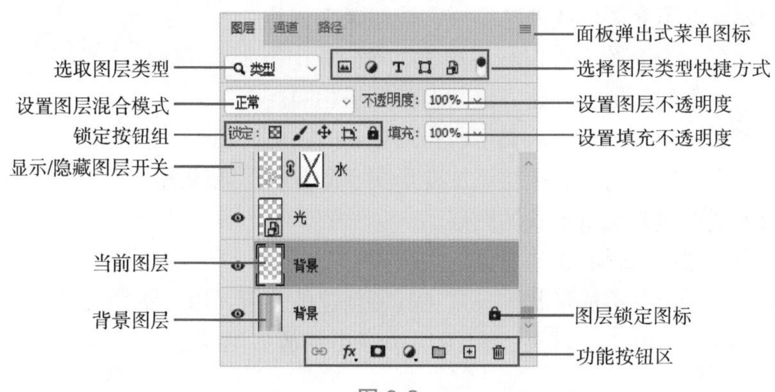

图 3-2

（1）选取图层类型：可以通过下拉列表来选择需要显示的图层类型，也可以使用右侧选取图层快捷方式来进行图层类型的选择，快捷方式从左到右依次是“像素图层过滤器”、“调整图层过滤器”、“文字图层过滤器”、“形状图层过滤器”、“智能对象过滤器”、“打开或关闭图层过滤开关”。

（2）设置图层混合模式：可以通过下拉列表选择设计需要的图层混合模式。

（3）锁定按钮组：可以通过“锁定”选项右侧的按钮选择图层锁定的方式，从左到右依次是“锁定透明像素”、“锁定图像像素”、“锁定位置”、“防止在画板和画框内外自动嵌套”以及“锁定全部”。

（4）显示/隐藏图层开关：可以通过单击图层前方的复选框，显示或者隐藏该图层内容。

（5）当前图层：指正在编辑的图层，当前图层会呈现选中状态。

（6）设置图层不透明度：可以设置图层的整体不透明度，数值为0%~100%，数值越大越不透明。

（7）设置填充不透明度：可以设置图层内填充元素的不透明度，数值为0%~100%，数值越大填充元素越多。

（8）功能按钮区：用以实现图层的相关操作，自左向右分别为“链接图层”按钮、“添加图层样式”按钮、“添加图层蒙版”按钮、“创建新的填充或调整图层”按钮、“创建新组”按钮、“创建新图层”按钮和“删除图层”按钮。

①“链接图层”按钮：当图层名称后出现链接符号，表示当前图层和其他图层相互

链接，对其中任意链接图层进行操作时，会影响其他链接图层的操作。

②“添加图层样式”按钮 ：单击该按钮会弹出下拉列表，选择相应命令会为图层添加图层样式效果。

③“添加图层蒙版”按钮 ：单击该按钮会为选择图层添加图层蒙版，利用图层蒙版可以显示或隐藏图层内容。

④“创建新的填充或调整图层”按钮 ：单击该按钮会弹出下拉列表，选择相应命令可以为图层添加填充或调整图层。

⑤“创建新组”按钮 ：单击该按钮可以创建一个图层组，用以容纳多个图层，方便图层管理。

⑥“创建新图层”按钮 ：单击该按钮可以创建一个新图层。

⑦“删除图层”按钮 ：单击该按钮可以删除当前图层，也可将不需要的图层拖动到这个图标上删除相应图层。

⑧面板弹出式菜单图标 ：单击该图标可以打开图层面板的面板菜单，通过菜单命令对图层进行创建、编辑和管理等操作，如图 3-3 所示。

图 3-3

案例 3-1　相册单页

要求：使用矩形工具、自由变换命令及新建图层命令完成相册单页制作。

视频

制作相册单页

操作步骤如下：

1 打开素材“相册单页”文件夹中的“相册单页.psd”文件，按【Ctrl+R】组合键调出标尺，按【Ctrl+;】组合键调出参考线，如图 3-4 所示。

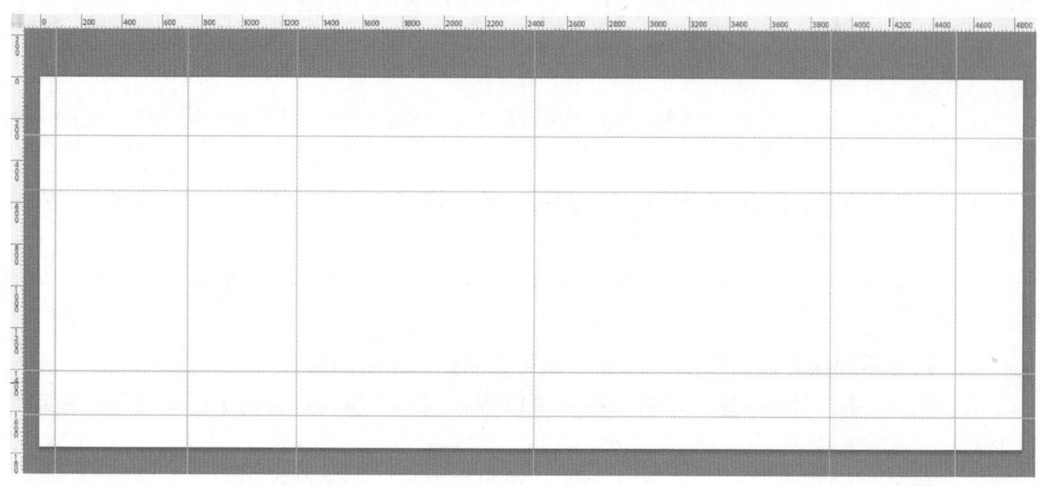

图 3-4

2 选择工具箱中的“矩形工具”，在工具属性栏中设置工具模式为“形状”，填充为无色，描边为蓝色，RGB值为（94，153，210），描边宽度为3像素，如图3-5所示。

形状 填充： 描边： 3像素 W: 0像素 H: 0像素

图 3-5

3 绘制矩形并调整大小和位置，如图3-6所示。选择“移动工具”，在图层面板中选中“矩形1”图层，并按住鼠标不放，拖动到“创建新图层”按钮上，复制出新图层“矩形1拷贝”，按【Ctrl+T】组合键，对绘制的矩形进行大小和位置的调整，重复上述操作，复制出新图层“矩形2拷贝”，并对其进行大小和位置的调整，效果如图3-7所示。

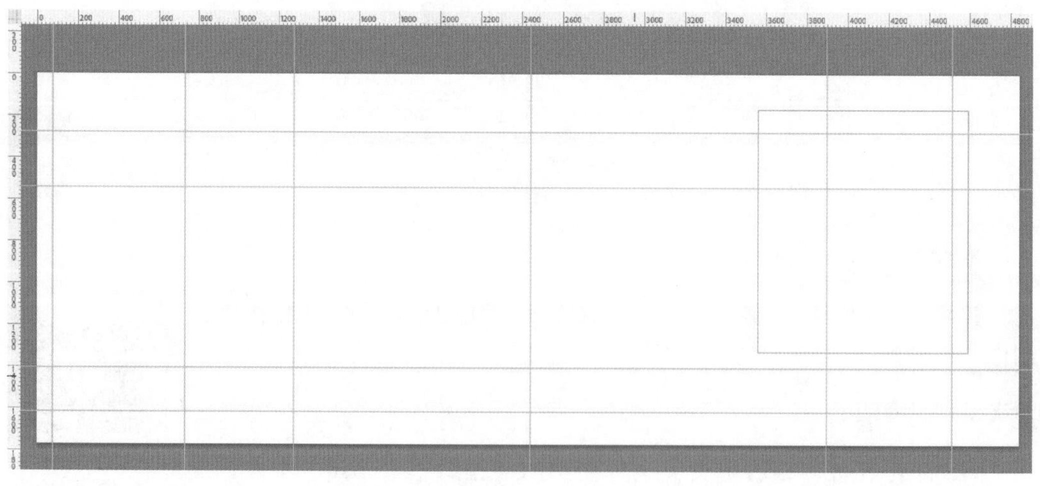

图 3-6

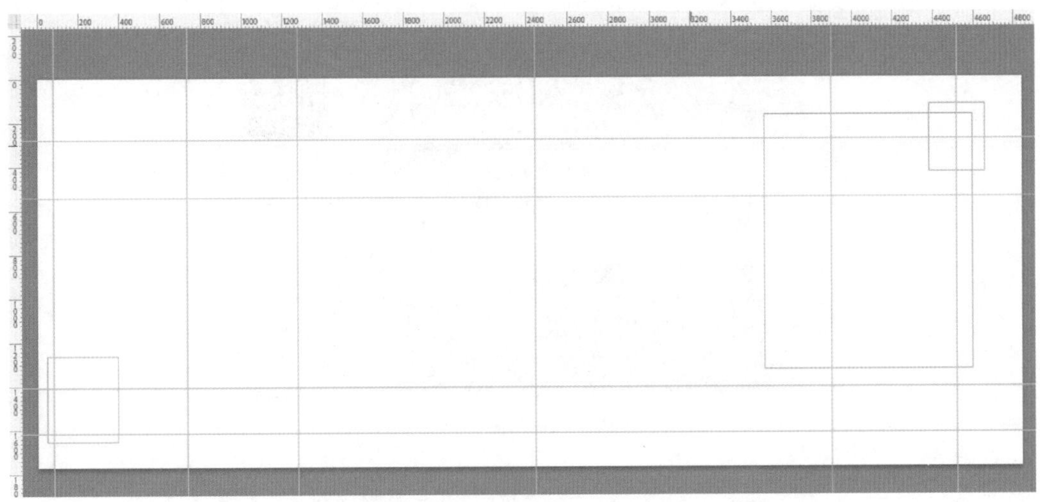

图 3-7

4 打开素材文件夹中的“素材 1.jpg”文件，选择“移动工具”，在图像区域按住鼠标左键不放，如图 3-8 所示，将其拖动到“相册单页 .psd”选项卡上，停留片刻，会切换至“相册单页 .psd”页面，继续将图片拖动到“相册单页 .psd”绘图区域并松开鼠标，完成图片复制，如图 3-9 所示。

图 3-8

5 在图层面板中右击“图层 1”，在快捷菜单中选择“转换为智能对象”命令，按【Ctrl+T】组合键对图片进行移动和缩放，放置在图 3-10 所示的位置。打开“素材 2”和“素材 3”，按上述操作将图片放置到图 3-11 所示位置。

6 按住【Shift】键，分别选择“图层 1”“图层 2”“图层 3”三个图层，如图 3-12 所示，单击属性栏中的“对齐并分布”按钮 ···，选择对齐方式为“画布”，分布间距为“垂直分布”，如图 3-13 所示，得到图 3-14 所示的效果。

图 3-9

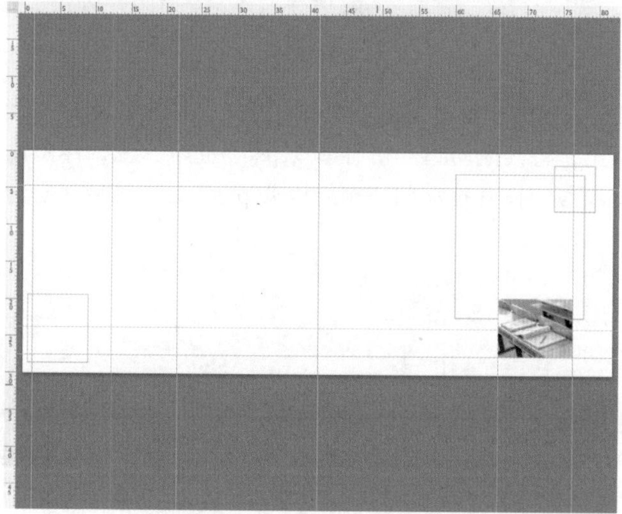

图 3-10

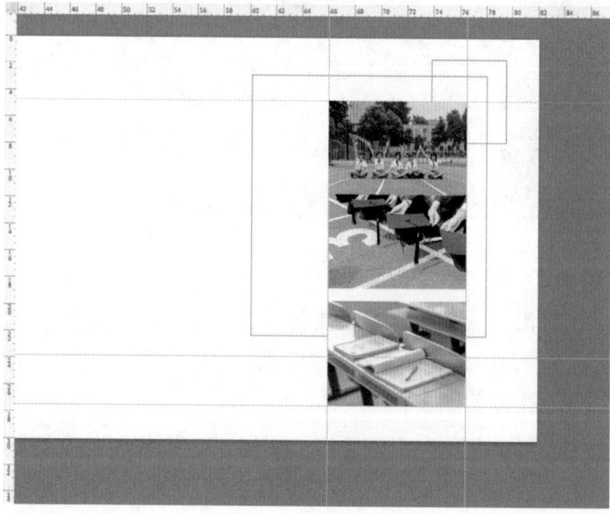

图 3-11

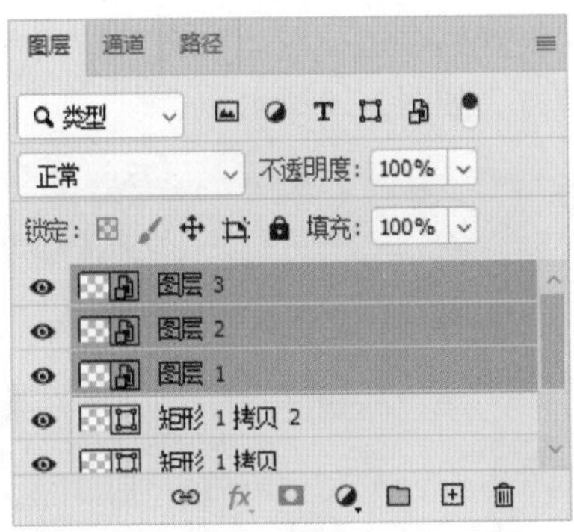

图 3-12

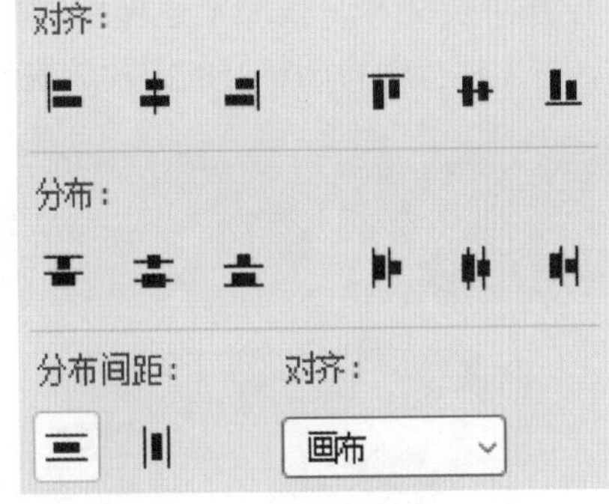

图 3-13

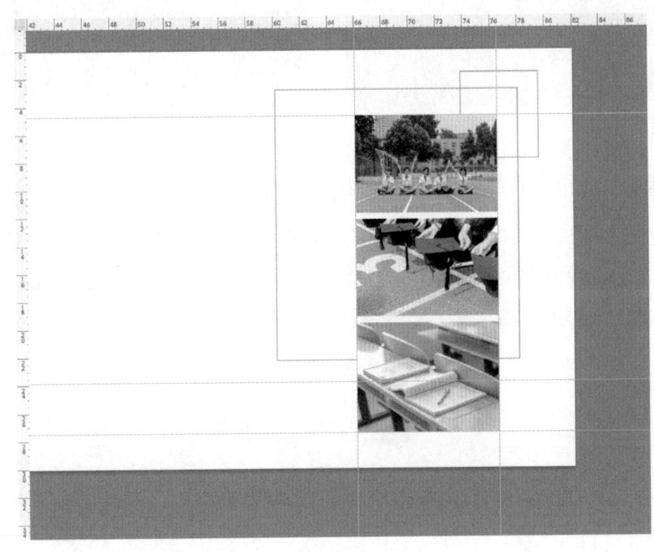

图 3-14

7 打开“素材 6”，按照上述操作将照片缩放到图 3-15 所示的位置，在图层面板中右击“图层 4”，选择“栅格化图层”命令，选择“矩形选框工具”，在“素材 6”左侧，框选出图 3-16 所示的选区，按【Delete】键进行删除，按【Ctrl+D】组合键取消选区。

图 3-15

图 3-16

8 打开“素材4”，按照上述操作步骤将图片放置到合适位置，如图3-17所示，打开“素材5”，按上述步骤将调整好的图片放置到合适位置，如图3-18所示。

图 3-17

图 3-18

9 打开“标题.png”，按照上述方式将图片拖动到文件中，将“图层7”转换为智能对象图层，单击图层面板下方的“添加图层样式”按钮 fx，选择“颜色叠加”选项，如图3-19所示，设置混合模式的颜色RGB值为（94，153，210），其他参数默认，如图3-20所示，按【Ctrl+T】组合键对“图层7”进行缩放，并放置到图3-21所示的位置。

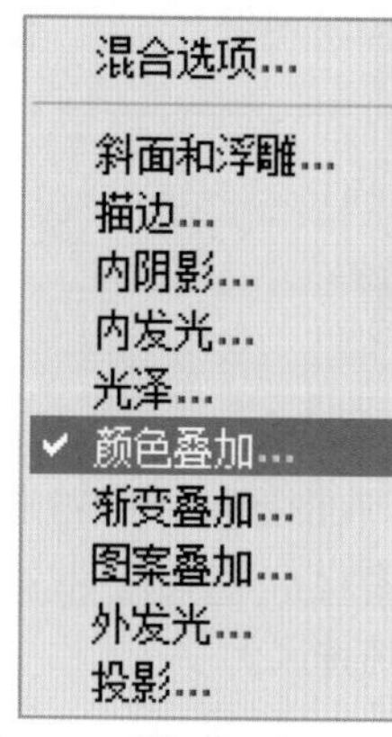

图 3-19

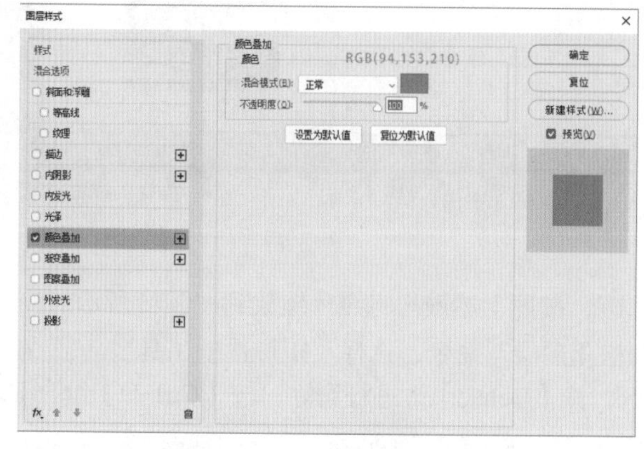

图 3-20

图 3-21

10 打开“剪影.png”，按照上述方式将图片拖动到文件中，将“图层8”转换为智能对象图层，按【Ctrl+T】组合键对进行图像大小的调整，并移动到合适位置，如图3-22所示，设置“图层8”的不透明度为30%，如图3-23所示。

11 打开“素材.png”，转换为智能对象图层，按【Ctrl+T】组合键对图像大小进行调整，并对图像进行旋转，放置到图3-24所示的位置。选择“文字1”和“文字2”素材文件，按上述方法将图片拖动到文件中，将图层转换为智能对象图层，并移动到合适位置，如图3-25所示。

12 为了减小存储文件大小，将所有图像图层进行栅格化，以“相册单页完成”为名称对文件进行保存。

图 3-22

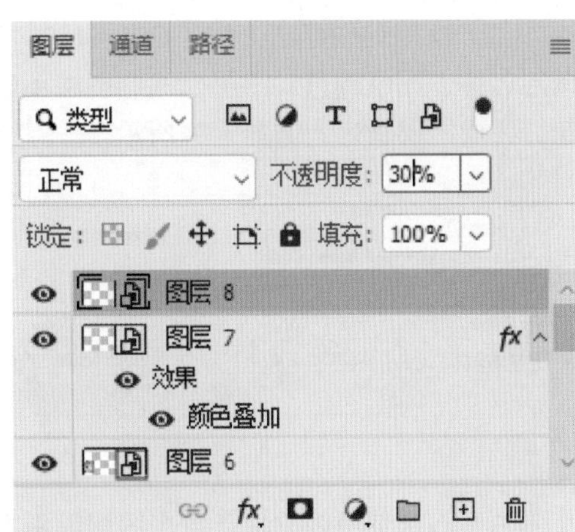

图 3-23

图 3-24

图 3-25

3.2.2　新建图层

新建图层有五种常用的方法，分别是按钮创建法、快捷键创建法、面板菜单创建法、菜单命令创建法及背景图层创建法，下面将分别进行介绍。

（1）按钮创建法：单击图层面板中的“创建新图层”按钮 ⊞ ，如图 3-26 所示，即可在当前图层上方创建一个新图层，如图 3-27 所示。

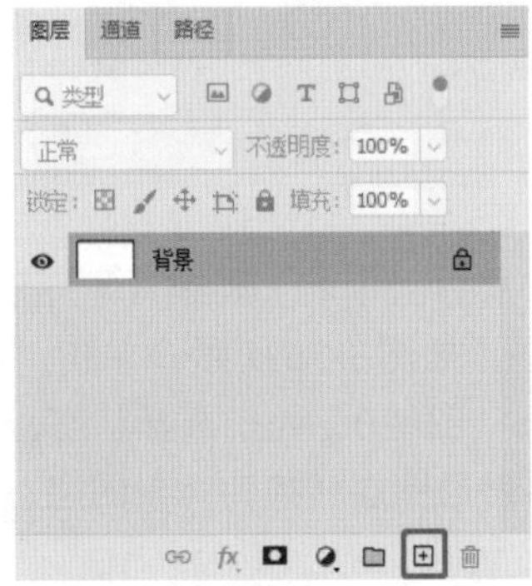

图 3-26

图 3-27

（2）快捷键创建法：按【Ctrl+Shift+N】组合键，会弹出“新建图层”对话框，可以对图层名称、图层颜色、图层模式、图层不透明度进行设置，如图3-28所示，单击“确定”按钮，完成图层新建，如图3-29所示。

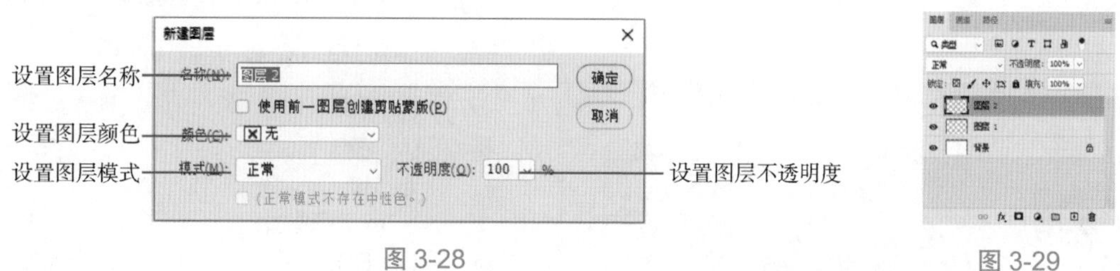

图 3-28　　图 3-29

（3）面板菜单创建法：单击图层面板右上角的面板菜单图标，弹出面板菜单，如图3-30所示，选择“新建图层”命令，弹出“新建图层”对话框，如图3-31所示，单击“确定”按钮，效果如图3-32所示。

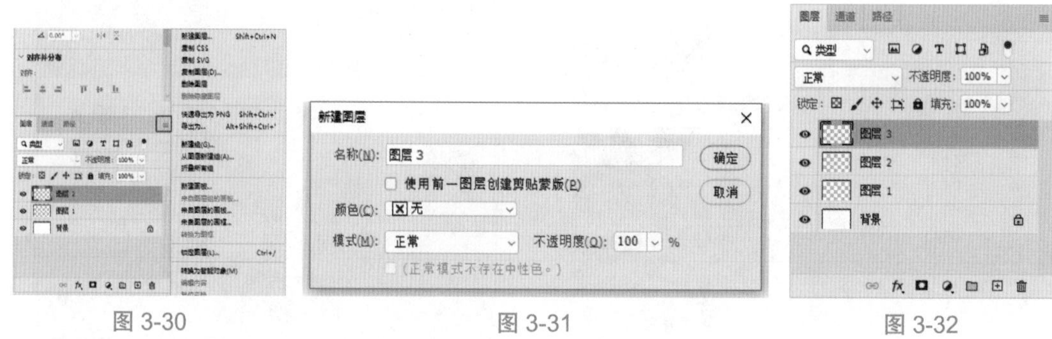

图 3-30　　图 3-31　　图 3-32

（4）菜单命令创建法：单击“图层”>“新建”>“图层”命令，如图3-33所示，弹出“新建图层”对话框，如图3-34所示，对相关内容进行设置后单击“确定”按钮，完成图层的新建，如图3-35所示。

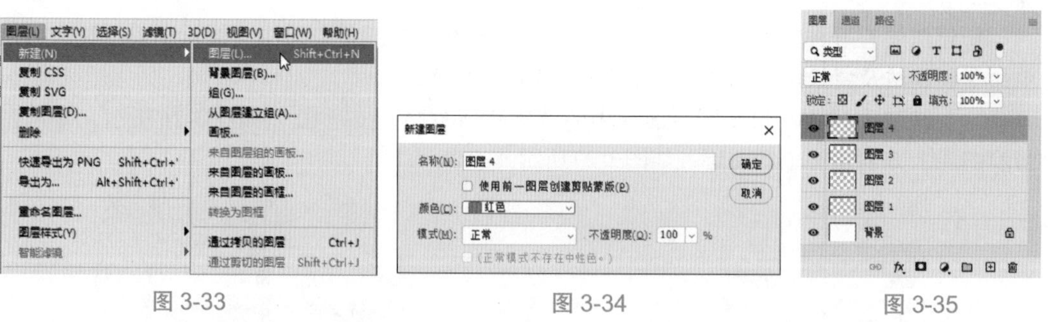

图 3-33　　图 3-34　　图 3-35

（5）背景图层创建法：打开素材“新建背景图层”文件夹中的“新建背景图层.jpg”文件，鼠标双击“背景图层”，弹出“新建图层”对话框，如图3-36所示，单击“确定”按钮，将背景图层转换为普通图层，如图3-37所示。保证“图层0”处于选择状态，单击“图层”>“新建”>“图层背景”命令，如图3-38所示，将普通图层转换为背景图层，如图3-39所示。

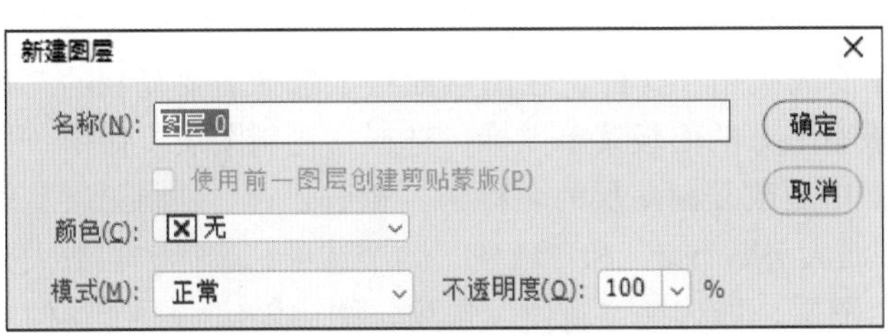

图 3-36

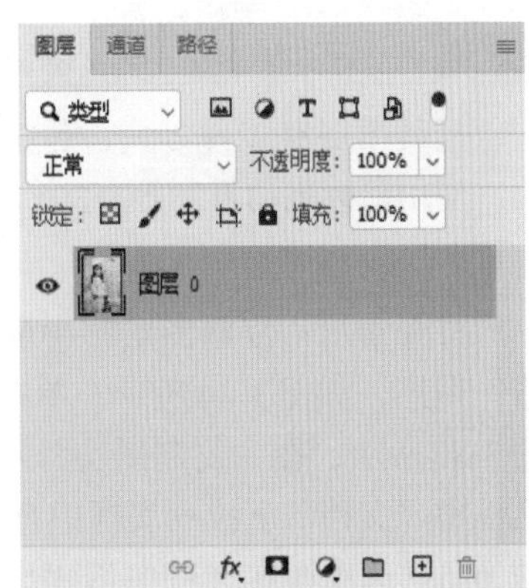

图 3-37

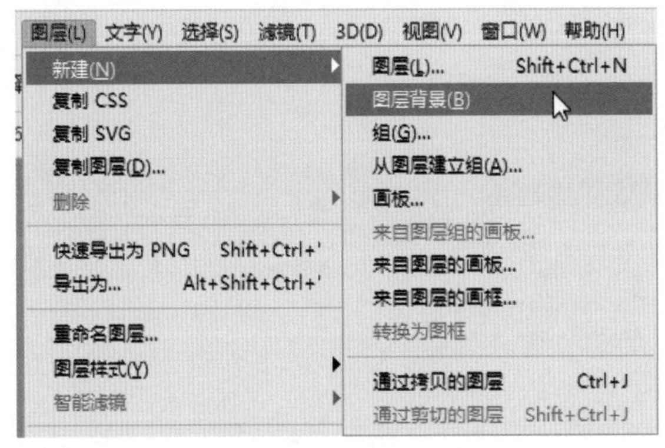

图 3-38

图 3-39

3.2.3　图层重命名

打开素材“新建背景图层”文件夹中的“新建背景图层.jpg”文件，单击图层面板中的“创建新图层”按钮 ，创建“图层 1”，如图 3-40 所示，双击图层名称位置，如图 3-41 所示，图层名称成为可编辑状态，如图 3-42 所示，输入图层名“修饰图层”，完成图层更名，如图 3-43 所示。也可以选择需要更名的图层，单击“图层”>“重命名图层”命令，对选择的图层进行重命名。

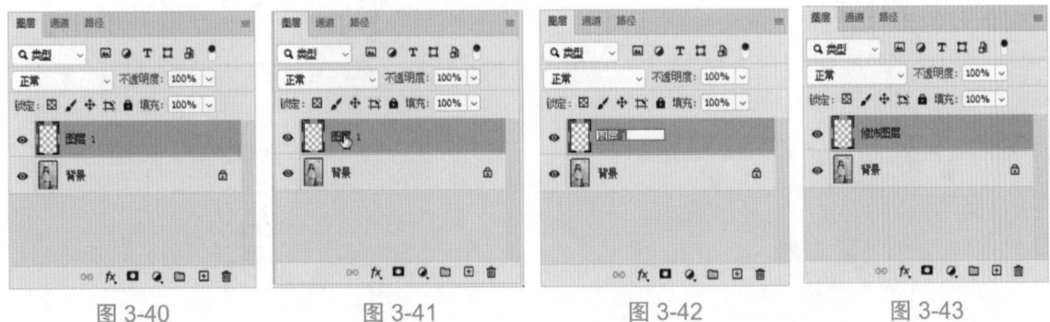

图 3-40　　图 3-41　　图 3-42　　图 3-43

3.2.4 复制图层

复制图层有多种方式，包括面板菜单复制、利用图层面板按钮复制、利用菜单命令复制、使用鼠标拖动复制等方法，下面具体讲解以上四种图层复制方法。

1. 面板菜单复制

打开素材“复制图层”中的“相册大头贴”文件，在图层面板中选择需要复制的“相册”图层，如图3-44所示，单击面板右上方的面板菜单图标，选择“复制图层”命令，如图3-45所示，在“复制图层”对话框中更改复制图层的名称为“相册2”（“复制图层”对话框中“文档”下拉列表框中有“相册大头贴.psd”和“新建”两个选项，选择“相册大头贴.psd”选项则在文件中创建出一个图层，如选择“新建”选项，则会创建出一个新的文件），单击“确定”按钮，如图3-46所示。

图 3-44

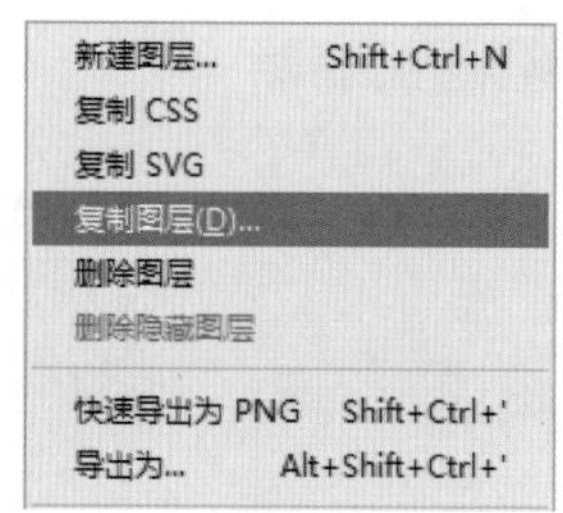

图 3-45

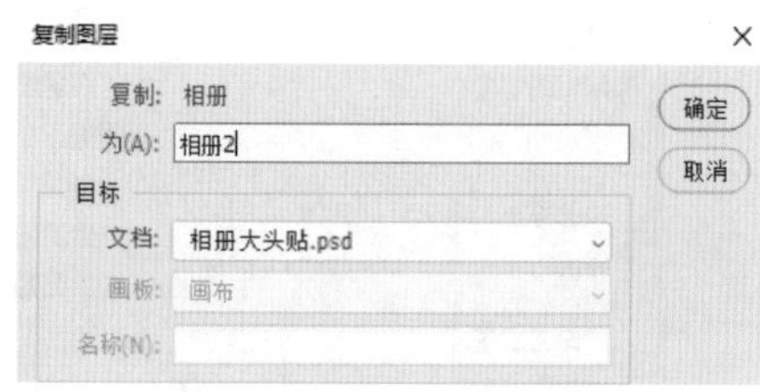

图 3-46

选择“移动工具”，将复制图层移动到原图片的右侧，并按【Ctrl+T】组合键，执行自由变形命令，并对复制的“相册2”进行旋转，如图3-47所示。

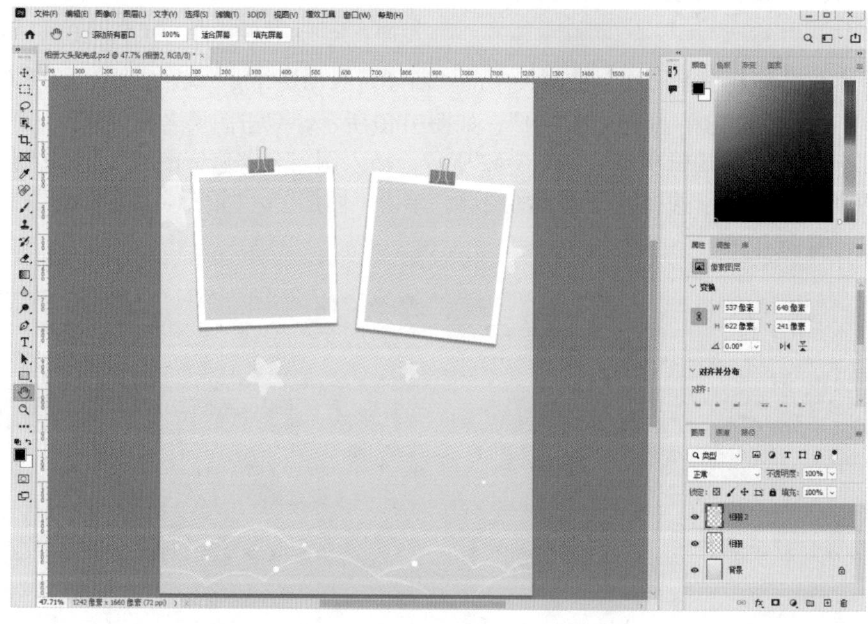

图 3-47

2. 用图层面板按钮复制

单击选择“相册 2”图层，按住鼠标左键将图层拖动到图层面板下方的“创建新图层”按钮 ⊞ 上，如图 3-48 所示，松开鼠标左键，将会复制出“相册 2 拷贝”图层，如图 3-49 所示，单击“移动工具”，将复制内容移动到图片的左下方，按【Ctrl+T】组合键执行自由变形命令，将鼠标放置在变形框的左上角进行旋转，按【Enter】键得到图 3-50 所示的效果。

图 3-48

图 3-49

图 3-50

3. 利用菜单命令复制

选择“相册 2 拷贝”图层，单击“图层”>“复制图层”命令，弹出“复制图层”对话框，完成相关设置后单击“确定”按钮，复制出“相册 2 拷贝 2”图层，如图 3-51 所示，对图层进行移动和变形，得到图 3-52 所示的图像效果。

图 3-51

图 3-52

4. 使用鼠标拖动复制

（1）相同图像文件中，按住【Alt】键的同时按下鼠标拖动复制图层内容：在同一个文件中，将鼠标光标放置在文件工作区中的“相册 2 拷贝 2”上，按住【Alt】键，同时按住鼠标左键将图形内容拖动到需要放置的位置释放鼠标左键，即可完成同一个文件的内容复制，利用自由变换命令，对复制的内容进行旋转，效果如图 3-53 所示。

图 3-53

（2）在不同图像文件中利用拖动方法复制图像：打开素材“复制图层”中的“人物01.jpg”，选择“移动工具”，将鼠标光标放置在“人物01.jpg”的图片上，如图3-54所示，按住鼠标左键不放，将鼠标光标拖动到“相册大头贴完成.psd”选项卡上，如图3-55所示，等图像切换到相册单页页面内图像后，将鼠标光标下移到图像区域，释放鼠标，将“人物01.jpg”复制到相册单页内。

图 3-54

图 3-55

（3）按【Ctrl+T】组合键对人物图片进行自由变换，如图5-56所示，并将其照片放置到左上角的相片纸内，如图5-57所示。

（4）利用上述方法，将其他图片放入到相应的相片纸内，如图3-58所示，注意在调整第三、四张图片的时候，应将照片所在的图层移动到对应相片纸上面的图层（具体的移动方法是：在图层面板中，选择需要移动的人物图层，按住鼠标左键拖动，将图层移动到需要放置图层上方的分隔线处，系统会出现双线，然后松开鼠标完成图层位置的移动），这样才不会出现照片遮挡其他相片纸的情况，如图3-59所示。

图 3-56

图 3-57

图 3-58

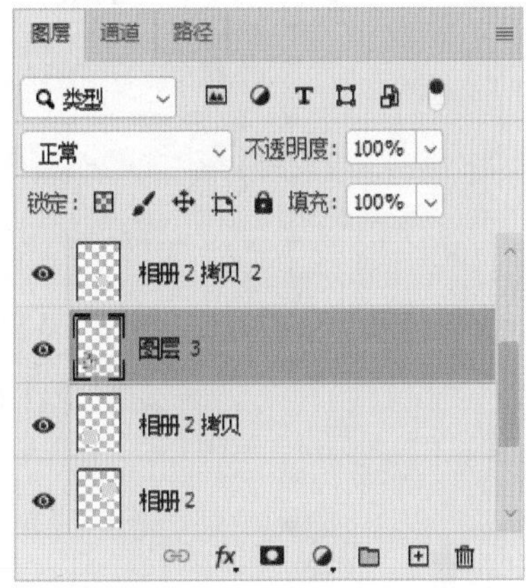

图 3-59

（5）其他照片的放置参照上述方法操作，图片放置位置如图3-60所示，图层层叠位置如图3-61所示。

图 3-60

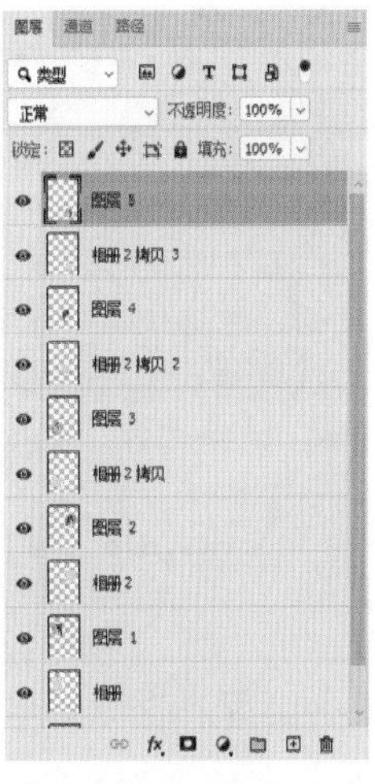

图 3-61

3.2.5 删除图层

在进行广告设计过程中，经常会遇到要删除多余图层的操作，删除图层的方式有多种，我们将通过下面的案例来讲解，读者可根据实际情况选择一种或多种方式来完成操作。

1. 利用图层面板按钮删除图层

打开素材“删除图层”文件夹下的“工作证.psd”文件，单击选择需要删除的文字图层“图层2”，单击图层面板右下方的“删除图层”按钮 🗑，如图3-62所示，完成“图层2”的删除操作。也可以通过拖动图层到“删除图层”按钮上的方式删除多余图层。用鼠标按住“图层3”不放，将图层拖动到“删除图层”按钮 🗑 图标上，松开鼠标，将“图层3”删除，如图3-63所示。

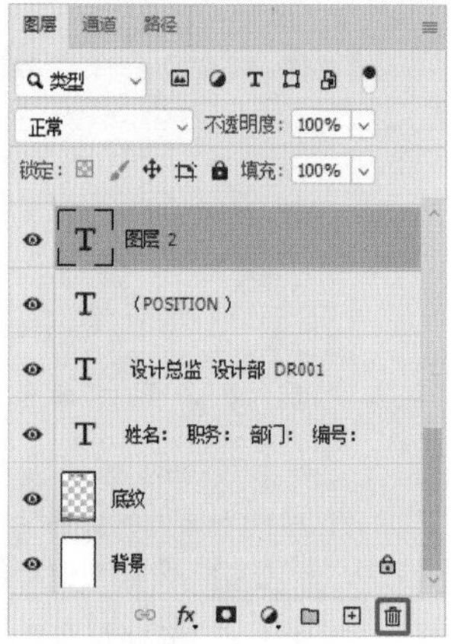

图 3-62

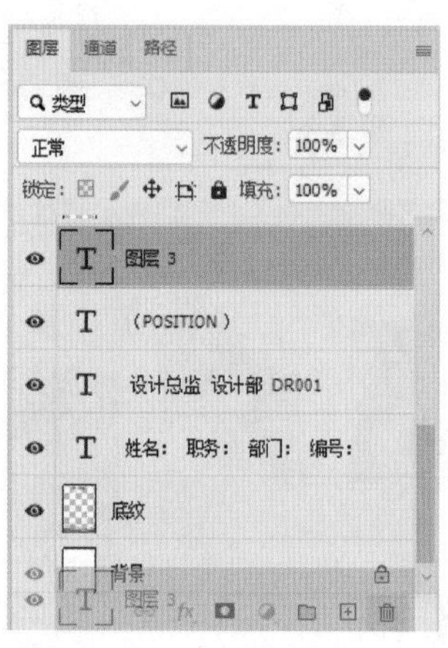

图 3-63

2. 利用面板菜单删除图层

单击选取需要删除的图层文字图层“张某某”，单击图层面板右上角的弹出式菜单，选择“删除图层”命令，如图3-64所示，在弹出的删除图层确认对话框中单击“是”按钮，如图3-65所示，完成图层删除。

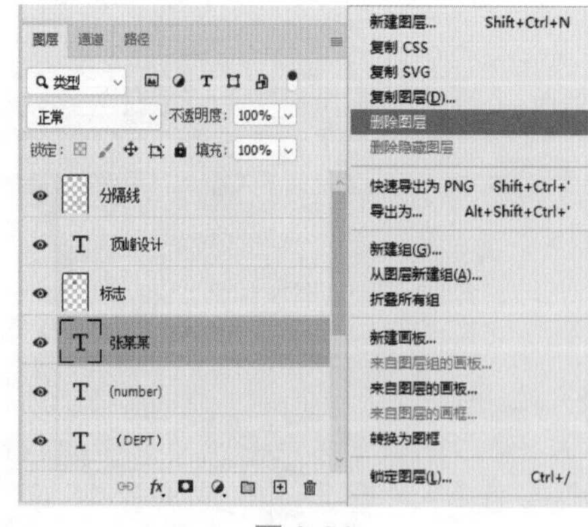

图 3-64

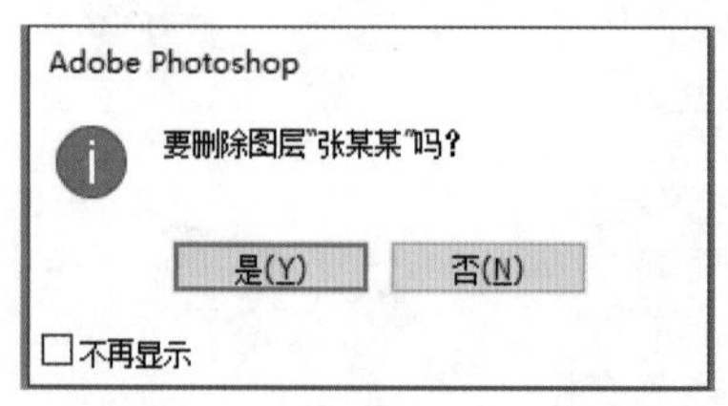

图 3-65

3. 利用菜单命令删除图层

单击选取需要删除的文字图层“顶峰设计”，单击“图层” > “删除” > “图层”命令，如图 3-66 所示，在弹出的删除图层确认对话框中单击“是”按钮，完成图层删除。

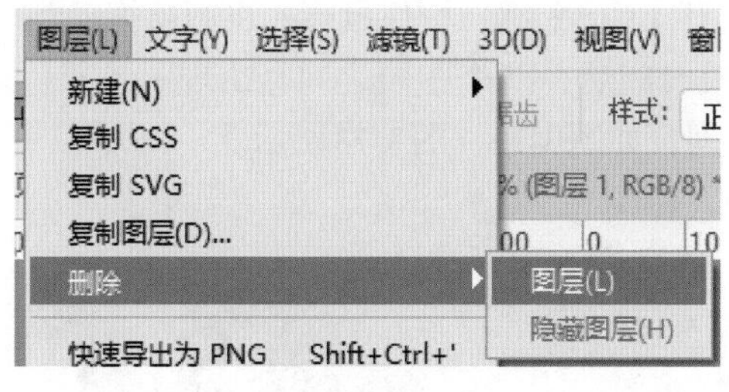

图 3-66

3.2.6　图层选择与排列

打开素材“复制图层”文件夹中的“相册大头贴完成.psd”文件。

1. 单一图层选择

单击需要选择的图层即可选择图层，如单击“图层 5”即可对“图层 5”进行选择，如图 3-67 所示。

2. 多个不连续图层选择

按住【Ctrl】键，逐个单击需要选择的不连续图层，即可对多个不连续图层进行选择。如按住【Ctrl】键，分别单击“图层 3”“图层 4”“图层 5”对三个不连续图层进行选择，如图 3-68 所示。

3. 多个连续图层选择

按住【Shift】键，单击起始图层和结束图层，即可选择从起始图层到结束图层在内的所有图层。如按住【Shift】键，单击“图层 5”，再单击“图层 3”，这样就将“图层 5”至“图层 3”在内的多个图层进行选择，如图 3-69 所示。

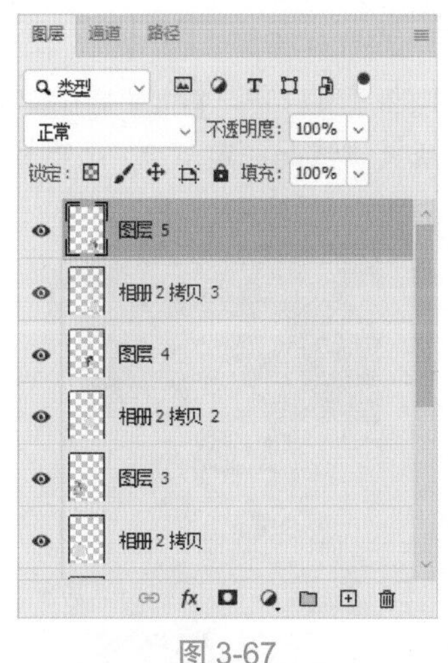

图 3-67

图 3-68

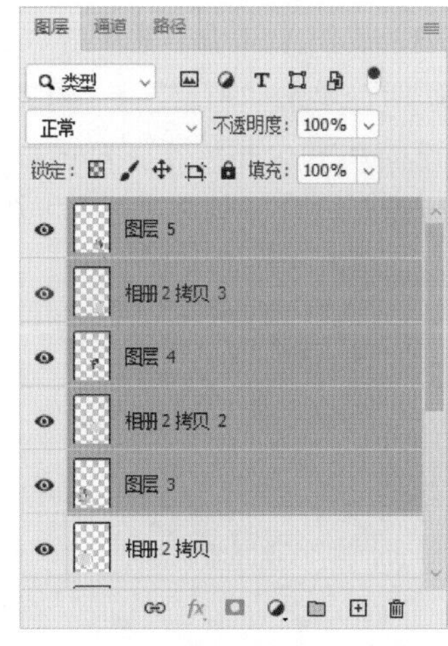

图 3-69

4. 图层排列

可以通过工具箱中的“移动工具”对相关图层进行移动排列。图层的移动排列可以是单一图层也可以是多个图层。

方法一：按住【Ctrl】键，单击“图层5”和“相册2拷贝3”对两个图层进行选择，如图3-70和图3-71所示；松开【Ctrl】键，按住鼠标，将图层拖动到“相册2拷贝2”和“图层3”之间，将鼠标悬停一段时间后，两个图层之间会出现一条蓝色双线，此时松开鼠标，即可完成图层位置的移动排列，如图3-72、图3-73所示。

图 3-70　　图 3-71　　图 3-72　　图 3-73

方法二：通过菜单命令完成图层的移动排列。选择需要移动的图层，单击“图层”>“排列”命令，弹出二级子菜单，根据需要进行移动。

方法三：快捷键的方式进行移动。按【Shift+Ctrl+]】组合键置为顶层，按【Ctrl+]】组合键前移一层，按【Ctrl+[】组合键后移一层，按【Shift+Ctrl+[】组合键置为底层。

案例 3-2　UI界面图标对齐与分布

视频

UI界面图标对齐与分布

要求：使用图层的对齐与分布命令，完成UI界面的图标对齐效果。

操作步骤如下：

1 图层对齐。打开素材“图层对齐与分布”文件夹中的“图层对齐与分布.psd”图像，如图3-74所示，选择“移动工具”，单击“亲子教育”图层，按住【Shift】键单击“运动健身”图层，选择这五个图层，如图3-75所示，单击“图层”>“对齐”>“顶边”命令（或选择属性栏中的“顶对齐”、“居中对齐”和“底对齐”进行图层内容对齐，选择何种对齐方式视具体情况而定），将五个图层内容进行顶对齐，如图3-76所示。

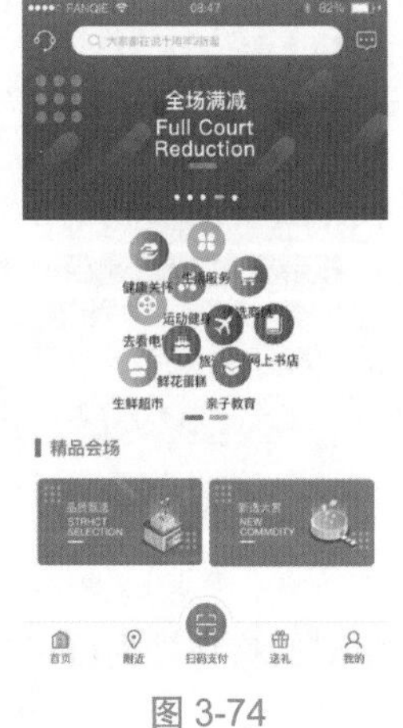

图 3-74

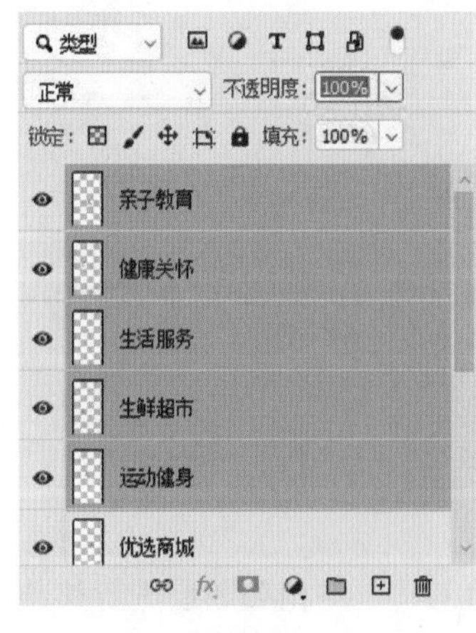

图 3-75

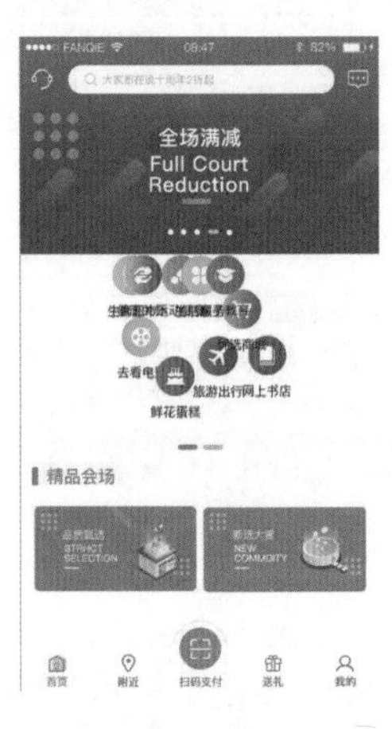

图 3-76

2 选择“移动工具”，对所选的五个图层进行移动，移动到图3-77所示的位置。选择“优选商城”图层，按住【Shift】键单击“去看电影”图层，如图3-78所示，重复上面的操作进行对齐，并将五个图层的内容移动到图3-79所示的位置。

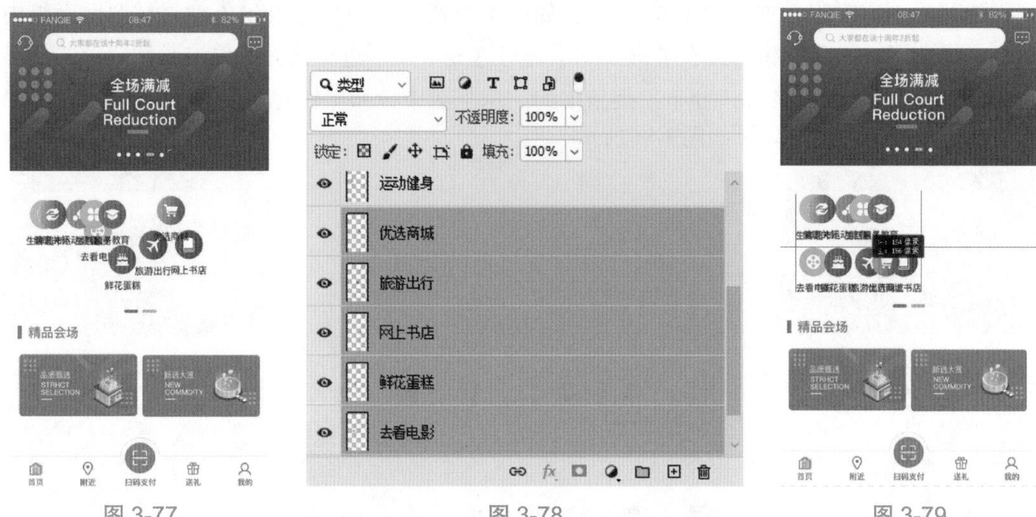

图3-77 图3-78 图3-79

3 图层内容分布。按【Ctrl+；】组合键显示出图像的参考线，选择“移动工具”，单击图层面板中的“亲子教育”图层，按住【Shift】键选择图像内容，向左平移至左侧辅助线处，单击图层面板中的“运动健身”图层，按住【Shift】键选择图像内容，向右平移至右侧辅助线处，待图像内容吸附在辅助线上时释放鼠标，如图3-80所示。按住【Shift】键，在图层面板内单击“亲子教育”图层和“运动健身”图层，对这五个图层进行选择，单击“图层”>“分布”>“水平居中”命令（或选择属性栏中的“对齐并分布”图标，单击“分布”类型中的“水平居中分布”图标），如图3-81所示，单击“确定”按钮，完成效果如图3-82所示。

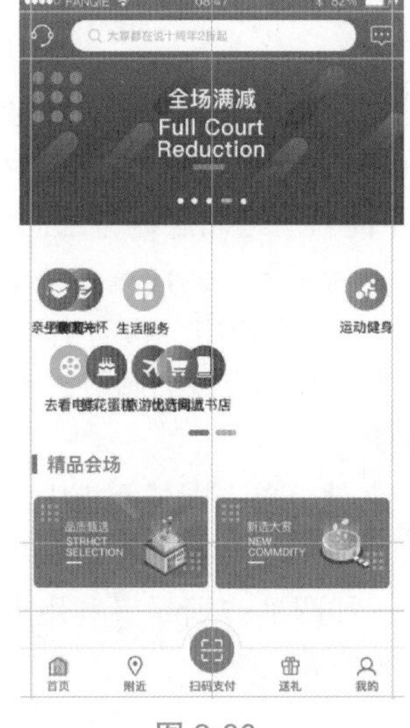

图3-80

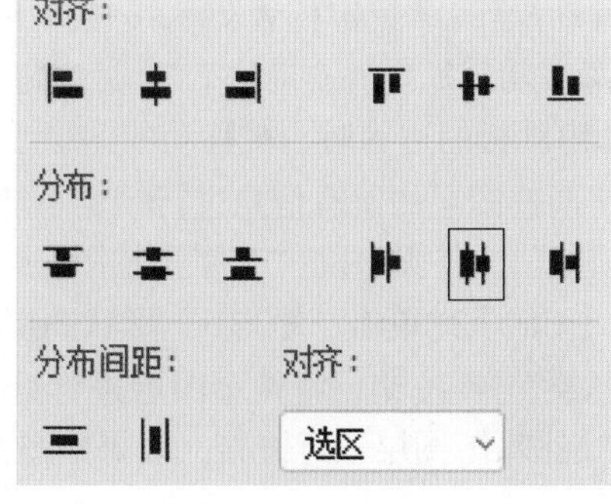

图3-81

图3-82

4 下排按钮的分布方式与上排按钮处理方式一致。选择“移动工具”，单击图层面板中的“优选商城”图层，按住【Shift】键选择图像内容，向左平移至左侧参考线处，单击图层面板中的“去看电影”图层，按住【Shift】键选择图像内容，向右平移至右侧辅助线处，待图层内容吸附在辅助线上时松手，如图3-83所示。按住【Shift】键，在图层面板内单击“优选商城”图层和“去看电影”图层，对这五个图层进行选择，单击属性栏中的“对齐并分布”图标，单击“分布”类型中的“水平居中分布”图标，如图3-84所示，单击“确定”按钮，完成效果如图3-85所示。

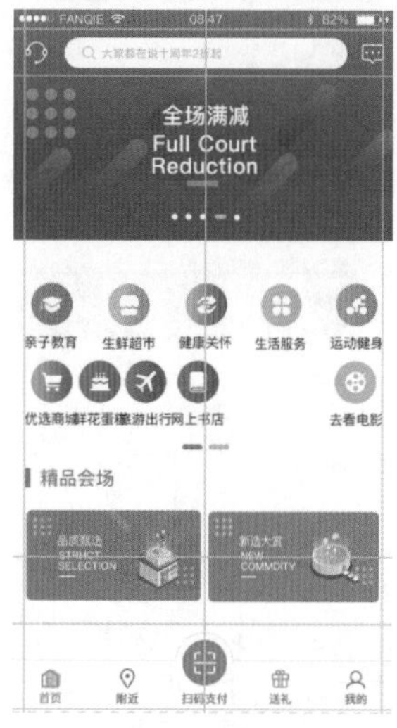

图 3-83

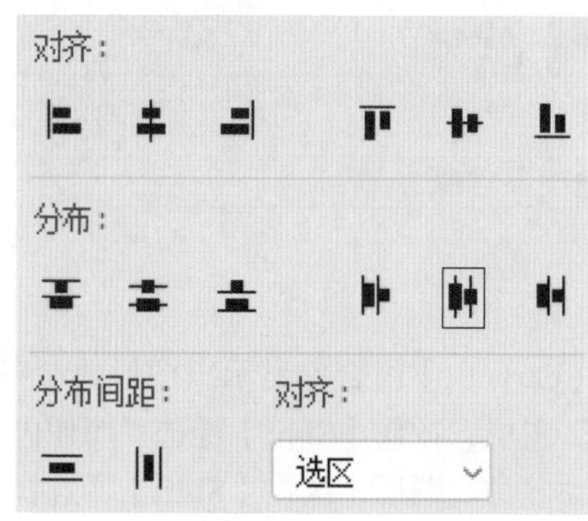

图 3-84

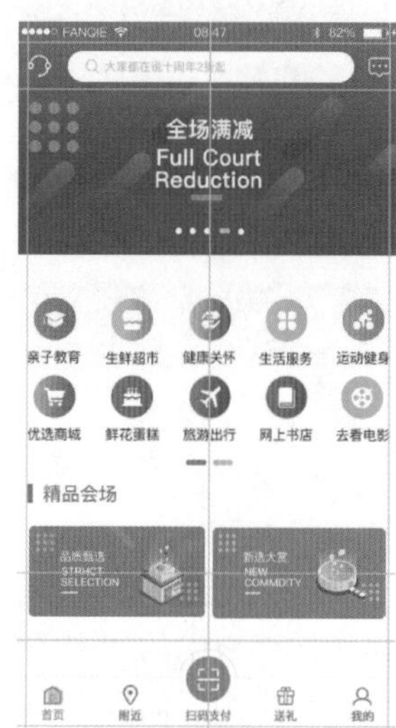

图 3-85

5 单击“背景”图层，单击“图层”> “新建”> “图层背景”命令，将普通图层“背景”图层转换为背景图层。单击“文件” > “存储为”命令，选择存储路径，将文件保存为“图层对齐与分布完成.psd”。

3.2.7 图层链接与锁定

图层锁定操作主要是对图层的内容进行锁定。当“锁定透明像素”按钮按下时，将会对所选图层内透明区域进行锁定，不能进行绘制和填充等操作，图层内含有像素信息的内容可以进行编辑、缩放等操作；“锁定图像像素”按钮按下时，不能对所选图层进行绘制、填充、缩放等操作，可进行移动操作；“锁定位置”按钮按下时，所选图层的位置被锁定不能进行移动操作；“防止在画板和画框内外自动嵌套”按钮按下时，当使用“移动工具”将画板内的图层或图层组移动出画板的边缘时，被移动的图层或图层组将不会脱离画板；“锁定全部”按钮按下时，会将所选图层的所有信息进行锁定不能编辑。

打开素材“图层链接与锁定”文件夹中的“车厘子主图.psd”文件，单击图层面板中的“立即抢购”文字图层，按住【Ctrl】键单击“矩形5”形状图层，如图3-86所示，单击图层控制面板最左下方的“链接图层”按钮，将两个图层进行链接，如图3-87所示。利用上述方法将“车厘子”图层至“椭圆1”图层进行链接，效果如图3-88所示。

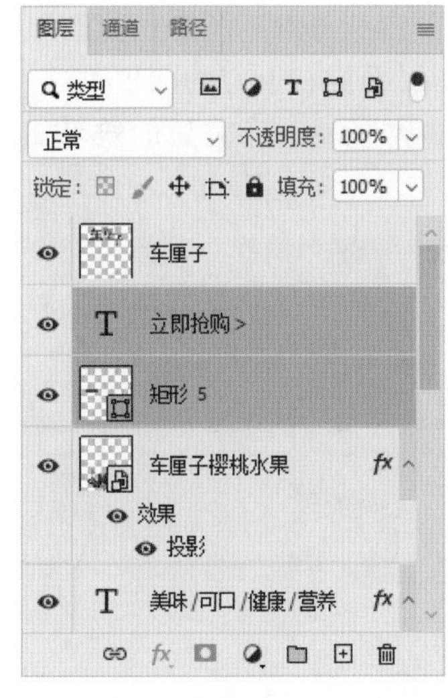

图 3-86

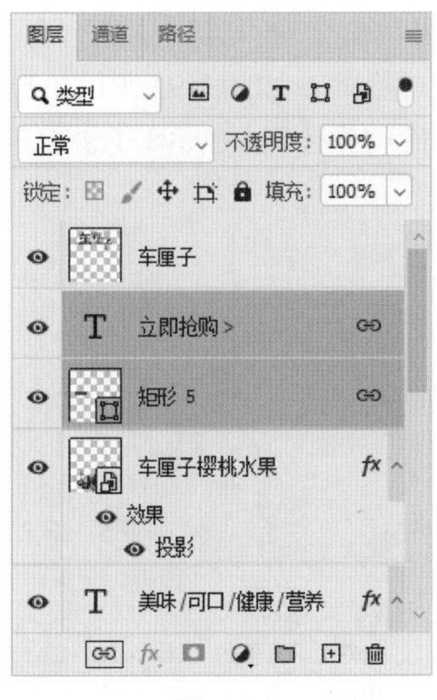

图 3-87

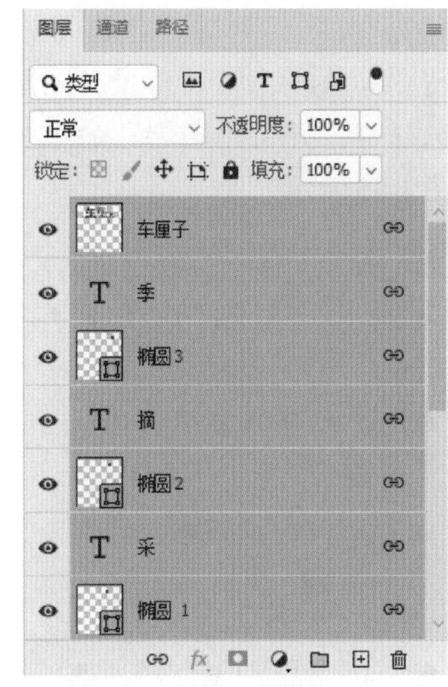

图 3-88

3.2.8 图层合并

1. 向下合并

重新打开“车厘子主图.psd”文件，选择图层面板中的“车厘子”图层，如图 3-89 所示，单击图层面板右上角的面板菜单图标 ≡ ，打开面板菜单，我们发现“向下合并”命令（快捷键为【Ctrl+E】）为灰色不可用状态，原因是当所选图层下方图层为文字图层、智能对象图层、形状图层时等特殊图层不能向下合并，在合并时需要将特殊图层进行栅格化处理才能进行向下合并操作。

右击“季”文字图层，选择“栅格化文字”命令，将文字图层转换为普通图层，如图 3-90 所示，单击“车厘子”图层，打开图层面板右上角的面板菜单，选择“向下合并”命令，如图 3-91 所示，将两个图层合并为一个图层，图层名称将按照下方图层的名称来命名，如图 3-92 所示。

图 3-89　图 3-90　图 3-91　图 3-92

2. 合并可见图层

重新打开“车厘子主图.psd”文件，在图层面板中，将不需要合并的图层前方的眼睛图

标 关闭，利用“合并可见图层”命令对可见图层进行合并。单击“背景”图层前方的眼睛图标 ，将“背景”图层进行隐藏，如图3-93所示，打开图层面板右上方的面板菜单，选择“合并可见图层”命令（快捷键为【Shift+Ctrl+E】），如图3-94所示，合并后的效果如图3-95所示。

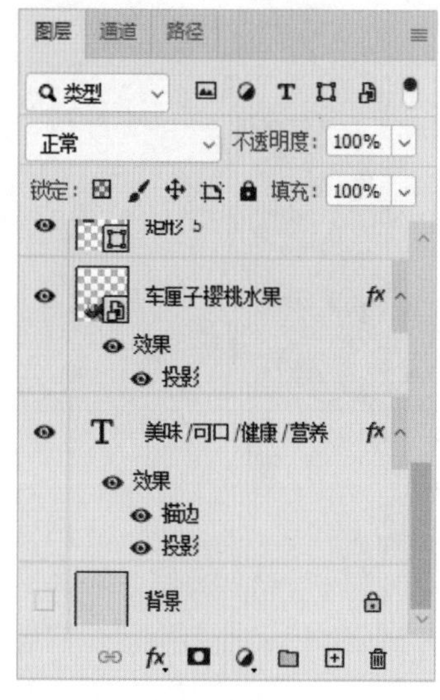

图 3-93

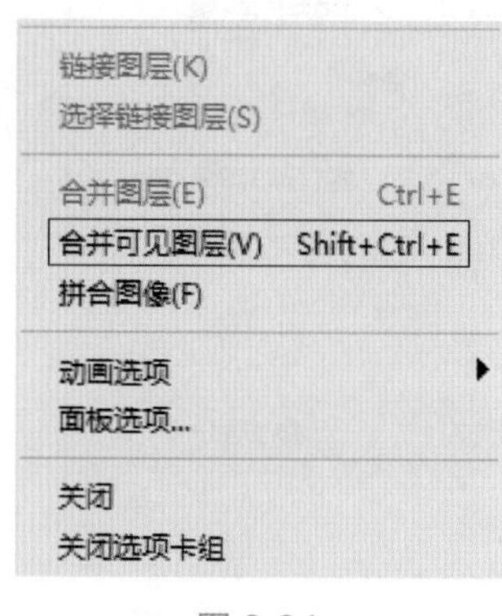

图 3-94

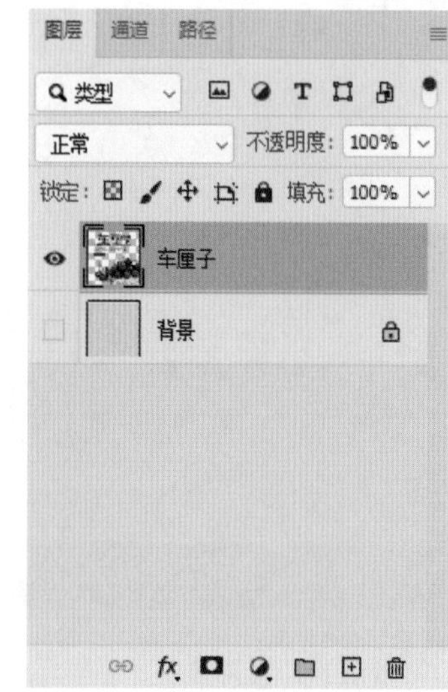

图 3-95

3. 拼合图像

打开需要合并所有图层的文件，单击图层面板右上方的面板菜单，选择“拼合图像”命令，可以将所有图层合并在一起。

3.2.9 图层组的创建、移动与复制

在文件编辑过程中，为了便于图层管理，通常将多个关联图层放入一个图层组中，通过移动或复制图层组来完成多个图层的操作，下面对图层组的操作进行详细讲解。

1. 创建图层组

常见创建图层组的方法有：面板菜单创建法（在图层面板右上方的面板菜单中选择“新建组”命令或“从图层新建组”命令）和按钮创建法（图层面板下方的“创建新组” 按钮）两种。

打开素材“图层组的创建、移动与复制”中的“广告主页.psd”文件，在图层面板中按住【Shift】键，单击文字图层“¥”和普通图层“矩形1”，选中多个连续图层，如图3-96所示。

单击图层面板下方的“创建新组” 按钮，将选择图层放置到新建的图层组“组1”中，如图3-97所示，在图层组“组1”的文字上双击鼠标左键，更改图层组名称为“20”，如图3-98所示。

2. 移动图层组

保持“20”图层组为选定状态，在绘图区域内按住【Shift】键，向左水平拖动，将优惠券按钮移动到图3-99所示的位置。

图 3-96

图 3-97　　图 3-98　　图 3-99

3. 复制图层组

复制图层组的方法和复制图层的方法类似。

方法一：选择工具箱中的“移动工具”，选择“20”图层组，按住鼠标左键不放，拖动到图层面板下方的“创建新图层”⊞按钮上，复制出一个新的图层组“20拷贝”，如图3-100所示，双击“20拷贝”的文字信息，如图3-101所示，更改图层组名称为“50”，如图3-102所示。

选择“移动工具”，将鼠标放置在绘图区内优惠券位置，按住【Shift】键将图层组“50”的内容向右侧水平移动到图3-103所示的位置，双击第二个优惠券中的数字“20”，系统自动切换到文本输入工具，更改“20”为“50”，重复上述操作，双击“满200使用”的文字，更改为“满500元使用”，效果如图3-104所示。

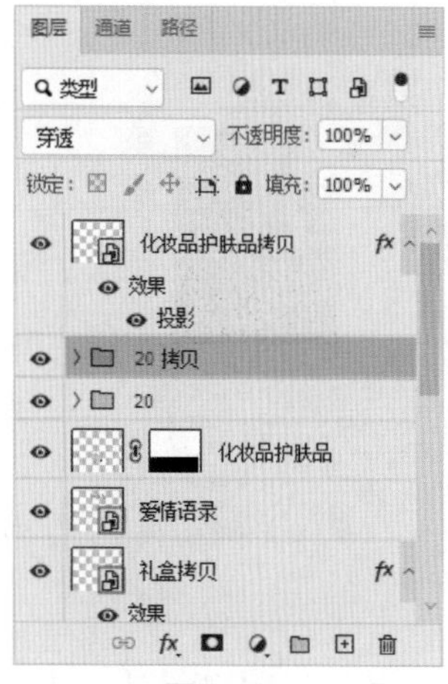

图 3-100

图 3-101

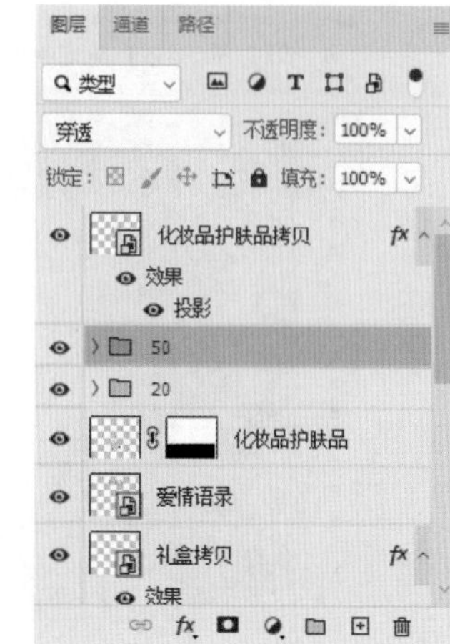

图 3-102

图 3-103

图 3-104

方法二：选择“移动工具”，单击选中图层面板中的“50”图层组，将鼠标光标放置在绘图区内优惠券位置，按住【Shift+Alt】组合键将图层组“50”的内容向右侧水平移动复制出“50拷贝”图层组，如图3-105所示，双击“50拷贝”图层组名称，更改为“100”，如图3-106所示，将图像中的文字部分进行适当移动。双击第三个优惠券中的数字“50”，系统自动切换到文本输入工具，更改“50”为“100”，重复上述操作，双击“满500使用”的文字，更改为“满800元使用”，效果如图3-107所示，用类似的方法再复制一个图层组，更改图层组名为“150”。

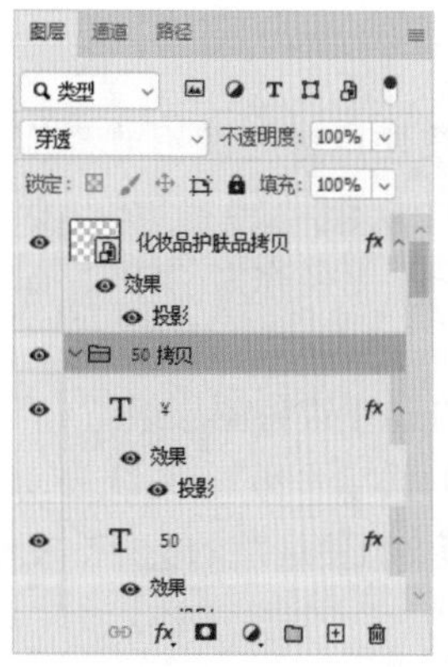

图 3-105

图 3-106

图 3-107

选择"20""50""100""150"图层组，并对其进行适当移动，最终效果如图3-108所示，将制作好的文件进行保存。

图 3-108

案例 3-3 化妆品宣传Banner

要求：使用智能对象与栅格化命令完成图层内容处理，结合给定素材完成化妆品宣传Banner（横幅）的制作。

操作步骤如下：

1 打开"智能对象与栅格化"文件夹中的"背景.jpg""化妆瓶.png""文字效果.png"三个文件，如图3-109所示。

图 3-109

2 单击“背景.jpg”文件选项卡，使其处于激活状态，按【Ctrl+Alt+I】组合键，弹出“图像大小”对话框，保证宽度和高度处于锁定状态 ，更改宽度为1 920，高度默认，分辨率更改为72像素/英寸，参数如图3-110所示，单击“确定”按钮，完成图片尺寸的调整，双击工具箱中的“抓手工具”使图片满屏显示。

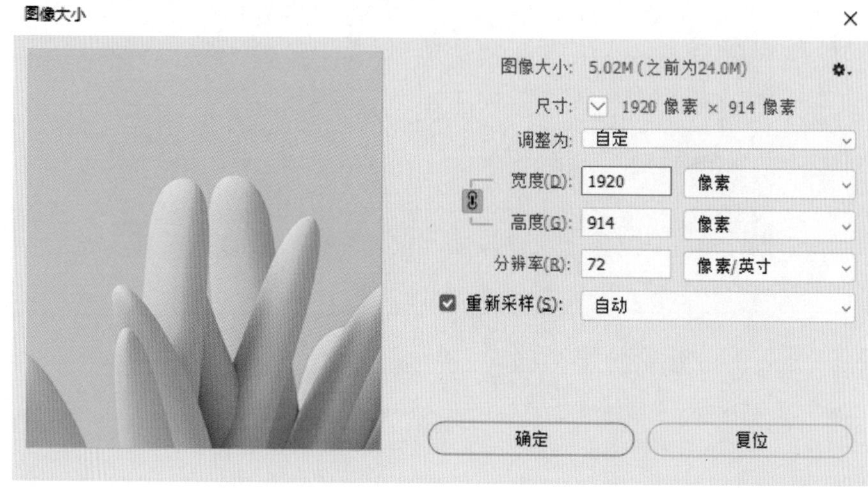

图 3-110

3 单击“化妆瓶.png”文件选项卡，使其处于激活状态，选择工具箱中的“移动工具”，在视图中化妆瓶图片上按住鼠标左键不放，将其移动到“背景.jpg”选项卡处停留片刻，会激活背景文件，将鼠标移动到画面中展台处释放鼠标，使化妆瓶图层移动复制到“背景.jpg”文件中，如图3-111所示。

图 3-111

4 在图层面板中的“图层1”图层上右击，选择“转换为智能对象”命令将普通图层更改为智能对象，如图3-112所示，在“图层1”图层上双击，更改图层名称为“化妆瓶”，如图3-113所示，按【Ctrl+T】组合键对化妆瓶进行缩放，缩放到合适大小，放置到图3-114所示位置。

图 3-112

图 3-113

图 3-114

5 利用同样方法将“文字效果.png”图片复制到“背景.jpg”文件中，双击图层面板中的图层名称“图层1”，更改为“文字”，并在该图层上右击将其转换为智能对象，按【Ctrl+T】组合键，在属性栏中更改缩放比例为35%，调整到合适的位置，如图3-115所示。

图 3-115

6 按【Ctrl+R】组合键调出标尺（如文件已打开标尺功能则可忽略），从标尺刻度线拖动创建四条参考线，效果如图3-116所示。

图 3-116

7 在工具箱中选择“绘制矩形工具”，设置矩形的绘制属性为“形状”，填充颜色RGB值为（64，156，245），描边为无，在参考线围合的区域绘制一个矩形形状，如图3-117所示。

图 3-117

8 选择工具箱中的“横排文字工具”，属性栏中设置字体为微软雅黑，字号为58点，输入文字内容为“两件享8折优惠”，并调整到合适位置，如图3-118所示。

图 3-118

9 在图层面板中，选择文字图层并右击，选择“栅格化图层”命令，如图3-119所示，将文字智能对象图层转换为普通图层，如图3-120所示，化妆瓶图层参照上述方法进行转化，最终效果如图3-121所示，对制作完成的文件进行保存。

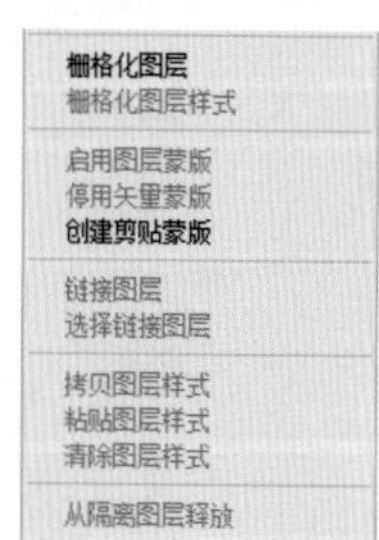

图 3-119

图 3-120

图 3-121

3.3 图层样式应用

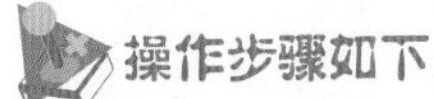

UI按钮

要求：通过图层样式相关参数的设置，制作完成UI按钮。

操作步骤如下：

1 新建空白文档，重命名为“UI按钮制作”，宽度为500像素，高度为200像素，背景颜色为白色，其他参数默认，如图3-122所示，单击“确定”按钮，完成新建文件操作。

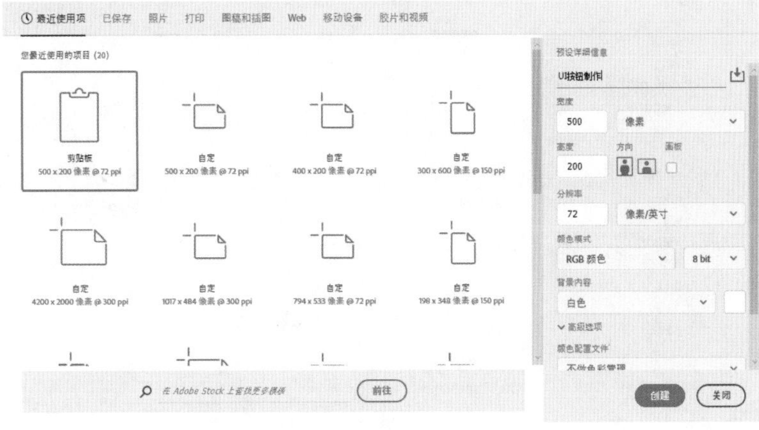

图 3-122

2 新建图层1，更改图层名称为“背景颜色”，在工具箱中单击“设置前景颜色”按钮，设置前景色颜色值为RGB（238，238，238），如图3-123所示，单击“确定”按钮，按【Alt+Delete】组合键，为背景颜色图层填充前景色，效果如图3-124所示。

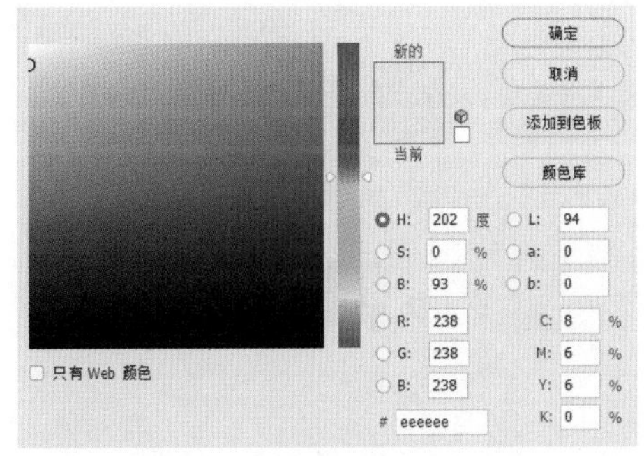

图 3-123

图 3-124

3 选择工具箱中的“椭圆形形状工具”，单击图像窗口，弹出“创建椭圆”对话框，宽度和高度都设置为150像素，如图3-125所示，单击“确定”按钮，移动绘制好的圆形位置，更改图层名称为“按钮”，如图3-126所示。

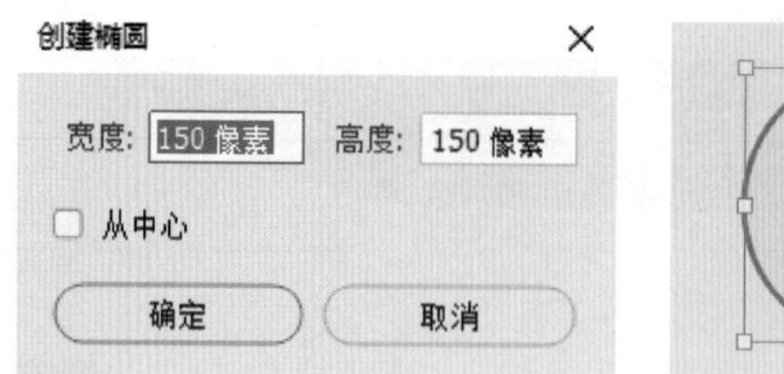

图 3-125

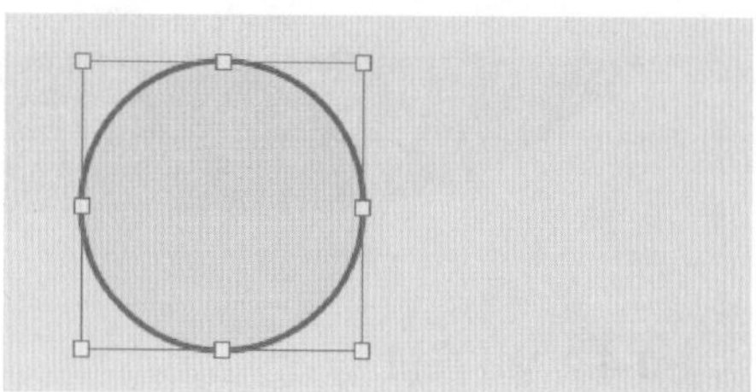

图 3-126

4 为形状添加图层样式。双击“按钮”图层，调出“图层样式”对话框，单击“斜面和浮雕”效果，设置样式为“外斜面”，方法为“平滑”，大小为“5像素”，软化为“10像素”，高光模式为“线性加深”，颜色为“黑色”，不透明度为“30%”，阴影模式为“颜色减淡”，不透明度为“30%”，如图3-127所示。

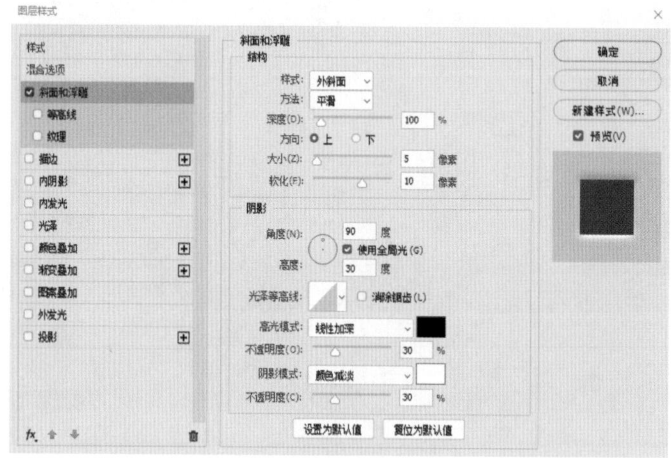

图 3-127

5 单击“描边”效果，设置大小为“4像素”，位置为“内部”，填充类型为“渐变”，渐变条左侧颜色为RGB（217,217,217），右侧为RGB（255,255,255），参数设置如图3-128所示。

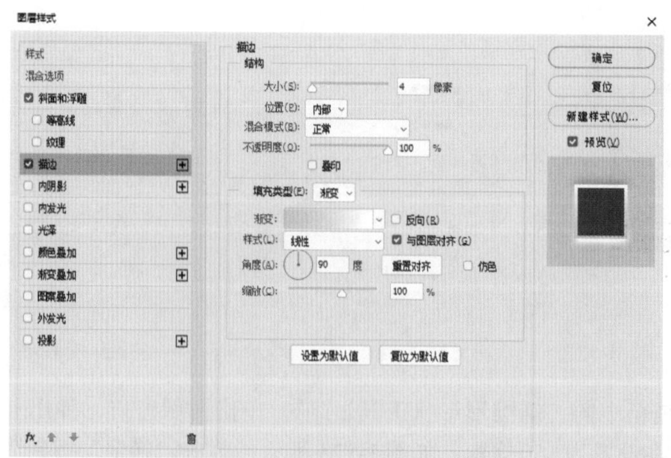

图 3-128

6 单击“渐变叠加”效果，渐变条左侧颜色为RGB（210，210，210），右侧为RGB（255，255，255），参数设置如图3-129所示。

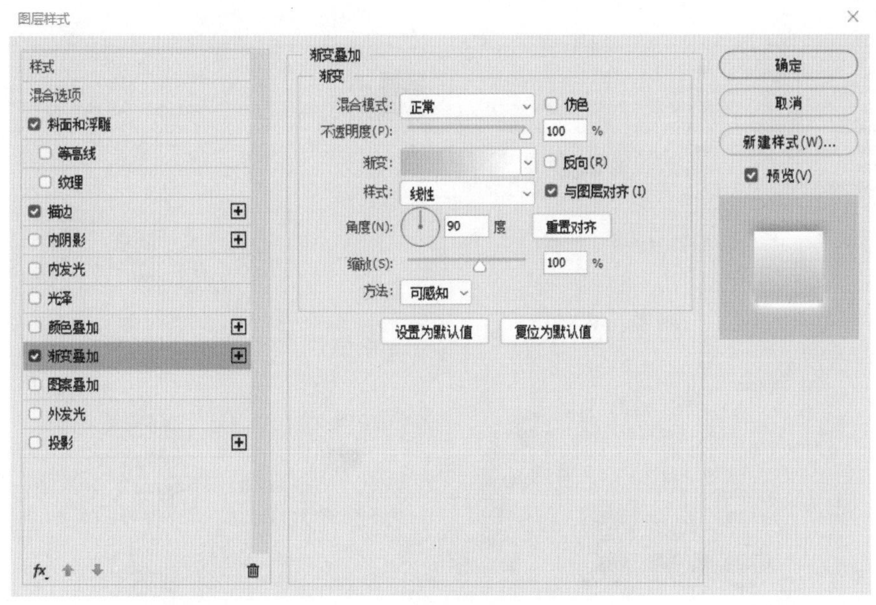

图 3-129

7 单击“确定”按钮，完成“按钮”图层的图层样式设置。

8 删除图层样式：选择“按钮”图层，单击图层面板右上角的面板菜单按钮☰，选择“复制图层”命令，弹出“复制图层”对话框，更改图层名称为“阴影”，目标文档为“UI按钮制作.psd”，如图3-130所示，在图层面板中，右击“阴影”图层，选择“清除图层样式”命令，可以将“阴影”图层的图层样式清除掉，如图3-131所示。也可以在“阴影”图层下方的效果区域右击，选择“清除图层样式”命令（如想关闭某一个效果，则可以单击某一效果前方的眼睛图标，使效果失效）。

图 3-130

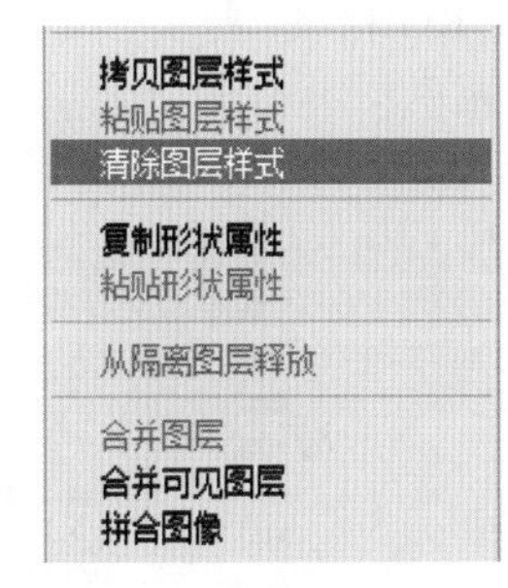

图 3-131

9 选择“阴影”图层，按【Ctrl+T】组合键，调出自由变换命令，对椭圆形缩放到110%，双击“阴影”图层，添加图层样式为“外发光”，参数如图3-132所示，按住“阴影”图层不放将其拖动到“按钮”图层下方，得到图3-133所示的效果。

10 绘制一个三角形，并调整大小，为其添加“内阴影”图层样式，混合模式选择“线性加深”，RGB颜色值为（41，41，41），不透明度设置为“10%”，如图3-134所示。

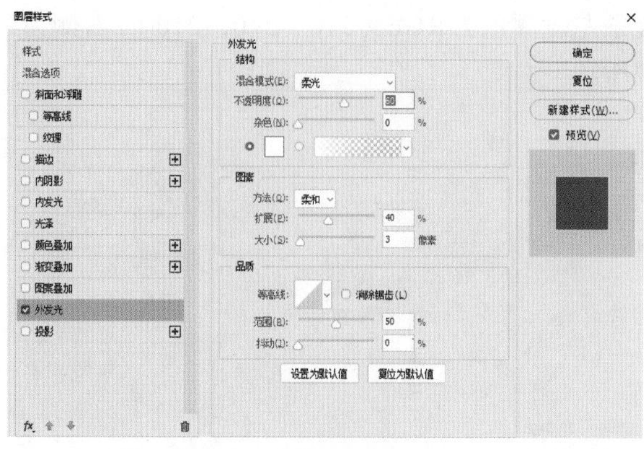

图 3-132

图 3-133

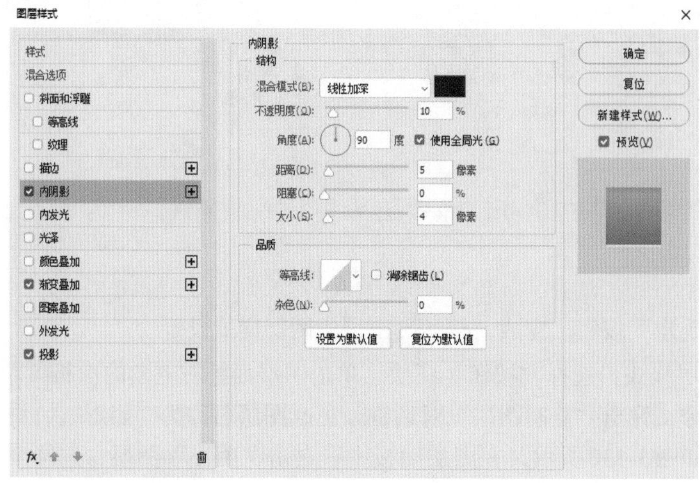

图 3-134

11 选择"渐变叠加"图层样式，渐变颜色左侧RGB颜色值为（181，181，181），渐变颜色右侧RGB颜色值为（122，122，122），其他参数如图3-135所示。

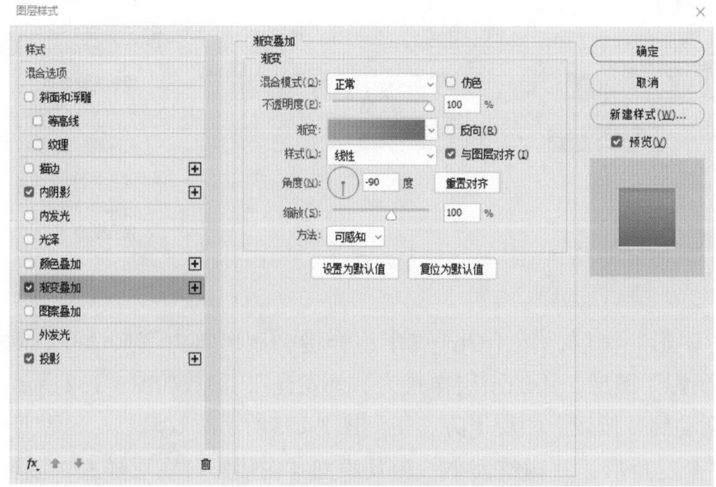

图 3-135

12 为三角形继续添加“投影”效果，混合模式颜色为“白色”，其他参数如图3-136所示。最终完成效果如图3-137所示。

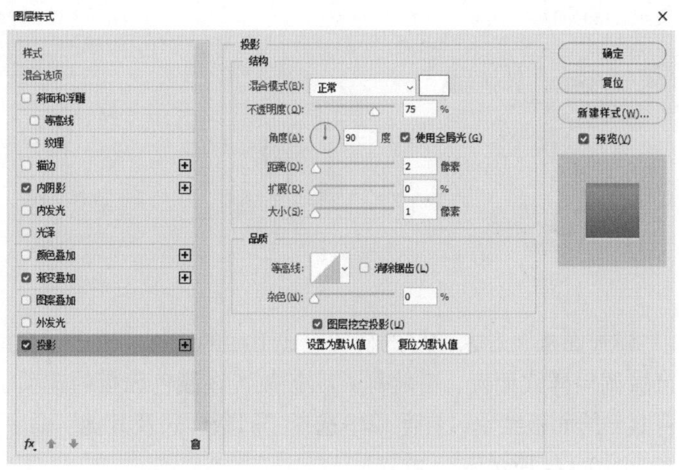

图 3-136

图 3-137

13 复制和粘贴图层样式。在上图基础上，绘制一个倒角矩形形状图层“矩形1”，宽度和高度为150像素，倒角半径为20像素，如图3-138所示，单击“确定”按钮，完成创建，调整位置，得到图3-139所示的效果。

图 3-138

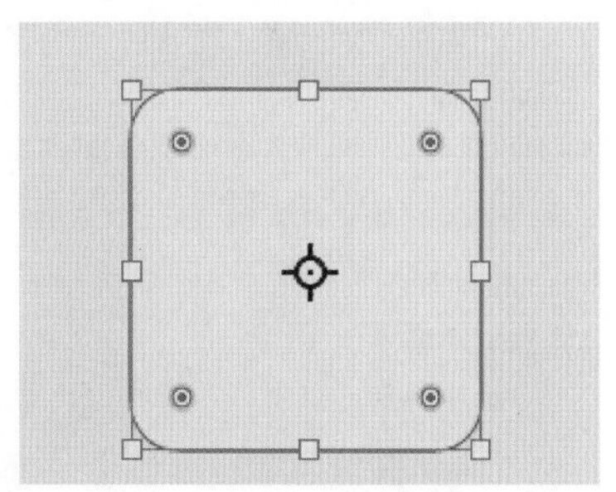

图 3-139

14 选择“按钮”图层的效果，右击选择“拷贝图层样式”命令，如图3-140所示，对已经做好的图层样式进行复制，右击刚绘制好的“矩形1”图层，在快捷菜单中选择“粘贴图层样式”命令，如图3-141所示，将图层样式指定给矩形按钮，效果如图3-142所示，利用上述方法完成矩形按钮阴影制作。

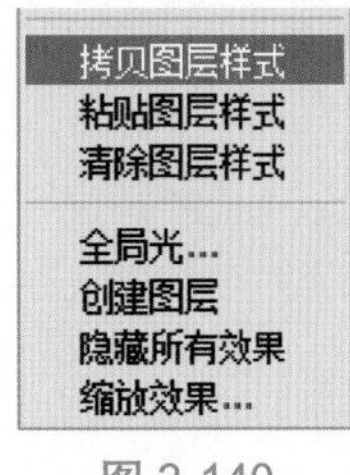

图3-140

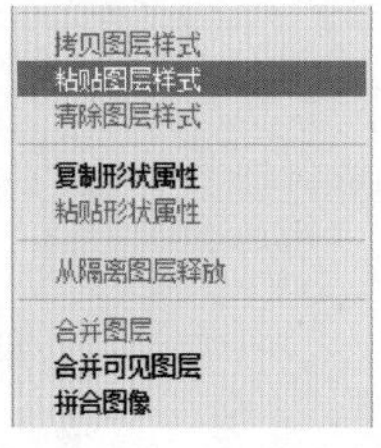

图3-141

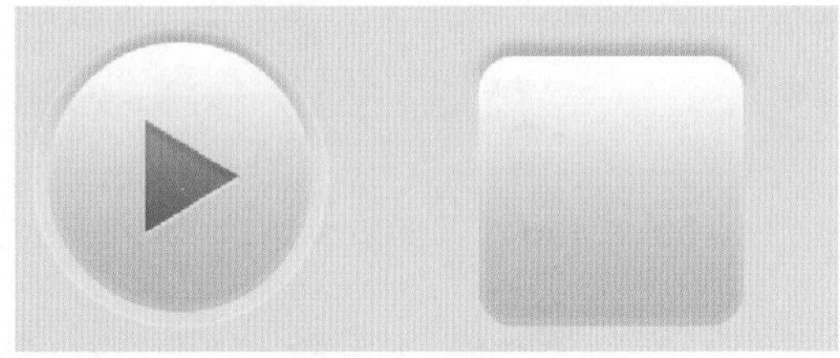

图3-142

15 下面通过“样式面板”导入做好的样式完成下面的制作。单击“窗口”>“样式”命令，在右侧面板区域调出样式面板，并将样式面板放置在颜色面板的选项卡中，如图3-143所示，单击面板右上方的面板菜单，在菜单中选择“旧版样式及其他”命令，调用以前的图层样式进行使用，如图3-144所示。

图3-143

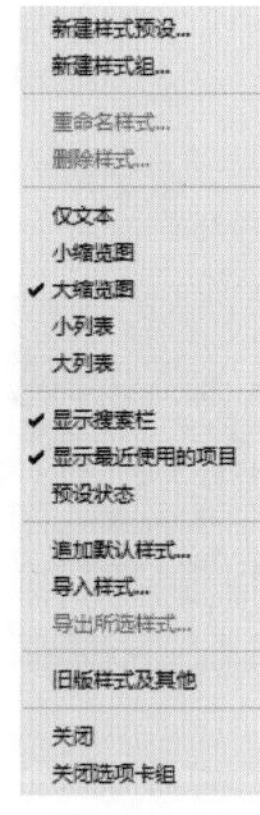

图3-144

16 载入图层样式：单击面板菜单中的“导入样式”命令，选择素材库中的“按钮样式.sal”文件，将做好的按钮样式导入到样式面板中，如图3-145所示，在图像中输入文字“on”并调整到矩形按钮上的合适位置，单击调用的图层样式，完成按钮样式的设置，效果如图3-146所示。

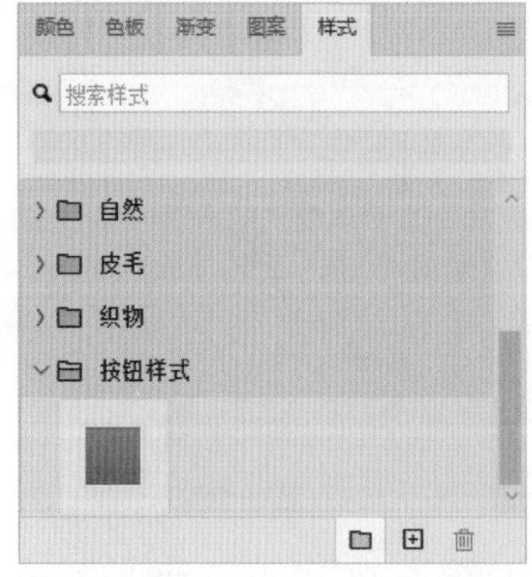

图3-145

图3-146

17 编辑图层样式：双击“on”图层中的“内阴影”样式，进入到“图层样式”对话框，更改相关参数如图3-147所示，来调整字母的图层样式效果，其他样式默认，最终效果如图3-148所示。

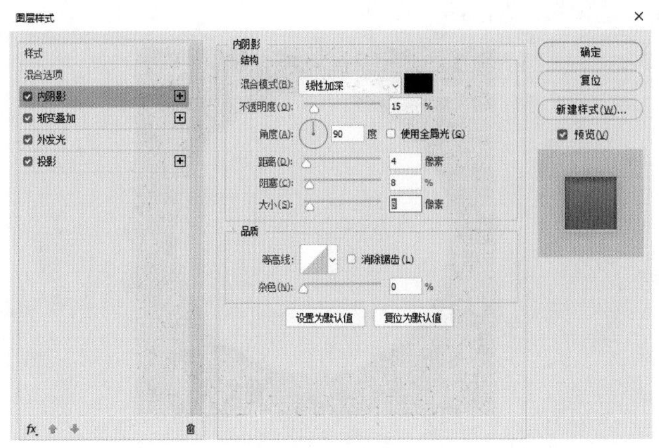

图 3-147

图 3-148

3.4 综合案例

案例 3-5 播放按钮

要求：使用图层样式及形状工具的相关设置，完成播放按钮制作。

操作步骤如下：

1 新建空白文档，宽度为400像素，高度为400像素，文件名称重命名为“播放按钮”，分辨率为72像素/英寸，背景颜色选择“黑色”，其他保持默认，单击“创建”按钮，如图3-149所示。

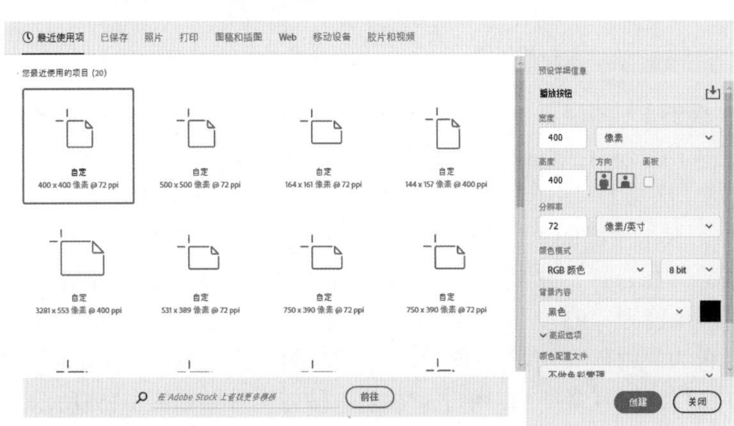

图 3-149

2 选择工具箱中的“椭圆工具” ，设置椭圆工具属性栏选择工具模式为“形状”，填充为“白色”，描边为“无颜色”，其他保持默认。在文件页面内单击，弹出“创建椭圆”对话框，设置参数为宽度300像素，高度300像素，如图3-150所示，单击“确定”按钮，即可创建一个圆形在页面中调整形状到合适位置，如图3-151所示。

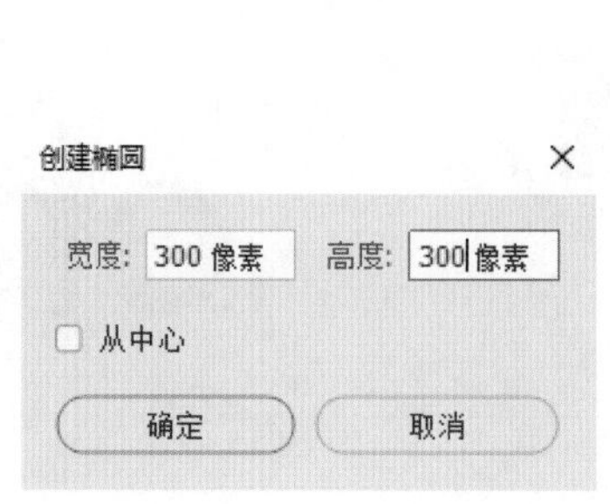

图 3-150

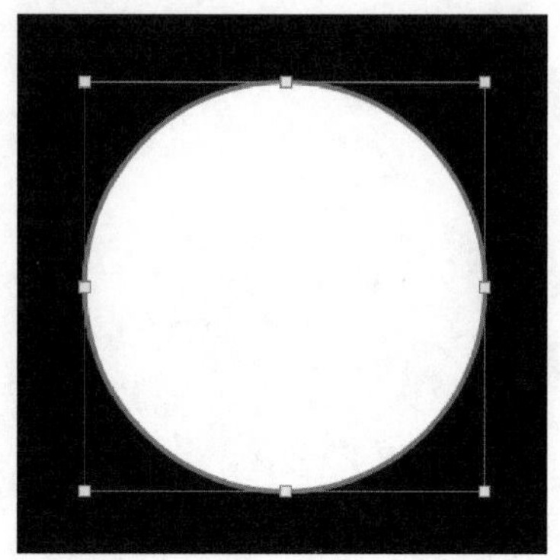

图 3-151

3 双击创建的形状图层“椭圆1”，为形状指定“渐变叠加”图层样式，单击渐变颜色条，设置起始颜色RGB值为（0，171，161），结束颜色RGB为（8，145，240），如图3-152所示，设置渐变叠加角度为0度，如图3-153所示，单击“确定”按钮，更改图层的不透明度为20%。

图 3-152

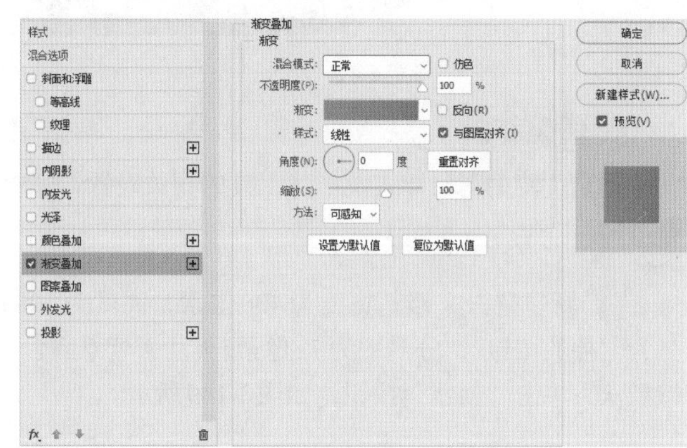

图 3-153

4 复制“椭圆1”图层，更改图层名称为“椭圆2”，按【Ctrl+T】组合键，对复制的“椭圆2”图层进行缩放，在属性栏中更改缩放比例为90%，更改图层不透明度为60%。用同样的方法，复制“椭圆2”图层，并更改名称为“椭圆3”，缩放比例为90%，更改图层的不透明度为100%，双击“椭圆3”图层，进入“图层样式”对话框，勾选“斜面和浮雕”效果框，样式选择“内斜面”，方法选择“平滑”，深度为“313%”，大小为“6像素”，软化为“10像素”，阴影角度为“93度”，高度为“32度”，光泽等高线选择“环形”，高光模式选择“滤色”，颜色为“白色”，不透明度为“70%”，阴影模式为“正片叠底”，颜色RGB值为（12，244，160），如图3-154所示，单击“确定”按钮，效果如图3-155所示。

5 选择工具箱中的“三角形工具”按钮 ，保持工具属性栏中选择工具模式为“形状”，填充为“白色”，描边为“无颜色”，在文件页面中单击，在弹出的对话框中设置宽度和

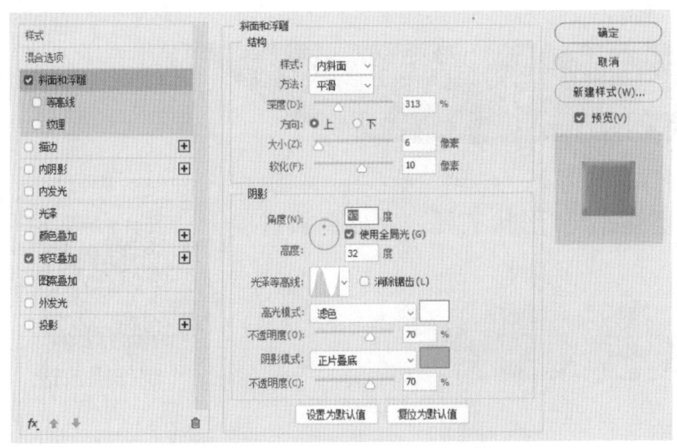

图 3-154

图 3-155

高度均为160像素，圆角半径为30像素，如图3-156所示，单击“确定”按钮，按住【Shift】键，对绘制的形状进行旋转，旋转角度为90度，选择“移动工具”将其移动到合适位置，得到图3-157所示效果。

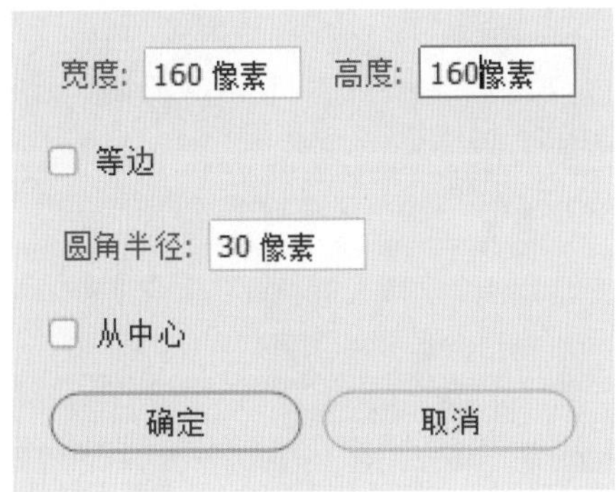

图 3-156

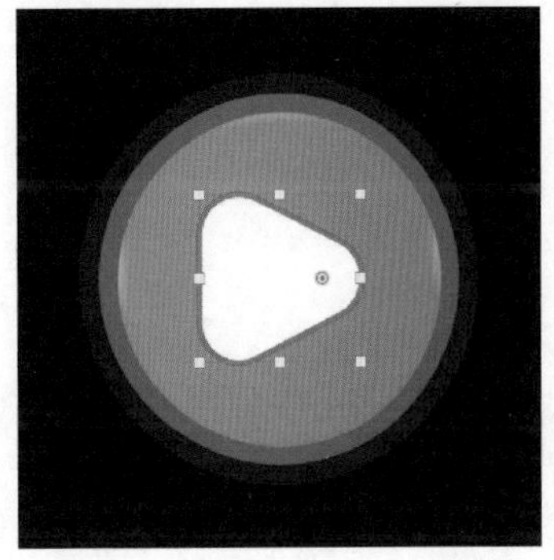

图 3-157

6 双击“三角形 1”图层，进入“图层样式”面板，添加“内阴影”效果，混合模式选择“正片叠底”，颜色为“黑色”，不透明度为“43%”，角度为“90度”，距离为“5像素”，阻塞为“14%”，大小为“7像素”，其他保持默认，如图3-158所示，得到图3-159所示效果，对文件进行保存。

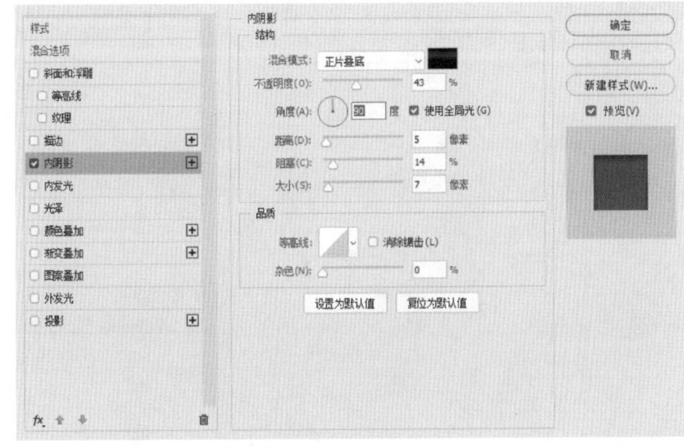

图 3-158

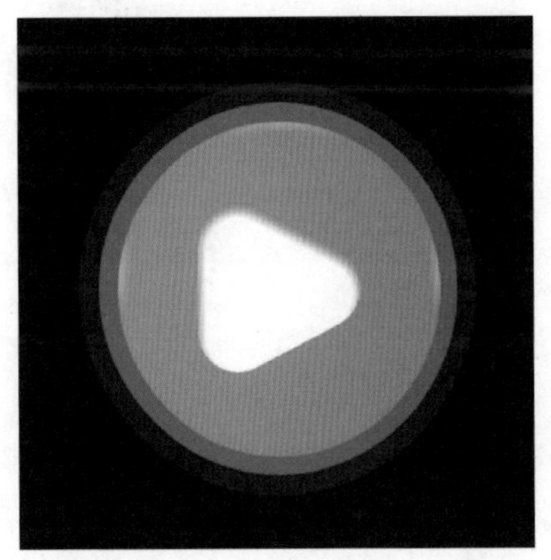

图 3-159

练　　习

制作播放进度条。要求：利用“图层样式”“形状工具”完成播放进度条案例的制作，效果如图3-160所示。

图 3-160

第4章 数字绘图

本章导读>>>

本章主要讲解数字绘图部分内容，数字绘图主要使用到画笔工具、橡皮擦工具、油漆桶工具、渐变工具、钢笔工具、形状工具等工具，以及描边与填充等命令和相关面板。通过本章的学习，使读者掌握相关工具的使用绘制出数字绘图作品。

学习目标>>>

◎熟悉画笔工具及画笔面板的使用方法；

◎掌握橡皮擦工具及属性的设置和使用方法；

◎掌握油漆桶工具及属性的设置和使用方法；

◎掌握渐变工具及属性的设置和使用方法；

◎熟悉钢笔工具的设置调整及使用方法；

◎掌握形状工具的设置及使用方法；

◎熟悉描边与填充命令的使用。

4.1 什么是数字绘图

数字绘图是Photoshop的重要功能之一，利用Photoshop各类绘制工具可以绘制出不同类型的绘图作品，对于插画设计而言，Photoshop借助数位板可以更为轻松地设计出各类插画作品，提升绘图质量，提高绘图速度。

4.2 绘图常用工具及命令

Photoshop在绘图时常用的绘图工具主要有“画笔工具”、“橡皮擦工具”、“渐变工具”、“油漆桶工具”、“钢笔工具”、“形状工具”等，下面将分别介绍快捷键及作用等。

1. 画笔工具

快捷键：B。

作用：手绘时常用工具，与蒙版结合一起控制图像的显示区域大小。

“画笔工具”位于工具箱中，包含“画笔工具”、“铅笔工具”、“颜色替换工具”和“混合画笔工具”。

2. 橡皮擦工具

快捷键：E。

作用：擦除绘制错误的图像或清除图像背景。

“橡皮擦工具”位于工具箱中，包含“橡皮擦工具”“背景橡皮擦工具”和“魔术橡皮擦工具”。

3. 渐变工具

快捷键：G。

作用：用于制作渐变背景，结合蒙版搭配使用，能融合图像效果。

“渐变工具”位于工具箱中，包含“渐变工具”“油漆桶工具”和“3D材质拖放工具”。

4. 油漆桶工具

快捷键：G。

作用：填充选区颜色，结合“定义图案”命令完成图像填充。

“油漆桶工具”位于工具箱中，包含“渐变工具”“油漆桶工具”和“3D材质拖放工具”。

5. 钢笔工具

快捷键：P。

作用：绘制路径和形状，也可以配合路径面板转换为选区进行抠图操作。

“钢笔工具”位于工具箱中，包含“钢笔工具”“自由钢笔工具”“弯度钢笔工具”“添加锚点工具”“删除锚点工具”及“转换点工具”。

6. 形状工具

快捷键：U。

作用：可以绘制不同形状的像素图像、路径及形状图层。

“形状工具”位于工具箱中，包含“矩形工具”“椭圆工具”“三角形工具”“多边形工具”“直线工具”和“自定义形状工具”。

7. 填充命令

快捷键：Shift+F5。

作用：用于颜色或图案的填充，功能与“油漆桶工具”类似。

“填充”命令位于“编辑”菜单内，主要包含“前景色”“背景色”“颜色…”“图案”“内容识别”“历史记录”“黑色”“50%灰色”和“白色”等9种填充类型。

8. 描边命令

快捷键：无（可自行设置）。

作用：对绘制的选区进行描边处理。

“描边”命令位于“编辑”菜单内，描边位置包含“内部”、“居中”和“居外”。

4.3 绘图实战

4.3.1 画笔工具

案例 4-1　墨染图案

要求：使用画笔工具相关设置，结合给定的素材完成养生之道墨染图案效果案例制作。

视 频

绘制墨染图案效果

操作步骤如下：

1 新建空白文档，宽度为1 000像素，高度为1 000像素，分辨率为72像素/英寸，其他参数默认，如图4-1所示，单击“创建”按钮，完成文件创建。

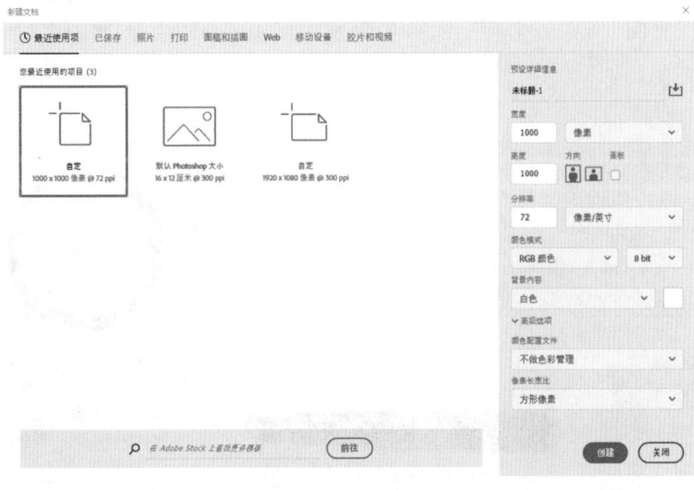

图 4-1

2 选择“画笔工具”，属性栏显示与画笔相关属性设置，如图4-2所示；选择“画笔预设选取器”选项，单击“画笔预设选取器”按钮，进入到画笔选择面板，在“画笔预设选取器”面板中可以对画笔大小、硬度、笔刷方向、笔刷角度和扁度进行设置，如图4-3所示；对笔刷类型进行选择，单击画笔预设选取器右上角的设置按钮，选择“导入画笔”命令对新画笔进行导入，如图4-4所示。也可在画笔选择区域右击，弹出快捷菜单，通过菜单命令完成相关操作。

模式: 正常 不透明度: 100% 流量: 100% 平滑: 10% 0°

图 4-2

图 4-3

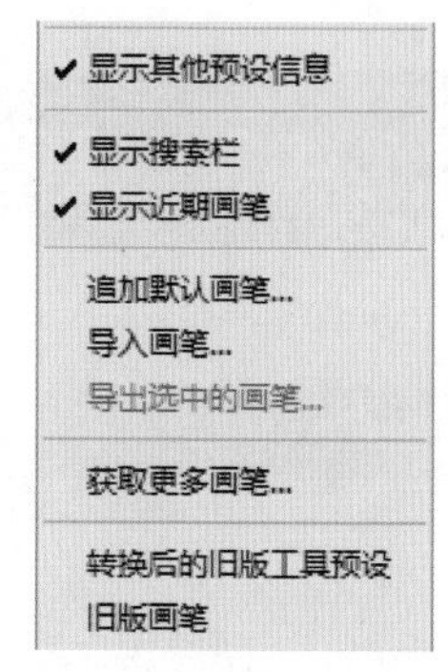

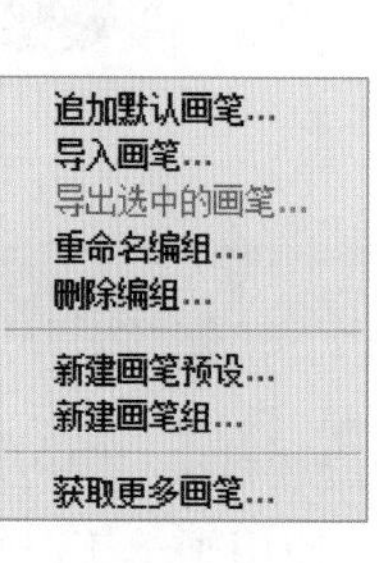

图 4-4

3 在设置按钮弹出菜单中选择“旧版画笔”命令，为画笔浏览区域添加Photoshop旧版画笔。在画笔面板中搜索“粗边扁平硬毛刷”，找到该笔刷如图4-5所示，单击选择该画笔，画笔大小调整为111像素。

4 单击“创建新图层”按钮，新建普通图层，选择前景颜色为黑色RGB值为（0，0，0），在画面的中心，从左侧到右侧绘制如图4-6所示的笔刷效果（可利用笔刷多次涂抹）。单击“滤镜”>“扭曲”>“极坐标”命令为笔刷添加极坐标命令，如图4-7所示效果。

图 4-5　　图 4-6　　图 4-7

5 打开素材“墨染图案养生之道”中“淡雅水墨简约古风”背景素材，将绘制的墨染笔刷形状拖动到背景素材中，并将图层更名为“墨染效果”，右击图层转换为“智能对象图层”，打开素材“养生之道”和“中国文化印章”将其拖动到背景图层中并更改对象名称和转换为智能对象，调整位置大小如图 4-8、图 4-9 所示。

图 4-8

图 4-9

6 导入“云纹”素材，将其拖动到背景素材文件中，更改图层名称为“云纹”，将素材图层转换为智能对象图层，按【Ctrl+T】组合键对云纹素材进行缩放，得到如图 4-10 所示效果。

图 4-10

7 双击“云纹”图层，打开“图层样式”面板，为云纹添加“颜色叠加”命令，设置颜色 RGB 值为（60，60，60），如图 4-11 所示，单击“确定”按钮，完成为云纹添加灰色调，如图 4-12 所示。

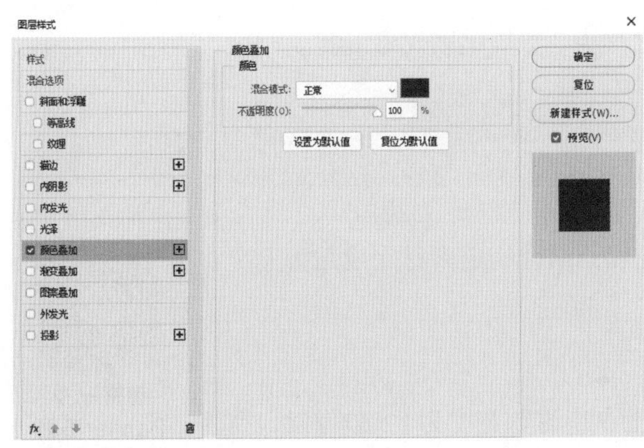

图 4-11

图 4-12

8 导入“艾熏”图片，将素材拖动到背景素材文件中，更改图层名称为“艾熏”，并转换为智能对象，对图形大小进行调整，如图4-13所示。单击图层面板下方的“添加矢量蒙版”按钮，为“艾熏”图层添加图层蒙版，选择“画笔工具”，设置画笔颜色RGB值为（0，0，0），在“画笔预设选取器”中搜索“粗边圆形硬毛刷”，更改笔刷大小为200，沿着艾熏图片四周进行涂抹来隐藏图像边缘，如图4-14所示，得到如图4-15所示效果。

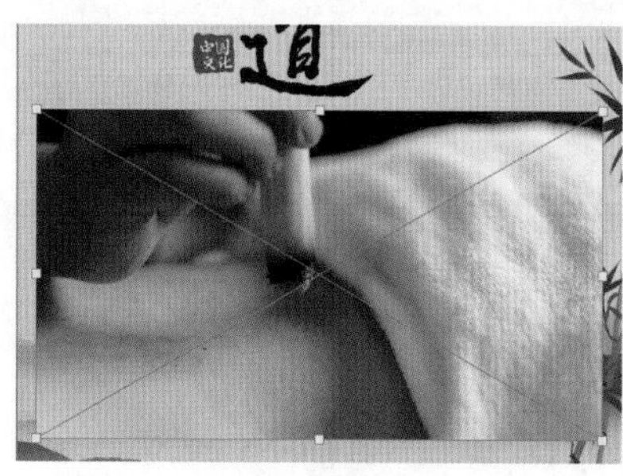
图 4-13

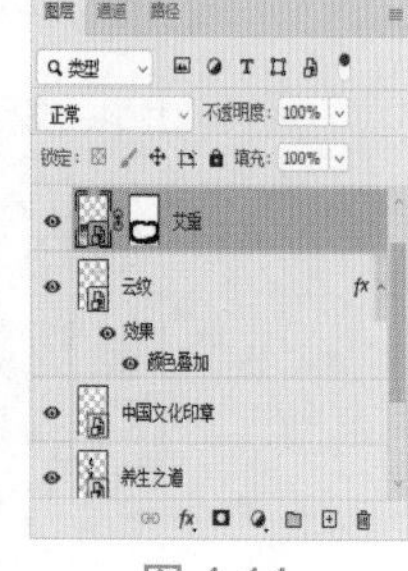

图 4-14

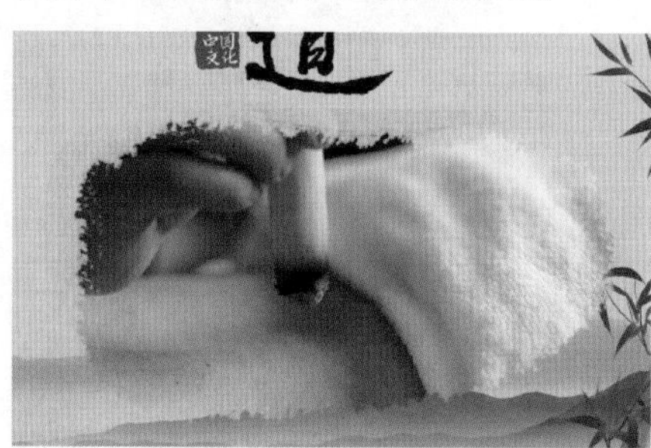
图 4-15

9 在工具箱中选择“直排文字工具”，利用输入法插入符号“○”，并在其后添加字体类型为隶书，字号为17点，输入相应文字，并调整文字位置，选择图层控制面板中的文字图层，更改图层不透明度为80%，如图4-16所示，最终效果如图4-17所示。

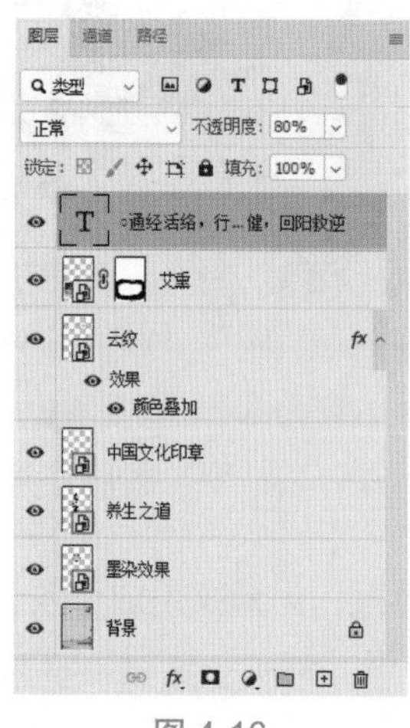

图 4-16

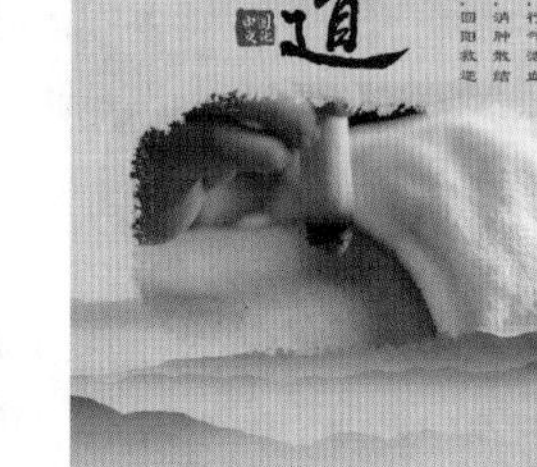
图 4-17

10 对制作好的文件进行保存，存储名称为“墨染笔刷效果.psd”。

4.3.2 画笔工具

案例 4-2 甜蜜七夕Banner条

要求：使用画笔工具设置面板相关设置，结合给定素材完成甜蜜七夕Banner条制作。

视频

甜蜜七夕Banner条案例制作

操作步骤如下：

1 新建空白文档，重命名为“甜蜜七夕广告”宽度为1 920像素，高度为800像素，背景为白色的空白文件。设置前景色RGB值为（249，156，

167），背景色RGB值为（235，173，178），选择工具箱中的“渐变工具”按钮，从页面左上向右下拖动填充渐变颜色，如图4-18所示。

图 4-18

2 单击图层控制面板下方的“创建新图层”按钮，新建“图层1”，选择工具箱中的“画笔工具”，在“画笔预设选取器”中搜索“DP星纹”（如果搜索不到请加载“旧版画笔”），设置笔刷大小为90像素，单击“画笔设置”面板，对画笔的相关参数进行设置，如图4-19所示；设置“形状动态”参数，如图4-20所示；设置“散布”参数，如图4-21所示；勾选平滑参数，保持默认，双击工具箱中的前景色图标将前景色调整为白色，保证“图层1”处于选中状态，在画面中拖动绘制星纹效果，如图所示4-22，更改图层名称为“星纹”。

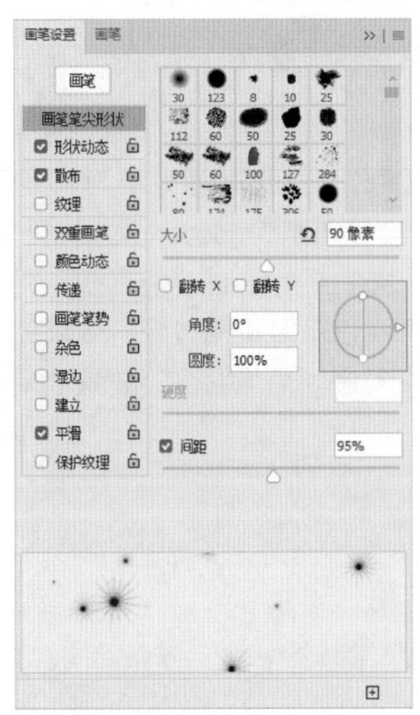

图 4-19

图 4-20

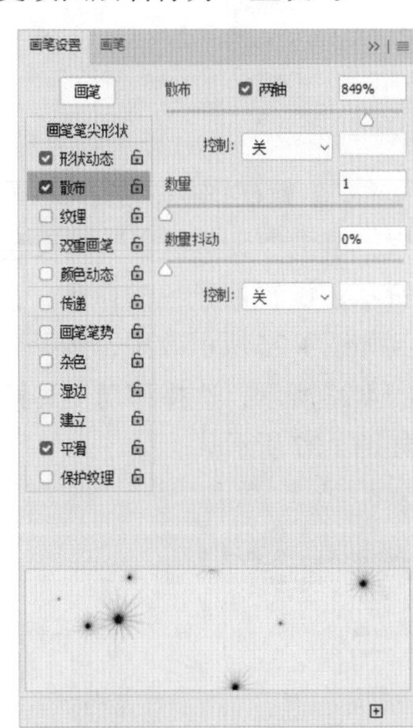

图 4-21

3 新建“图层2”更改图层名称为“矩形”，选择“矩形选框工具”，在该图层中绘制选区，设置前景色RGB值为（253，237，237），按【Alt+Delete】组合键为选区填充前景色，按【Ctrl+D】组合键取消选区，选择“移动工具”，在移动工具属性栏中单击“对齐并分布”···按钮，设置对齐类型为“画布”，单击“水平居中对齐”和“垂直居中对齐”

按钮，如图4-23所示。

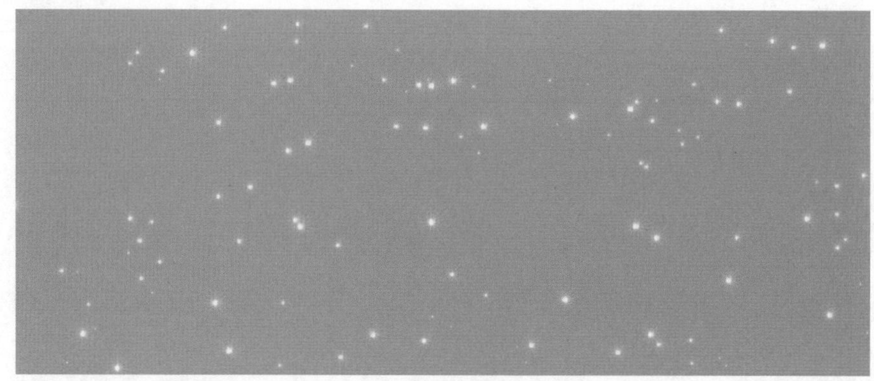

图 4-22

图 4-23

4 新建图层，选择“画笔工具”，选择画笔类型为“硬边圆”，设置画笔大小为39像素，单击“画笔设置”面板，在“画笔笔尖形状”设置栏内设置间距为150%，如图4-24所示；设置前景色为白色，按住鼠标的同时按住【Shift】键，从上至下绘制一条直线，得到如图4-25所示效果；选择“移动工具”，将绘制的圆形移动到浅色矩形左侧边缘，效果如图4-26所示；选择移动工具按住【Alt+Shift】组合键将圆形图案复制到矩形右侧，放置效果如图4-27所示。

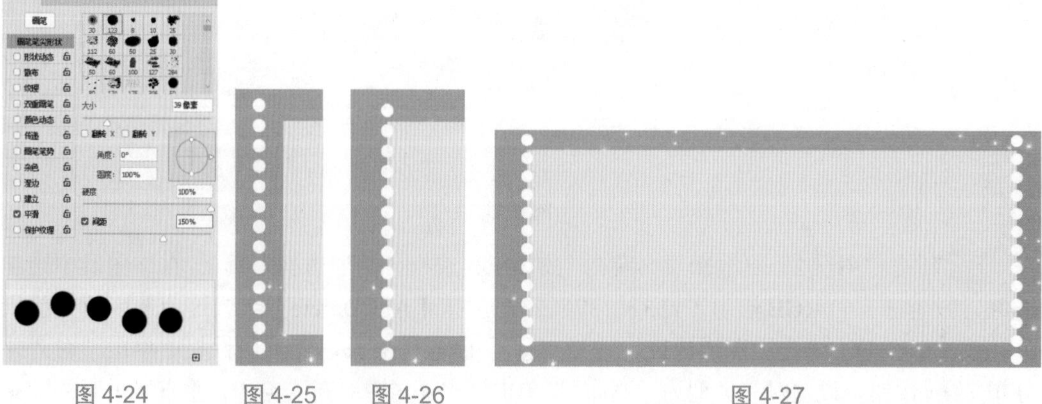

图 4-24　图 4-25　图 4-26　图 4-27

5 保持“图层拷贝”处于选定状态，按【Ctrl+E】组合键将该图层向下合并到“图层”图层，按住【Ctrl】键单击“图层”图层前方的缩览图，将两组圆形图案转换为选区，选择“矩形”图层，按【Delete】键，将“矩形”图层与圆形图案重叠的像素删除，按【Ctrl+D】组合键取消选区，删除“图层”图层，得到如图4-28所示效果。

图 4-28

6 双击“矩形”图层为矩形添加“投影”效果，不透明度为35%，角度为120度，距离为8像素，大小为18像素，其他参数默认，如图4-29所示，得到如图4-30所示效果。

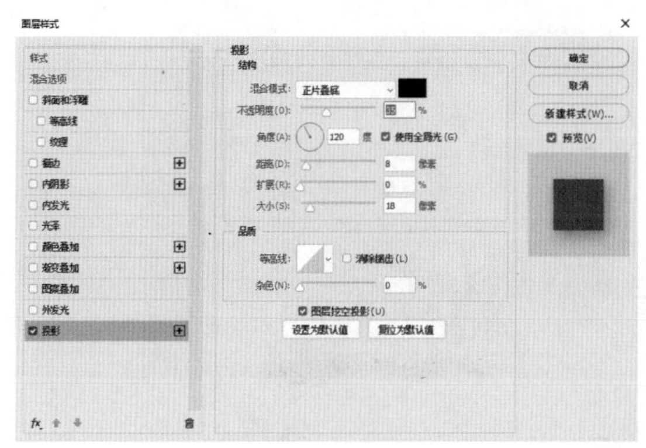

图 4-29

图 4-30

7 打开素材“甜蜜七夕广告”中的“爱心组合.png”文件，拖动到文件中，将其图层重命名为“爱心组合”，转换为智能对象图层并调整大小，效果如图4-31所示。

图 4-31

8 打开素材“玫瑰花上的情侣.png”，拖动到文件中，将其图层重命名为“玫瑰花上的情侣”后，转换为智能对象并调整大小和位置如图4-32所示。

图 4-32

9 新建图层，更名为“玫瑰花上的情侣阴影”，选择“画笔工具”，画笔类型为“硬边圆”，设置间距为默认25%，前景颜色设置为黑色，沿着礼物周边进行涂抹绘制阴影，得到如图4-33所示效果，并将图层不透明度设置为65%，将图层移动至“玫瑰花上的情侣”图层的下方，完成礼物阴影的绘制。

图 4-33

10 打开素材“红色卡通气球.png”，拖动到文件中，将图层重命名为“红色卡通气球”，转换为智能对象图层并调整大小和位置，效果如图4-34所示。

图 4-34

11 打开素材“玫瑰花花束.png”，拖动到文件中，将图层重命名为“玫瑰花花束”，转换为智能对象图层并调整大小，并将图层位置调整到“爱心组合”图层下方，效果如图4-35所示。

图 4-35

12 打开素材“配图.png”，将其拖动到文件中，并将图层重命名为“配图”后，转换为智能对象并调整大小和位置，如图4-36所示。

图 4-36

13 打开素材“丝带.png”，将其拖动到文件中，并将图层重命名为“丝带”后，转换为智能对象图层并调整大小和位置，如图4-37所示。

图 4-37

14 单击“文件”>“存储为”命令，将文件以“甜蜜七夕banner条制作”名称进行保存。

4.3.3 油漆桶工具

案例 4-3 礼品盒上色

要求：使用“油漆桶工具”，完成礼品盒上色效果制作。

操作步骤如下：

1 打开素材“卡通礼盒”文件夹中“卡通礼品盒.psd”文件，设置前景色RGB值为（252，240，203），选择工具箱中的“油漆桶工具”，选择“背景”图层，单击背景图层空白处，为背景图层添加颜色，效果如图4-38所示。

图 4-38

2 新建100×100像素的透明背景文件，工具箱中选择“自定义形状工具”，设置类型为“形状”，填充颜色RGB值为（255，250，236），描边颜色为“无”，单击“窗口”>“形状”命令，在快速面板中弹出形状面板，在面板右上角单击面板菜单按钮，选择“旧版形状及其他”导入旧版形状，如图4-39所示；在形状搜索栏中搜索“三叶草”，如图4-40所示；在图像正中绘制三叶草形状。效果如图4-41所示。

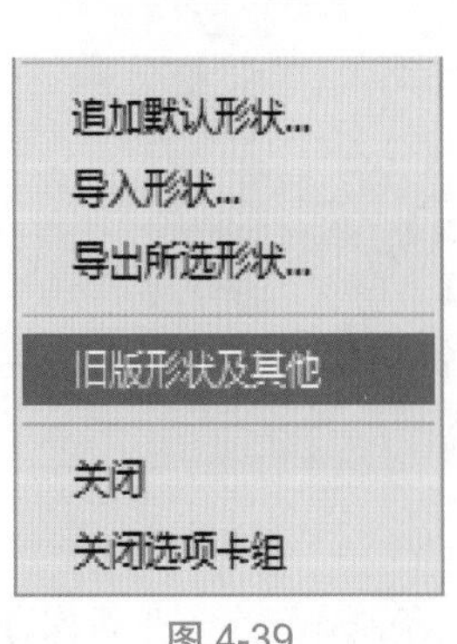

图 4-39

图 4-40

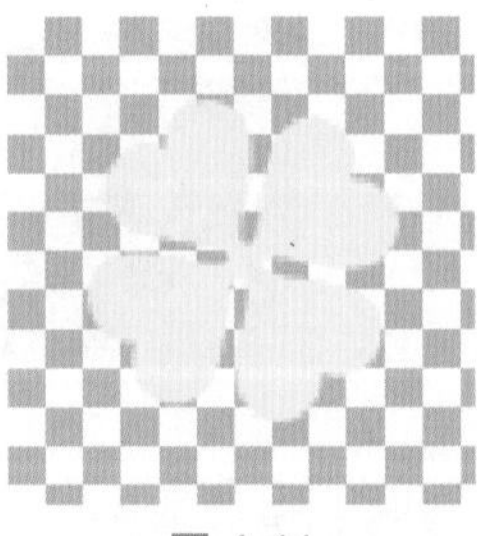

图 4-41

3 单击“编辑”>“定义图案”命令，更改图案名称为“三叶草”，单击“确定”按钮。再次选择“卡通礼盒”文件选项卡，保证背景图层处于选择状态，选择“油漆桶工具”，选择类型为“图案”，在“图案拾色器”中选择三叶草，在背景图层上单击，为背景图案添加三叶草图形，效果如图4-42所示。

图 4-42

4 设置前景色RGB值为（252，211，93），选择“油漆桶工具”，选择类型为“前景”，为礼品盒添加黄色，效果如图4-43所示。再次设置前景色RGB值为（230，115，79），为彩带指定红色，效果如图4-44所示。

图 4-43

图 4-44

5 选择前景色RGB值为（255，208，0），为五角星添加金色效果。再次设置前景色RGB值为（236，64，4），为周围的彩带指定为红色，最终效果如图4-45所示，对制作好的文件进行保存。

图 4-45

4.3.4 渐变工具

案例 4-4 “618年中大促”广告

要求：利用渐变工具、画笔工具、形状工具及钢笔工具，完成“618年中大促”广告制作。

操作步骤如下：

1 新建空白文档，重命名为“618年中大促”，宽度为750像素，高度为390像素，背景颜色为白色，单击“创建”按钮。

设置前景色RGB值为（234，69，50），背景色RGB值为（179，33，34），选择工具箱中的“渐变工具”，在工具属性栏中选择“径向渐变”按钮，沿画面中心向右下角拖动，为背景图层添加径向渐变效果，如图4-46所示。

图 4-46

2 更改前景色RGB值为（234，100，27），选择工具箱中的“画笔工具”，画笔类型选择“硬边圆”大小设置为30像素，单击“画笔设置”按钮，在“画笔笔尖形状”栏中设置间距为300%，如图4-47所示；“形状动态”中设置大小抖动为60%，如图4-48所示；在“散布”

栏中设置散布数值为100%，勾选两轴，如图4-49所示；新建“图层1”，重命名图层“装饰圆点”，在图层上拖动，绘制出类似如图4-50所示效果。

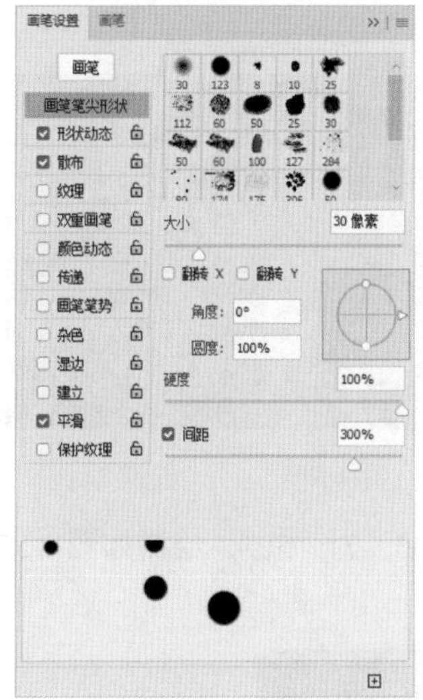

图 4-47

图 4-48

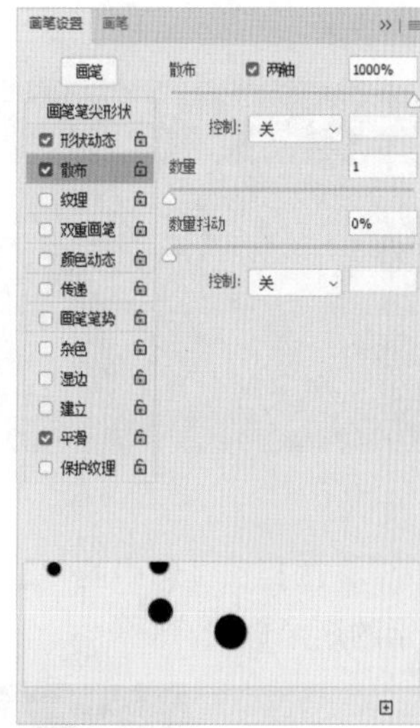

图 4-49

图 4-50

3 重新设置前景色RGB值为（242，198，29），背景色RGB值为（198，26，29），选择“矩形形状工具”，在属性栏中选择“形状”，填充类型中选择“渐变”，描边选择“无”，鼠标在画面中单击，弹出“创建矩形”对话框，设置参数如图4-51所示，将图层重命名为“彩条”并适当移动位置，得到如图4-52效果。

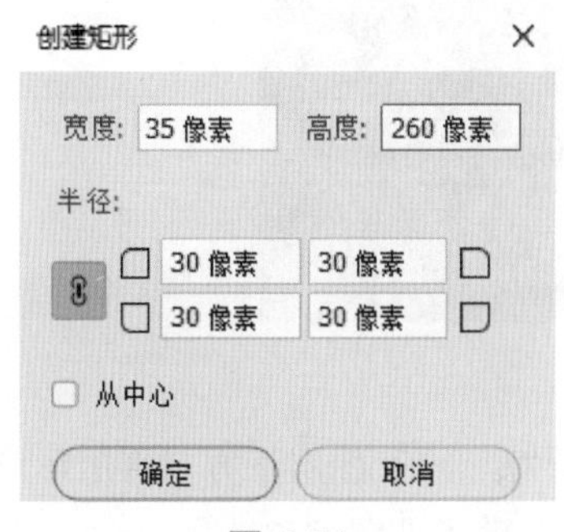

图 4-51

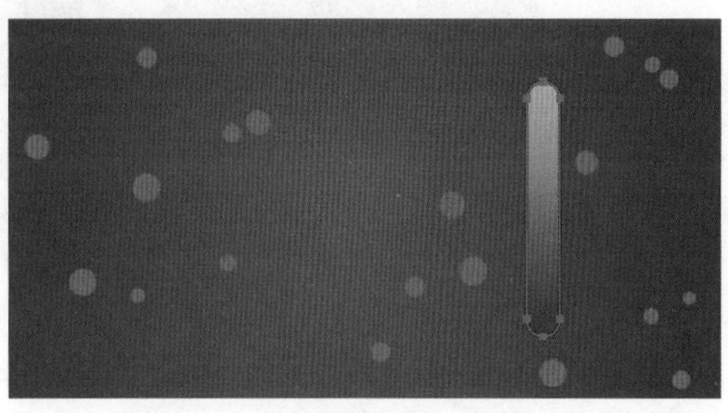
图 4-52

4 选择“彩条”图层将其转换为智能对象图层并对其位置进行调整，效果如图4-53所示。

5 选择彩条，多次复制彩条并对复制的彩条进行位置和大小的调整，得到如图4-54所示的效果。

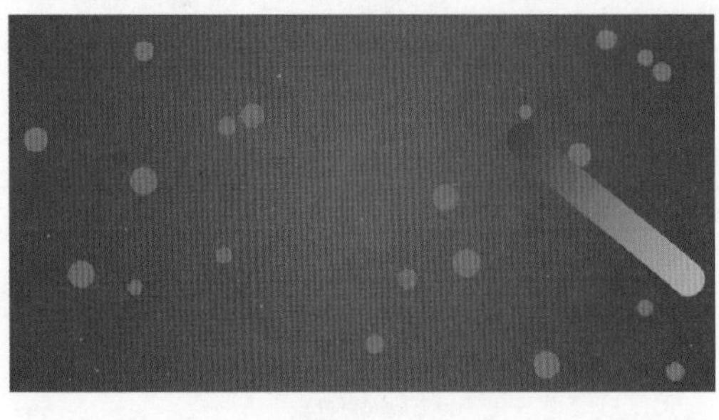

图4-53

图4-54

6 选择工具箱中的“矩形工具”，设置前景色RGB值为（233，71，50），绘制如图4-55所示的矩形形状。

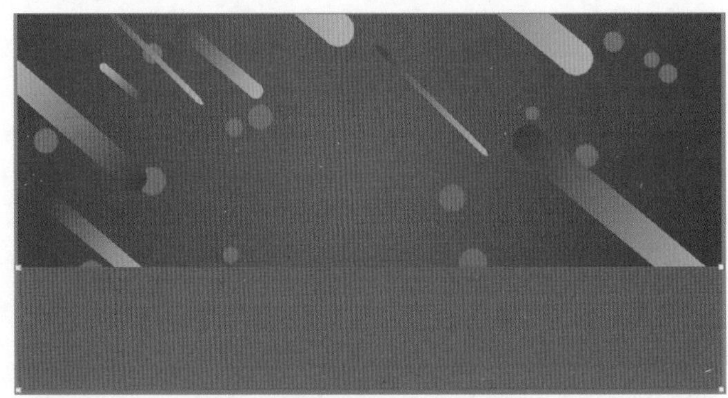

图4-55

7 选择工具箱中“钢笔工具”内的“添加锚点工具”，在矩形上边的中部添加一个锚点，并选择“路径选择工具”组中的“直接选择工具”，调整锚点位置如图4-56所示。

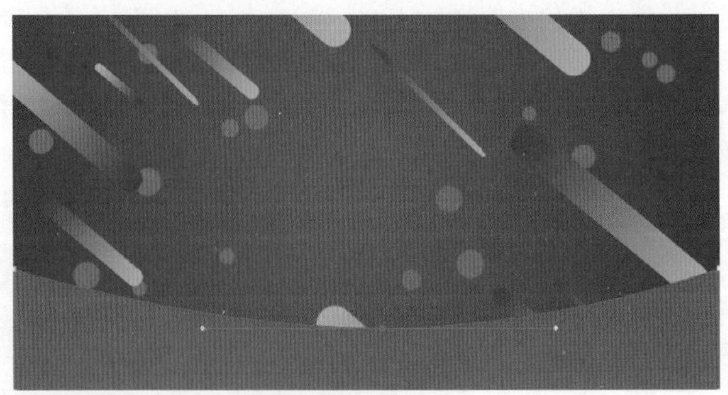

图4-56

8 复制上述矩形形状，将复制的矩形形状图层移动到“矩形1”图层下方，将矩形形状移动到合适位置，填充RGB值为（251，208，189）的颜色，效果如图4-57所示。

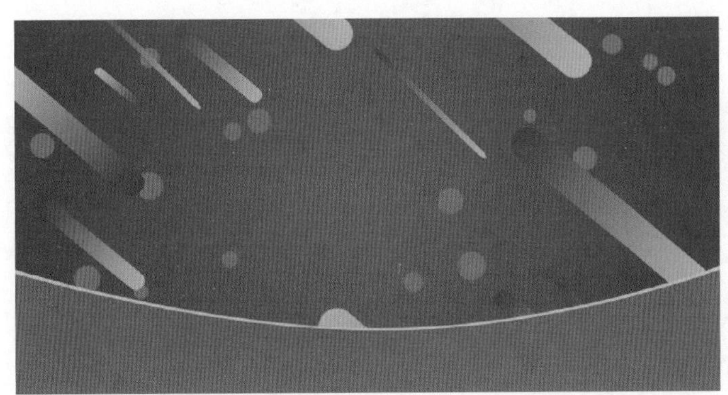

图 4-57

9 打开素材“618年中大促”“立体红包”，将素材拖动到文档中并转换为“智能对象”，将素材调整到合适位置，将对应图层命名成上述对应素材名称将对应图层以对应素材名称命名，并将“618年中大促”图层放置在“立体红包”下方，双击“618年中大促”图层指定“投影”样式，设定距离为6像素，扩展为5%，大小为5像素，其他参数默认。为“立体红包”图层指定“投影”样式设定距离为7像素，扩展为25%，大小为6像素，其他参数默认，最终效果如图4-58所示，将文件保存为“618年中大促.psd”。

图 4-58

4.3.5　描边和填充命令

案例 4-5　羽毛球培训海报价目表

要求：使用选框工具、描边和填充命令，完成羽毛球培训海报价目表的制作。

视频

羽毛球培训海报价目表案例制作

操作步骤如下：

1 打开素材“羽毛球培训”文件夹中的“羽毛球培训.psd”文件，按【Ctrl+R】组合键调出标尺，按【Ctrl+;】组合键调出参考线，如图4-59所示。

图 4-59

2 选择“表格”图层，单击工具箱中的“选框工具”，沿着参考线围合的矩形区域，绘制一个矩形选框，如图4-60所示。

图 4-60

3 单击“编辑”>“描边”命令，在打开的“描边”面板中，设置描边宽度为8像素，颜色RGB值为（185，30，30），位置选择为“居中”，其他参数默认，单击“确定”按钮，按【Ctrl+D】组合键取消选区，如图4-61所示。

4 再次选择“矩形选框工具”，绘制出如图4-62至图4-69所示矩形选框工具，并进行描边处理。

图 4-61

图 4-62

图 4-63

图 4-64

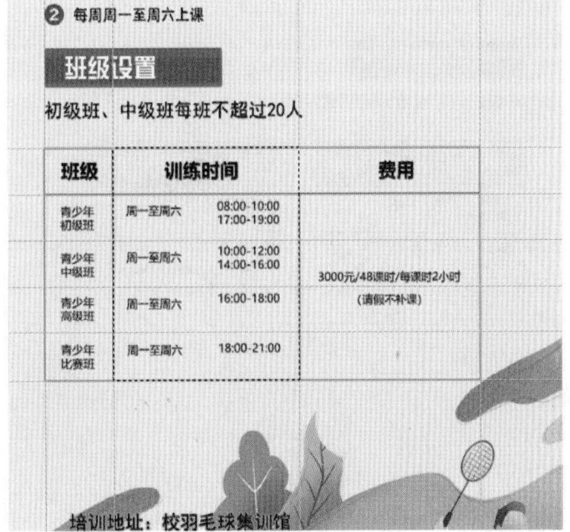

图 4-65

图 4-66

图 4-67

图 4-68

图 4-69

5 选择工具箱中的“油漆桶工具”，设置前景色RGB值为（231，88，2），在表格头部填充橙色，选择表格头部文字，将文字颜色更改为白色，效果见图4-70。

6 设置前景色为白色，为表格右侧添加白色，效果见图4-71。

图 4-70

图 4-71

7 设置前景色RGB值为（255，222，180）为“青少年初级班”一栏填充设置好的前景色；设置前景色RGB值为（244，255，180）为“青少年中级班”一栏填充设置好的前景色；设置前景色RGB值为（203，255，180）为“青少年高级班”一栏填充设置好的前景色；设置前景色RGB值为（180，229，255）为“青少年比赛班”一栏填充设置好的前景色，以源文件名称保存文件，最终效果见图4-72。

图 4-72

4.3.6 钢笔工具

在利用Photoshop进行数字绘图时，经常需要用到钢笔工具进行绘图、精确选区、路径抠图等，对于“形状”和“路径”这两种钢笔类型我们应该有明确的认识，下面将先简单介绍一下。

（1）单击“钢笔工具”，在属性栏中设置钢笔类型为“形状”，创建出带有填充颜色和描边颜色（上述颜色处于可选择状态）的非闭合或闭合形状，如图4-73所示；同时在图层面板中出现形状图层，如图4-74所示。

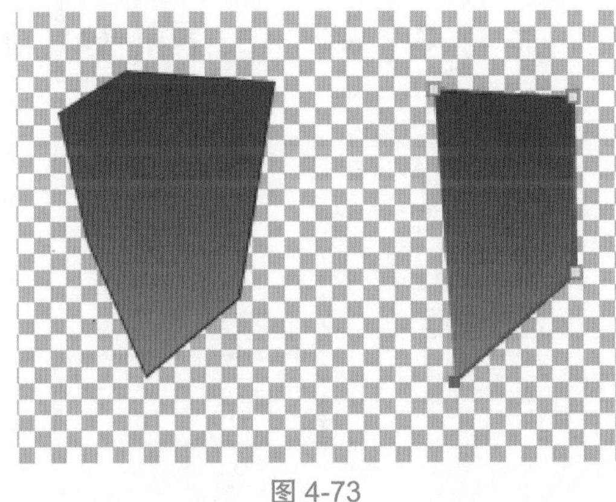

图 4-73

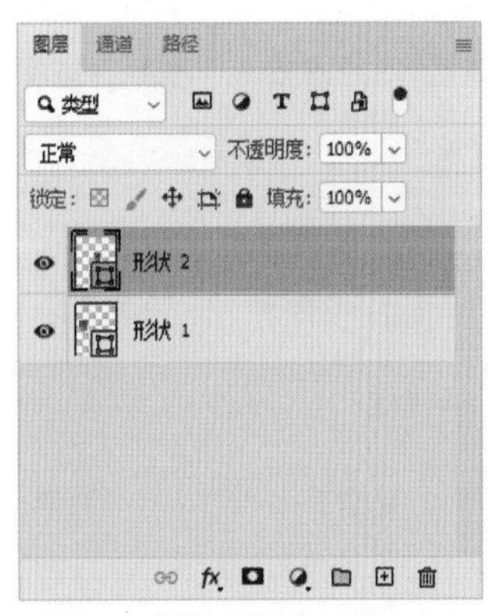

图 4-74

（2）在属性栏设置钢笔类型中选择“路径”，创建闭合或非闭合无填充色的钢笔路径，如图4-75所示；在“图层”面板中不会出现路径图层，但在“路径”面板会出现相关工作路径，如图4-76所示。

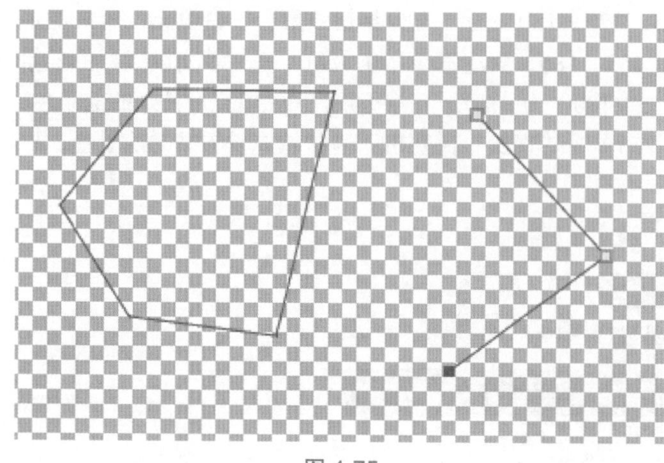

图 4-75

图 4-76

下面我们将通过钢笔工具绘制UI图标来熟悉钢笔工具的使用。

视 频

UI图标制作

案例 4-6 UI图标

要求：使用钢笔工具完成手机页面中的UI图标制作。

操作步骤如下：

1 新建空白文档，宽度为400像素，高度为400像素，背景颜色为白色，文件名称为“手机界面图标”，其他参数默认，单击“创建”按钮。

2 单击工具箱中的“矩形工具”，在工具属性栏中选择工具属性为“路径”，单击文件左上角，弹出“创建矩形”对话框，设置参数如图4-77所示，单击“确定”按钮，选择工具箱中的“路径选择工具”，属性栏中选择“路径对齐方式”面板，选择对齐类型为“画布”，单击对齐方式为“水平居中对齐”和“垂直居中对齐”按钮，如图4-78所示，将绘制的路径放置在页面中心。

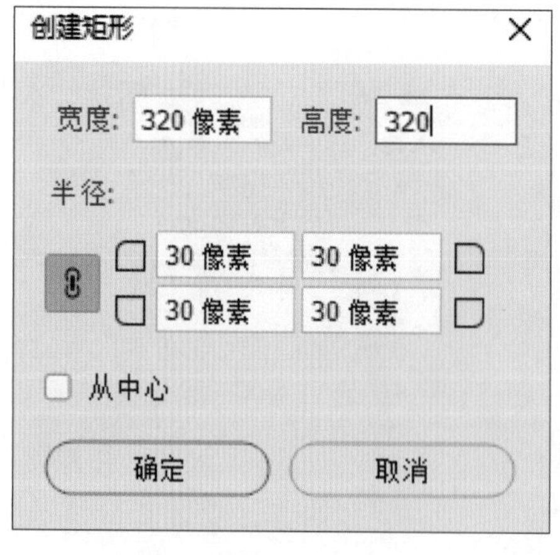

图 4-77

图 4-78

3 按【Ctrl+Enter】组合键，将路径转换为选区，新建图层，更改图层名称为“背景底色”，设置前景色RBG值为（250，231，192），更改背景色RGB值为（232，208，159），选择工具箱中的“渐变工具”，在属性栏中设置渐变类型为“径向渐变”，其他参数默认，在选区中从左上角向右下角拖动；如图4-79所示，按【Ctrl+D】组合键取消选区，效果如图4-80所示。

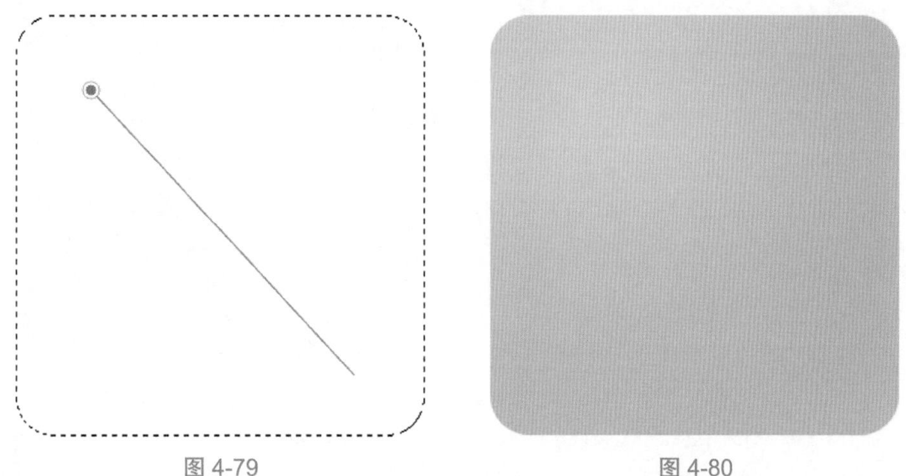

图 4-79　　　　图 4-80

4 选择工具箱中的“钢笔工具”，属性栏中设置选择工具模式为“路径”，在路径操作中选择“合并形状”，在图中绘制如图4-81所示的效果路径；选择钢笔工具在斜边的路径上添加锚点，选择工具箱中的“直接选择路径”按钮，并调整刚绘制的路径，得到如图4-82所示的效果。

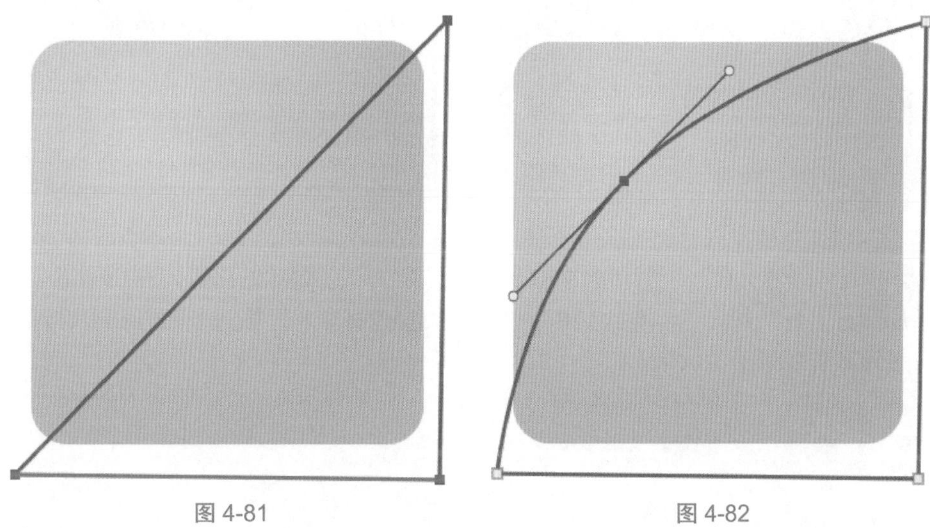

图 4-81　　　　图 4-82

5 按【Ctrl+Enter】组合键，将路径转换为选区，新建图层，重命名图层名称为“背景光影”，设置前景色、背景色均为白色，单击“渐变工具”，在工具属性栏中单击“渐变拾色器”，选择基础选项栏里面的“从前景色到透明”选项，按照如图4-83所示进行填充；按【Ctrl+D】组合键取消选区，得到如图4-84所示效果。

6 按住【Ctrl】键在“背景底色”图层的缩览图上单击，将“背景底色”图层转换为选区，如图4-85所示，单击“背景光影”图层，使该图层处于当前选择图层，按【Ctrl+shift+I】组合键进行反选选区，按【Delete】键对选择区域内的信息进行删除，如图4-86所示。

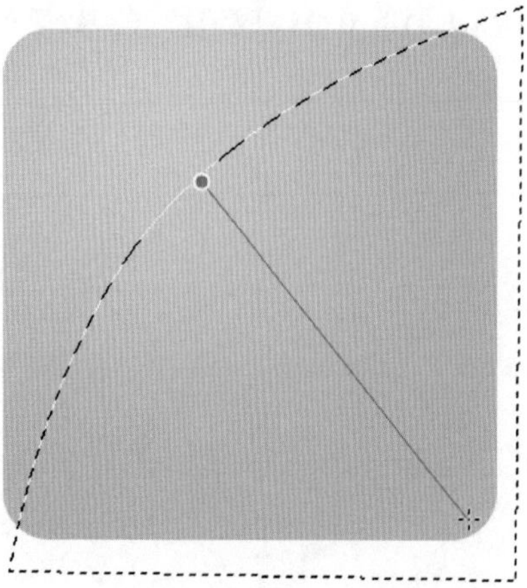

图 4-83　　图 4-84

图 4-85 　　图 4-86

7 单击“钢笔工具”绘制如图4-87所示的“购物车”形状的路径，利用钢笔工具组中的“添加锚点工具”、“转换点工具”及“直接选择工具”进行添加锚点和调整路径形状，得到如图4-88所示效果。

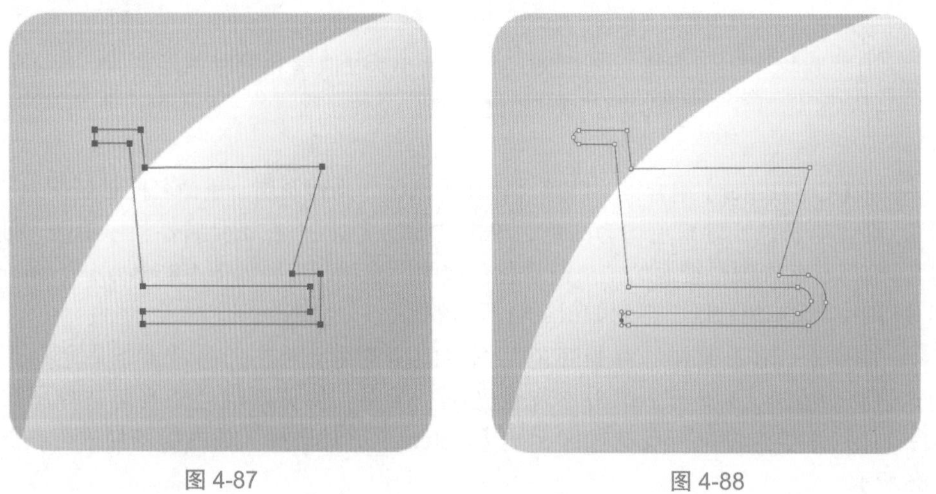

图 4-87　　图 4-88

8 新建图层，更改图层名称为“购物车”，按【Ctrl+Enter】组合键将路径转换为选区，如图4-89所示；更改前景色RGB值为（82，72，63），为其添加颜色，按【Ctrl+D】组合键取消选区，如图4-90所示。

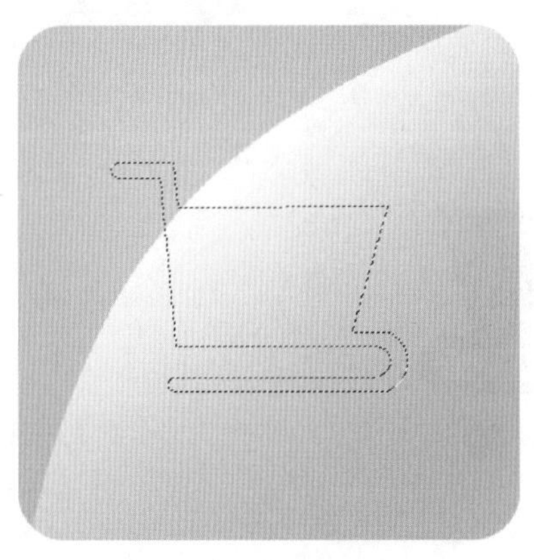

图 4-89

图 4-90

9 在“购物车”图层绘制选区，按【Alt+Delete】组合键用前景色填充选区，如图4-91所示；保证“椭圆选框工具”处于选择状态，将选区移动到右侧合适位置，用前景色填充选区，效果如图4-92所示。

图 4-91

图 4-92

10 为“购物车”图层指定描边图层样式大小为2像素和投影图层样式，不透明度为25%，距离为2像素，扩展为16%，大小为6像素，参数见图4-93、图4-94。

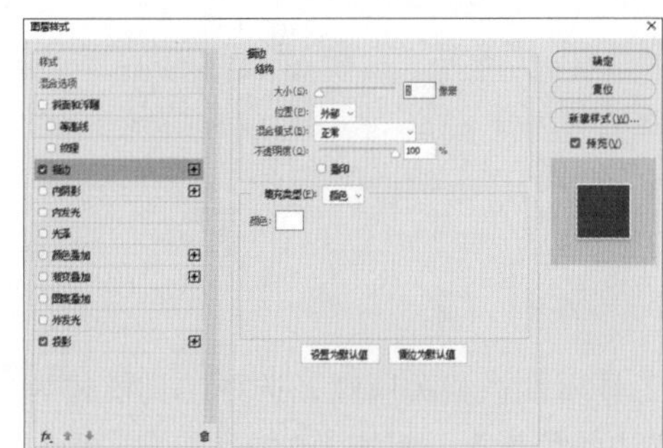

图 4-93

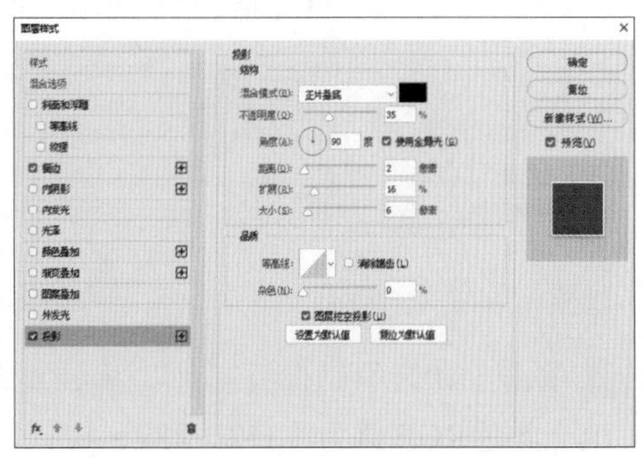

图 4-94

11 利用“钢笔工具”在购物车上绘制“¥”符号（也可以利用输入法输入），并为其添加颜色RGB值为（251，236，192），如图4-95所示，以“手机界面图标完成”文件名对文件进行保存。

图 4-95

4.3.7 形状工具

案例 4-7 女装电商全屏Banner条

要求：使用形状工具及相关操作命令，结合给定的素材完成女装电商全屏Banner（横幅）条广告制作。

**操作步骤如下：**

1 新建空白文档，宽度为1 920像素，高度为700像素，背景颜色为白色，文件名称为“女装电商全屏banner”，其他参数默认，单击“创建”按钮。

2 单击工具箱中的“设置前景色”按钮，设置前景色RGB值为（214，237，195），按【Alt+Delete】组合键为背景图层填充前景色，效果如图4-96所示。

图 4-96

3 单击工具箱中“直线工具” ，更改工具属性栏相关属性，选择工具模式为“形状”，填充颜色RGB值为（152，189，121），描边颜色为无，粗细为2像素。在文档右上角绘制高为30像素左右的竖线，选择“椭圆工具”，在文件中单击，更改椭圆相关参数为宽度和高度均为5像素，如图4-97所示；更改属性栏中的填充为无，描边为2像素，颜色RGB值为（152，189，121），并将绘制的两个图形进行对齐，效果如图4-98所示。

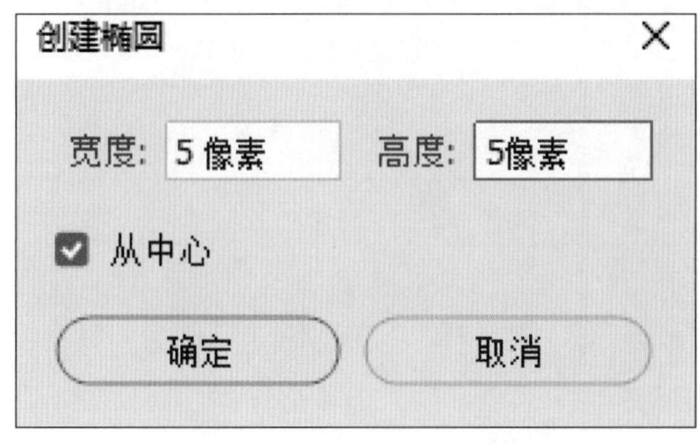

图 4-97

图 4-98

4 单击“移动工具”，选择“直线1”图层按住【Shift】键，拖动复制直线，移动合适的位置按【Ctrl+T】组合键对所选对象进行变形，按【Shift】键，光标放置在最下方中间的调整点上，向上调整，将直线调整到如图4-99所示位置，利用同样方法，复制圆形图案，放置短直线下方，并更改椭圆属性栏参数，填充颜色RGB值调整为（152，189，121），描边设置为无，得到如图4-100所示效果。

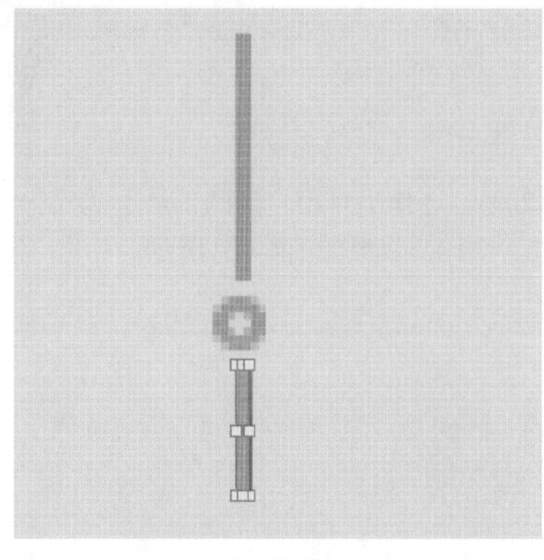

图 4-99

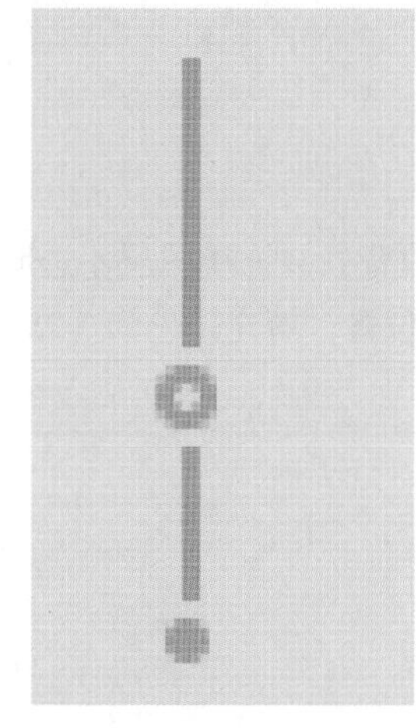

图 4-100

5 将绘制的“直线1”“直线1拷贝”“椭圆1”“椭圆拷贝”四个图层全选，右击“栅格化图层”将图层转换为普通图层，选择上述四个图层按【Ctrl+E】组合键进行合并，合并为一个图层并更名为“背景装饰线”，将装饰线移动到左上角如图4-101所示的位置。

6 复制“背景装饰线”图层，按【Ctrl+T】组合键，将复制的图层放置在如图4-102所示的位置，按【Enter】键结束移动，多次按【Ctrl+Shift+Alt+T】组合键重复复制上一个操作（12次左右）（也可以利用油漆桶工具进行填充），得到直线装饰条效果；选择所有复制的线条图层按【Ctrl+E】组合键进行合并，利用上述方法将装饰线条布满画面；选择所有复制的线条图层按【Ctrl+E】组合键进行合并，重命名合并后的图层名称为“背景装饰线”，得到如图4-103所示效果。

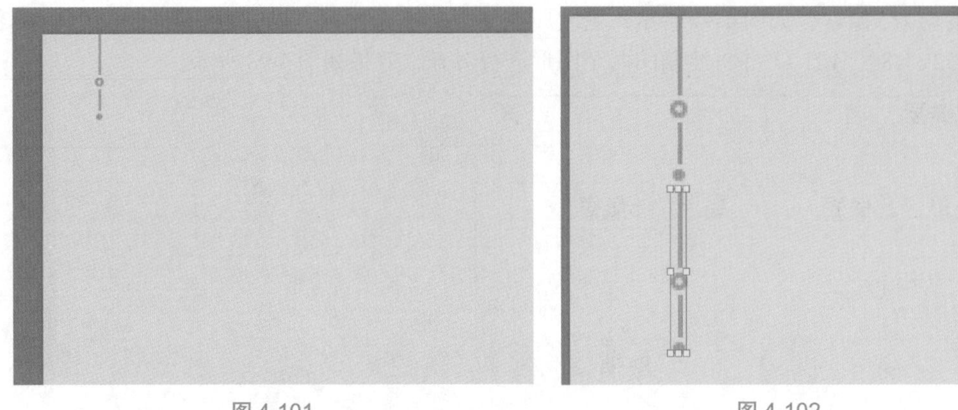

图 4-101　　　　图 4-102

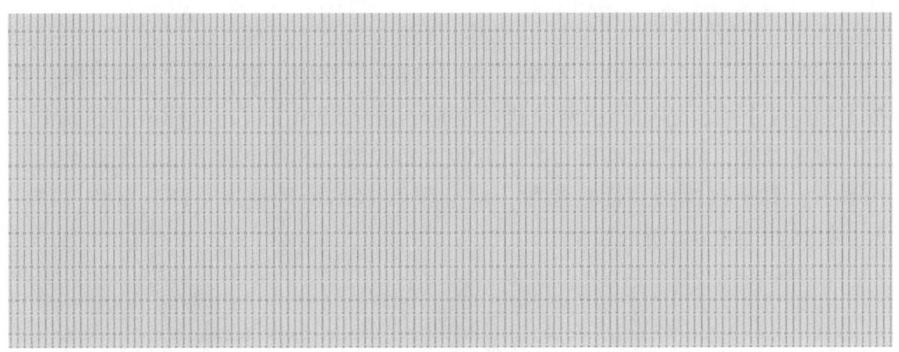

图 4-103

7 更改背景装饰线图层不透明度为20%，选择工具箱“椭圆工具”，绘制一个椭圆形并移动到合适位置，填充颜色为（255，237，151），效果如图4-104所示。

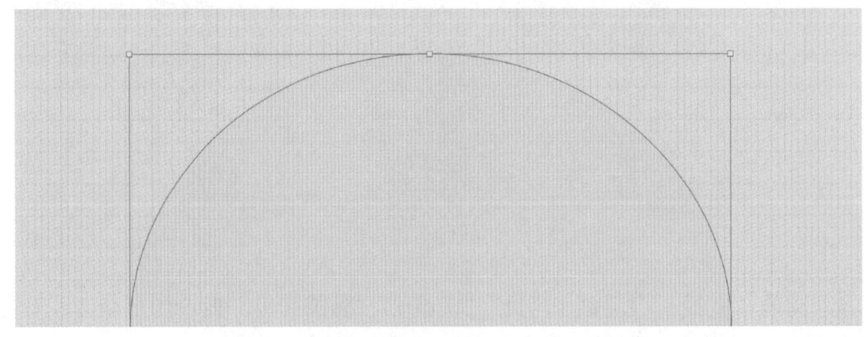

图 4-104

8 打开素材“女装电商全屏banner”文件夹中的“中国风古典花纹”素材，将其缩放到合适大小，更改图层不透明度为20%，将该图层移动到椭圆图层上方，如图4-105所示。按住【Alt】键，在“中国风古典花纹”图层与椭圆图层之间单击，将中国风古典花纹图案置入椭圆中，图层排列顺序如图4-106所示，效果如图4-107所示。

9 打开素材“人物1”和素材“人物2”将素材拖动复制到文件中，调整到合适位置，并为人物图层添加投影效果距离为22像素，大小为16像素，其他参数默认，见图4-108，单击“确定”按钮，得到如图4-109所示效果。

图 4-105

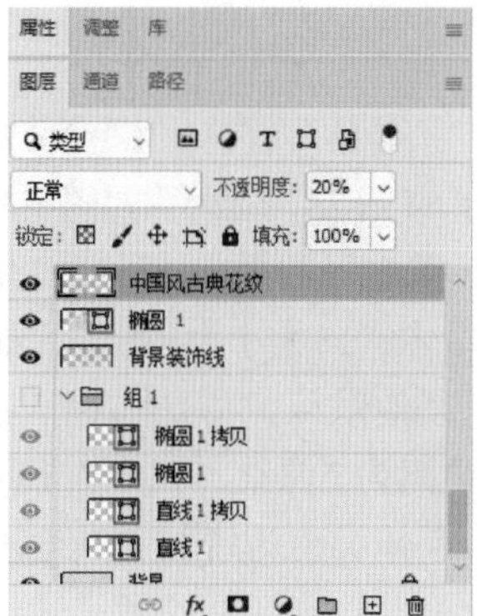

图 4-106

图 4-107

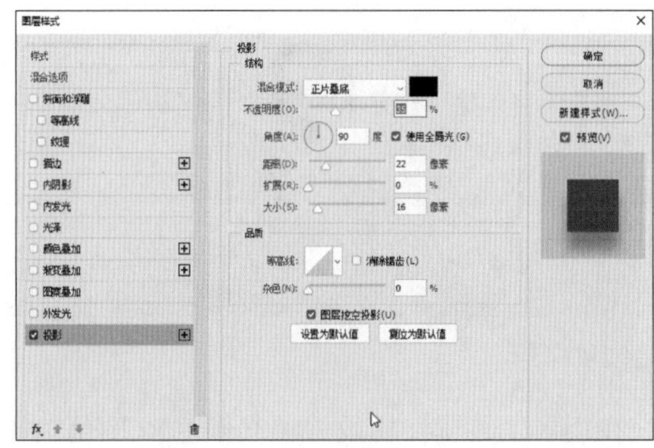

图 4-108

图 4-109

10 打开素材“装饰花纹”将其拖动复制到文件中并调整到合适大小，并放置到合适位置，如图4-110所示。

图 4-110

11 利用工具箱中的“横排文字工具”输入“潮流势力周”，设置字体为黑体，字号为50，类型为浑厚，颜色RGB值为（64，173，122），如图4-111所示，将文字移动到合适位置；双击文字图层，为文字添加白色“描边”效果，大小为3像素，位置为“外部”，如图4-112所示；添加“投影”效果，距离为3像素，大小为2像素，如图4-113所示；重复上述操作，输入：“暖春新风尚”，字号为120，其他默认，添加白色“描边”效果，大小为4像素，位置为“外部”，添加“投影”效果，距离为7像素，大小为16像素，输入：“活动时间：3月5日00:00-3月8日23:59”，字号为24，字体类型为锐利，其他默认，效果见图4-114。

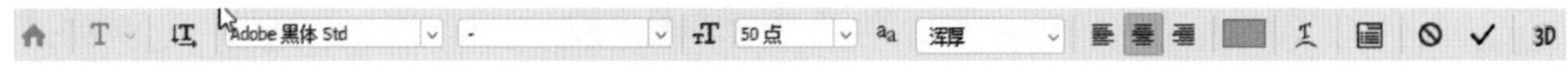

图 4-111

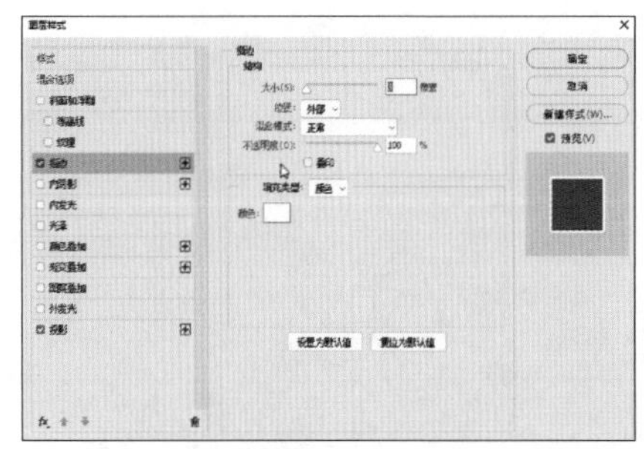

图 4-112

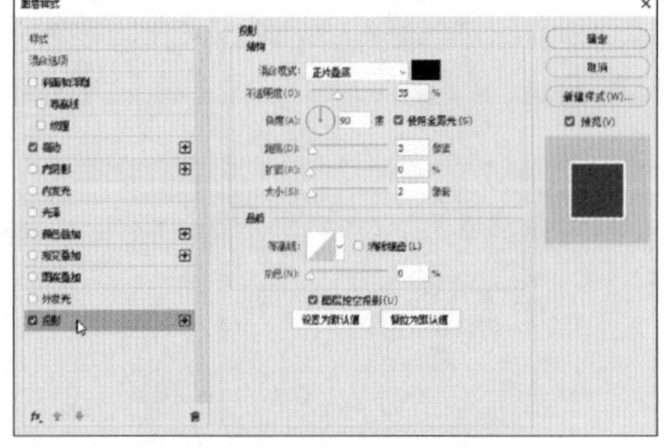

图 4-113

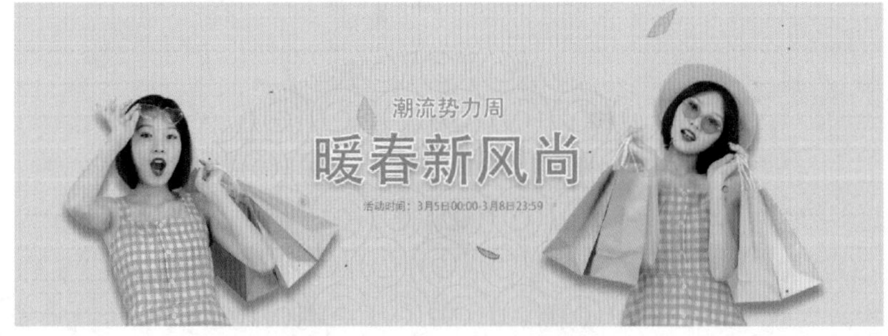

图 4-114

12 选择工具箱中的“矩形工具”，在矩形工具属性栏设置填充颜色RGB值为（64，73，122），描边颜色为无，在画面中单击，弹出“创建矩形”对话框，参数设置见图4-115，为图层添加“描边”效果，大小为2像素，填充类型为“颜色”，颜色设置为白色，如图4-116所示；添加“渐变叠加”效果，渐变颜色起始颜色RGB值为（0，96，72），最终颜色RGB值为（73，186，134），角度为180度，如图4-117所示；添加“投影”效果，混合模式选择“正片叠底”，颜色RGB值为（34，103，63），不透明度为40%，距离为9像素，大小为8像素，如图4-118所示，更改图层名称为“矩形按钮”，选择“横排文字工具”输入文字：“全场低至3折起”，字号为35，字体为黑体，字体类型为锐利，颜色为白色，最终效果如图4-119所示。

图 4-115

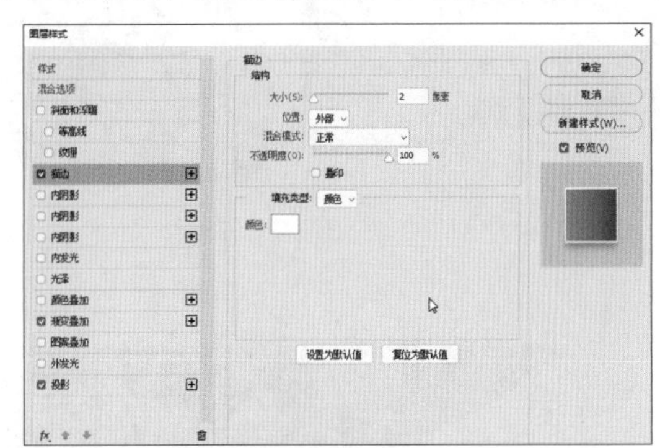

图 4-116

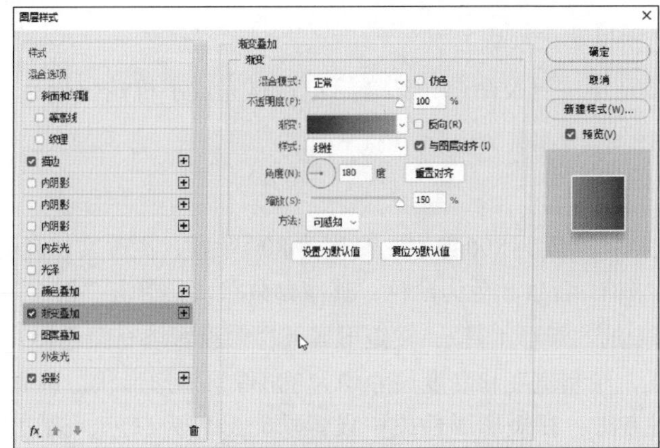

图 4-117

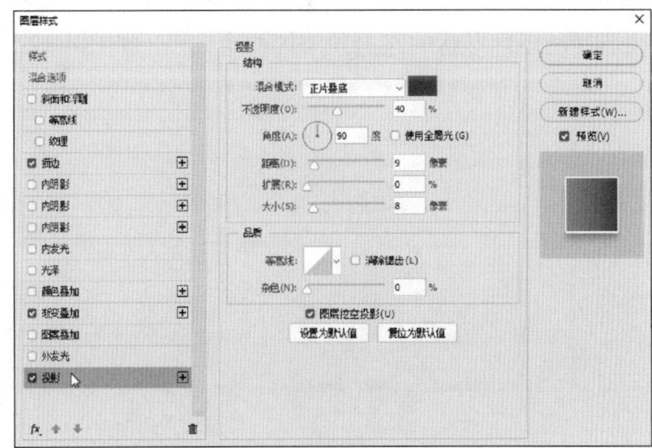

图 4-118

13 打开素材库中的“草丛01”“植物01”“植物2”以及“蝴蝶”素材，并将素材拖动复制到文件中，按素材名称进行命名，并将各素材进行缩放和位置调整，最终效果如图4-120所示，将文件保存为“女装电商全屏banner完成.psd”。

图 4-119

图 4-120

4.4 综合案例

手机端化妆品主图制作

案例 4-8 手机端化妆品主图

要求：使用本章所学工具及命令，结合给定素材完成手机端化妆品主图的制作。

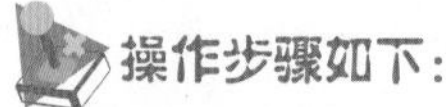

操作步骤如下：

1 新建空白文档，宽度为800像素，高度为800像素，更改文件名称为“手机端化妆品主图”，背景颜色为白色，其他参数默认，单击“创建”按钮。

2 选择工具箱中的“矩形工具”，在矩形属性栏中设置填充颜色RGB值为（144，199，118），描边颜色为无，绘制宽度和高度尺寸均为800像素矩形形状，重命名图层名称为“绿色底图”，利用上述方法，在矩形属性栏中设置填充颜色为白色，描边颜色为无，绘制如图4-121所示的矩形，更改图层名称为“白色底图”。

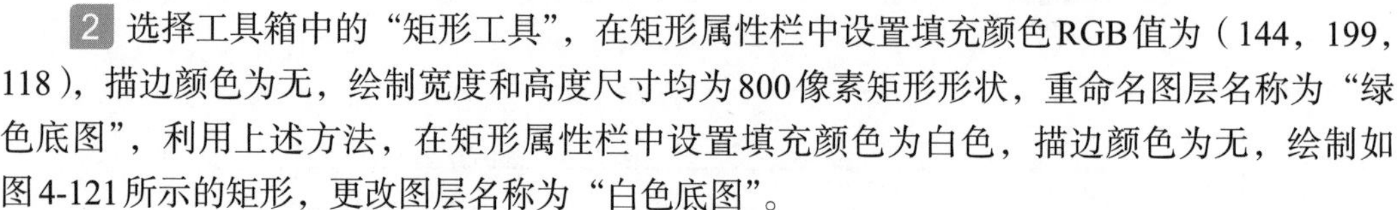

3 选择工具箱中的“直接选择工具”，选择刚才绘制的白色矩形形状，再次选择工具箱中的“钢笔工具”，在选择的矩形形状的左上角添加两个锚点，如图4-122所示。

图 4-121

图 4-122

4 单击“钢笔工具”单击右上角角点，对角点进行删除，同时在工具箱中选择“转换点工具”在新添加的锚点上单击，将其转换为角点，得到如图4-123所示效果。

图 4-123

5 选择“矩形工具”在左上角绘制矩形形状，重命名图层名称为“左上角形状”，利用“钢笔工具”，对矩形进行倒角处理，并为绘制的矩形添加“渐变叠加”图层样式，更改起始颜色RGB值为（144，199，118），最终颜色RGB值为（135，185，147），角度为0，得到如图4-124所示效果。

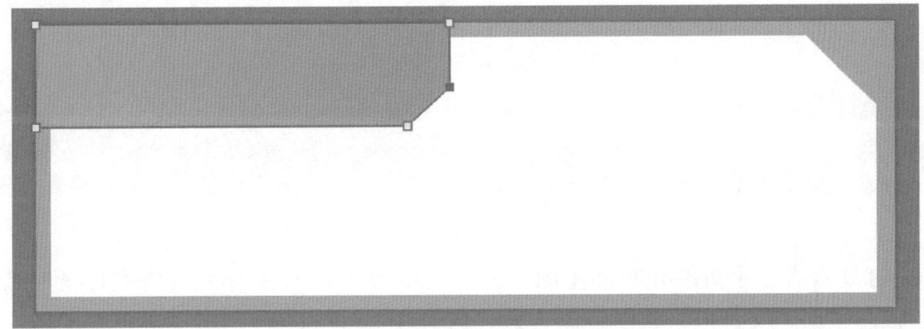

图 4-124

6 选择“矩形工具”绘制圆角矩形，重命名图层名称为“橙色底色”，在矩形属性栏中设置填充颜色，起始颜色RGB值为（250，229，150），最终颜色RGB值为（249，241，194），“线性渐变”角度值为90度，参数设置见图4-125，得到如图4-126所示效果。

图 4-125

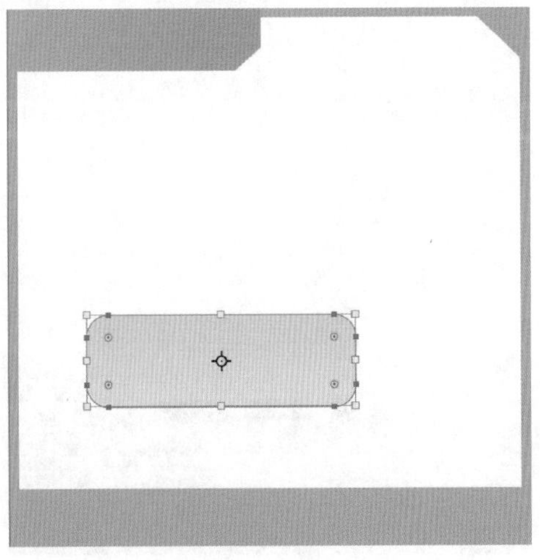

图 4-126

7 将绘制的“橙色底色”图层移动到“白色底图”的上一层，按【Alt】键，将绘制的橙色圆角矩形置入到白色矩形中，调整位置，如图4-127所示；利用上述方法绘制右下角倒角矩形，更改图层名称为“右下角底色”，为该矩形添加“描边”图层样式，颜色为白色，大小为3像素，位置为“外部”；添加“渐变叠加”图层样式，起始颜色RGB值为（144，199，118），最终颜色RGB值为（135，185，147），角度为0；添加“投影”图层样式，距离为3像素，大小为4像素，得到如图4-128所示效果。

图 4-127

图 4-128

8 打开素材“手机端化妆品主图”文件夹中的“展示台.jpg”，将素材复制到“手机端化妆品主图”文件内，将图层命名为“展示台”，将该图层转换为智能对象图层，按【Ctrl+T】组合键对图层内容进行缩放，将图层位置移动到“白色底图”图层上方，按住【Alt】键在两图层之间单击，将展示台图层内容置入到“白色底图”图层内，效果如图4-129和图4-130所示。

图 4-129

图 4-130

9 打开“化妆品”素材，将其拖动复制到“手机端化妆品主图”文件内，更改图层名称为“化妆品”，将图层转换为智能图层，调整化妆品的大小和位置，如图4-131所示；为其添加“投影”图层样式，混合模式为“正片叠底”，颜色为（34，103，63）不透明度为18%，角度为153度，距离为0，大小为16像素，其他参数保持默认状态，如图4-132所示。

图 4-131

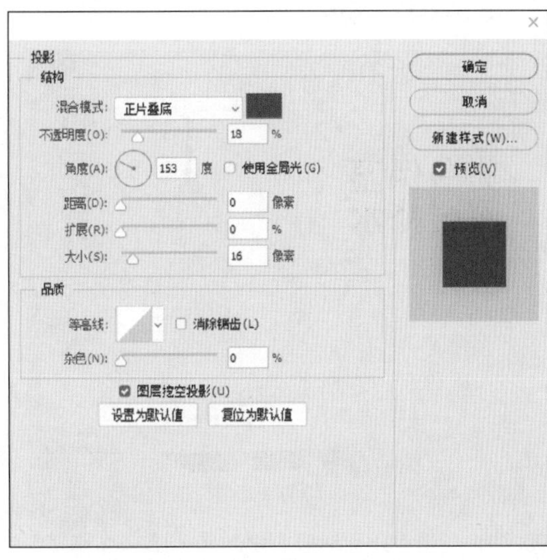

图 4-132

10 在“化妆品”图层下方新建一个图层，重命名为“化妆品阴影”，选择工具箱中的“椭圆选框工具”，更改工具属性栏中的羽化设置，数值为5像素，设置前景色为黑色，在化妆品瓶底处绘制如图4-133所示的选区，并按的【Alt+Delete】组合键填充黑色，更改“化妆品阴影”图层的不透明度为30%，得到如图4-134效果。

图 4-133

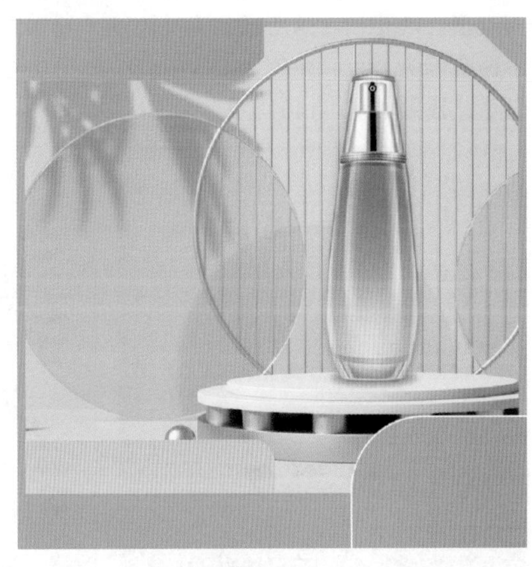

图 4-134

11 选择工具箱中的“横排文字工具”，设置字体为黑体，字号为60点，字体类型为浑厚，输入：“美白保湿深层补水”，设置行距为60点，将文字移动到合适位置，效果如图4-135

所示；为文字图层添加“描边”“颜色叠加”及“投影”图层样式。具体“描边”参数设置大小为2像素，位置为“外部”，颜色为白色；“颜色叠加”效果混合模式为“正常”，颜色RGB值为（69，101，59），不透明度为100%；“投影”效果为混合模式“正片叠底”，颜色RGB值为（69，101，59），不透明度为18%，距离为9像素，扩展为0像素，大小为1像素，效果如图4-136所示。

图 4-135

图 4-136

12 打开“艺术字”素材，将其拖动到“手机端化妆品主图”内，更改图层名称为“艺术字”，按【Ctrl+T】组合键对内容进行缩放，并放置到合适位置，如图4-137所示，为其添加“颜色叠加”图层样式，混合模式为“正常”，颜色RGB值为（69，101，59），不透明度为100%，如图4-138所示；为其添加“投影”图层样式，混合模式为“正常”，颜色为黑色，不透明度为18%，角度为153度，距离为9像素，扩展为0像素，大小为2像素，如图4-139所示，效果如图4-140所示。

图 4-137

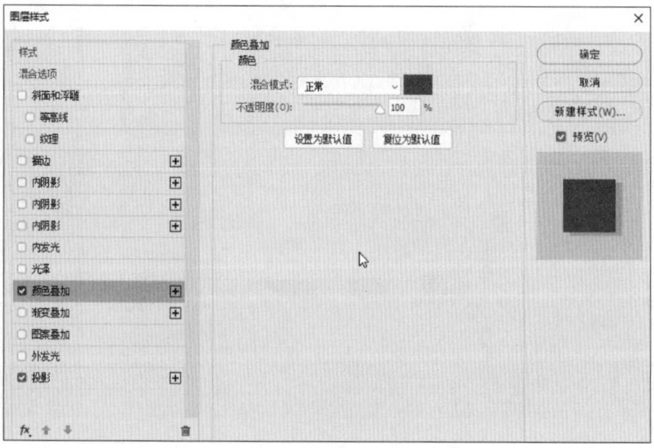

图 4-138

13 选择工具箱中的“横排文字工具”，设置字体为黑体，字号为85点，字体类型为浑厚，颜色为白色，输入：“289”；设置字体为Arial，字号为30点，颜色为白色，插入“¥”

符号；设置字体为黑体，字号为30点，字体类型为平滑，颜色为白色，输入:“夏季清爽价”；设置字体为黑体，字号为36点，颜色RGB值为（23，72，5），输入：“美妆旗舰店”；设置字体为黑体，字号为50点，颜色RGB值为（23，72，5），输入：“下单立减10元”；设置字体为黑体，字号为30点，颜色RGB值为（23，72，5），输入：“满100元赠送多彩粉底一盒”，将各文字分别放置在如图4-141位置，并对文件进行保存。

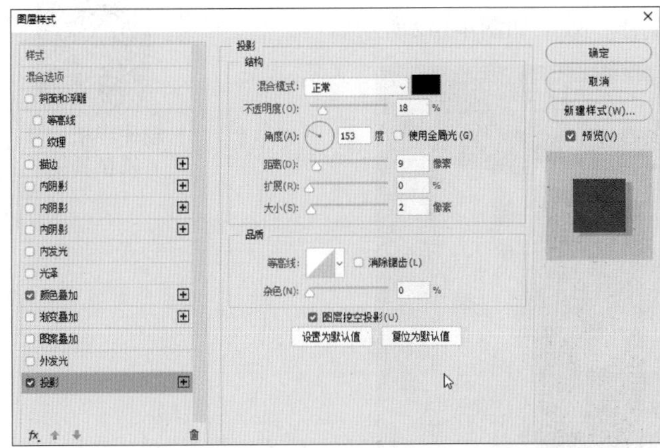

图 4-139

图 4-140

图 4-141

练　习

制作手机端手机销售主图。要求：利用本章所学工具及命令，结合给定的素材完成手机端手机销售主图的制作，效果如图4-142所示。

文档

制作手机端手机销售图

图 4-142

第5章 抠图

本章导读 >>>

在日常生活中，我们看到的设计作品都是设计师通过艺术加工而成的，而图像元素大多是从提供的素材中抠取出来的。本章将主要讲解抠图常用工具和命令，如“选框工具”“套索工具”“魔棒工具”“对象选择工具”“钢笔工具”等工具以及“色彩范围”“通道”等命令和相关面板。通过本章的学习，使大家掌握抠图相关工具和命令的使用，并利用相关操作抠取出相关内容，为后续设计做好前期准备工作。

学习目标 >>>

◎熟练掌握选框工具的使用方法；
◎掌握套索工具使用方法；
◎掌握魔棒工具使用方法；
◎掌握对象选择工具的使用方法；
◎熟练掌握钢笔工具的设置调整及使用方法；
◎了解色彩范围设置及使用方法；
◎熟练掌握通道的使用方法。

5.1 什么是抠图

抠图，就是利用抠图工具将设计作品需要的元素从素材中抠选出的过程。在进行广告设计、电商设计、网页设计、UI设计等工作时，有大量的设计元素需要从素材中抠取出来，应用到设计中。

5.2　抠图常用工具

抠图常用的工具有很多，对于简单形状的抠图可以利用“选框工具”“套索工具”，对于纯色或单一颜色背景的素材可以使用“魔棒工具”“对象选择工具”，对于抠取对象有圆滑曲面的可以通过“钢笔工具”来进行选择，对于色彩差异比较大的或者半透明色彩的对象抠取可以使用“色彩范围”命令，对于复杂对象、透明或半透明对象可以利用“通道”抠图等方法完成图像抠取。

1. 选框工具组

快捷键：M。

作用：用来抠取边缘清晰且形状规则的矩形或椭圆形主体图像。

“选框工具”位于工具箱中，包含“矩形选框工具”“椭圆选框工具”“单行选框工具”和“单列选框工具”。

2. 套索工具组

快捷键：L。

作用：用来选取边缘平直、清晰且形状不规则的主体图像。

“套索工具”位于工具箱中，包含“套索工具”“多边形套索工具”和“磁性套索工具”。

3. 魔棒工具组

快捷键：W。

作用：用来选取与单色或色彩区分不大、背景与主体分界线较明显的图像。

“魔棒工具”位于工具箱中包含【对象选择工具】【快速选择工具】和【魔棒工具】。

4. 钢笔工具组

快捷键：P。

作用：用来选取边缘光滑、清晰且形状不规则的主体图像。

“钢笔工具”位于工具箱中，包含“钢笔工具”“自由钢笔工具”、“弯度钢笔工具”、“添加锚点工具”“删除锚点工具”和“转换点工具”。

5. 对象选择工具组

快捷键：W。

作用：简化图像中选择单个对象或对象的某个部分（人物、汽车、衣服等）的过程，主体与背景颜色色差较大时使用。

“对象选择工具”位于工具箱中，包含“对象选择工具”“快速选择工具”和“魔棒工具”。

6. 选择主体

快捷键：无（可自行指定）。

作用：通过先进的机器学习技术，训练后可选择图像中最突出的主体部分内容。

"选择主体"命令位于对象选择工具组命令的属性栏中，也可以通过单击"选择" > "主体"命令进行选择。

7. 选择并遮住

快捷键：Alt+Ctrl+R。

作用：对选择主体的边缘进行柔化处理，适合抠出有毛发的对象。

"选择并遮住"命令位于选择类工具的属性栏中，也可以通过单击"选择" > "选择并遮住"命令进行选择，一般与选择主体命令搭配使用。

8. 色彩范围命令

快捷键：无。

作用：利用色彩范围命令抠图，主要是通过色彩差异来选择对象。

"色彩范围"通过单击"选择" > "色彩范围"命令进行选择。

9. 通道命令

快捷键：无。

作用：通道的主要作用是保存图像的色彩信息、复杂图像抠图和创建与存储选区。在色彩方面利用通道可以调色，在选区方面通过通道可以抠图。

5.3　抠图实战

5.3.1　选框抠图

案例 5-1　工作证

要求：使用选框工具对标志和人像进行抠图，结合给定素材完成工作证的制作。

操作步骤如下：

1 打开素材"工作证制作"文件夹中的"标志.jpg"，选择工具箱中的"椭圆选框工具"，抠取正圆形标志。在标志区域中按住【Shift】键同时拖住鼠标拖动绘制正圆形选区，为了保证能贴合标志的边缘，可以在绘制圆形选区的同时，按住【Shift】键同时再按【空格】键可以在未释放鼠标下移动选区，使选区重合在标志的轮廓内，如图 5-1 所示。

2 按【Ctrl+C】组合键复制标志，再次打开素材文件中的"工作证.psd"文件，在工作证页面中选择"背面"图层，按【Ctrl+V】组合键将"标志"粘贴到"工作证"文件中，更改图层名称为"标志"，将图层调整为智能对象，按【Ctrl+T】组合键对标志大小和位置进行调整，调整效果如图 5-2 所示。

3 复制"标志"图层，将图层移动到工作证"正面"图层上方，更改图层名称为"标志 2"，并调整到图 5-3 所示的位置。

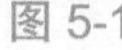
图 5-1

图 5-2

图 5-3

4 打开“人像”素材，选择“矩形选框工具”，在选区属性栏中选择“固定比例”样式，宽度为3.5，高度为5，在人物头像部分拖动选区，绘制图5-4所示的选区。

5 按【Ctrl+C】组合键复制选区内容，选择“工作证.psd”选项卡，按【Ctrl+V】组合键将选择的头像粘贴到文件中，更改图层名称为“人物头像”，将图层转换为智能对象，按【Ctrl+T】组合键对的头像大小和位置进行调整，调整效果如图5-5所示，为减小文件的存储大小，对人像和标志图像图层进行栅格化处理，将制作好的文件进行保存。

图 5-4

图 5-5

5.3.2　魔棒抠图

案例 5-2　商品促销主图

要求：使用魔棒工具对手提包素材进行抠图，结合给定素材完成促销商品主图的制作。

视 频

促销主图制作

操作步骤如下：

1 打开素材“促销主图制作”文件夹中的“手提包.jpg”素材，选择工具箱中的“魔棒工具”。设置魔棒属性栏参数，选择容差值为20（容差值越小，选择的色彩范围区间越小，要根据背景的色彩确定参数值），保持“消除锯齿”选项勾选，“连续”选项勾选，“对所有图层取样”取消勾选，单击“手提包”素材的纯色背景，得到图5-6所示的效果。

图 5-6

2 选择属性栏中的“添加到选区”选项，在图5-7所示的圆圈位置单击，增加选择范围，得到图5-8所示的效果。

图 5-7

图 5-8

3 按【Ctrl+Shift+I】组合键反选选区，得到图5-9所示的效果。

图 5-9

4 按【Ctrl+C】组合键复制选区内容，按【Ctrl+V】组合键粘贴复制出的手提包内容，得到抠取的手提包素材。打开素材文件夹中的“促销主图.psd”文件，将抠取出的“手提包”素材拖动到“促销主图.psd”文件中，如图5-10所示，并将复制的图层放置在“背景”图层上方，“素材”图层组下方，如图5-11所示。

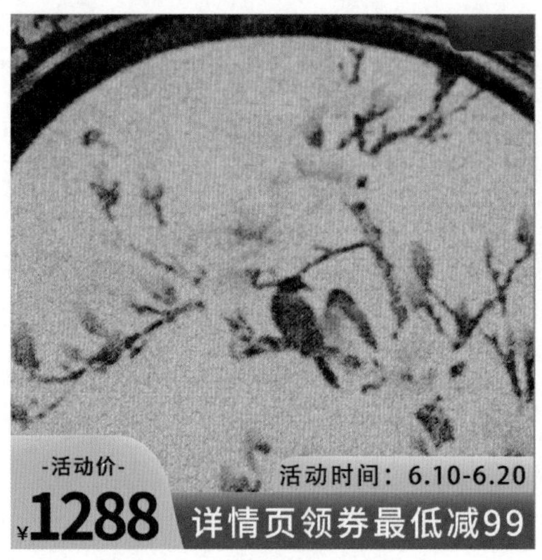

图 5-10

5 按【Ctrl+T】组合键对“手提包”素材进行缩放，在属性栏中单击“保持长宽比”按钮，设置缩放参数为110%，按【Enter】键结束缩放命令，利用“移动工具”将手提包放置到合适位置，得到图5-12所示的最终效果，对文件进行保存。

图 5-11

图 5-12

5.3.3 钢笔工具抠图

在讲解案例之前，我们先通过“钢笔工具”绘制路径来了解钢笔工具常见的使用方法：

折线创建法——通过在不同的绘图位置上连续单击可以创建出折线，当回到起始位置单击则闭合绘制路径，按【Ctrl+Enter】组合键将路径转换为选区，效果如图5-13所示。

曲线创建法——在创建路径时，通过单击鼠标左键创建锚点后不松开鼠标左键拖动，即可创建出曲线路径。在绘制路径时可以配合【Alt】键在绘制过程中调整绘制点的类型（如贝塞尔点、尖突点等），配合【Ctrl】键可以对绘制的锚点位置进行移动，如图5-14所示。

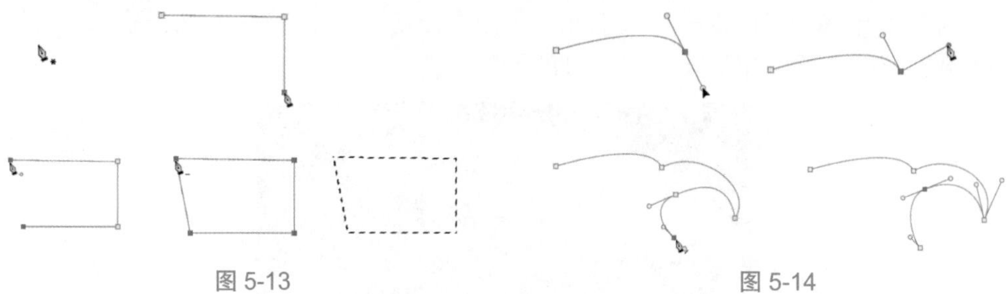

图 5-13　　图 5-14

同时也可以配合钢笔工具组中的“转换点工具” 对锚点类型进行转换，在锚点上单击即可将平滑点转换为角点，如图5-15所示，在角点上按住鼠标拖动即可将角点转换为平滑点，如图5-16所示。

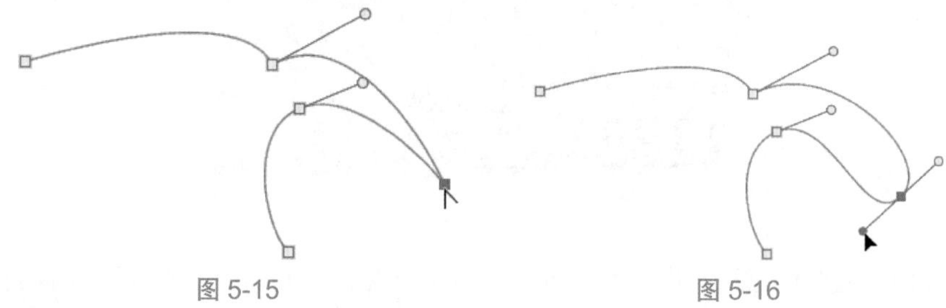

图 5-15　　图 5-16

案例 5-3　装修大促海报

要求：使用钢笔工具完成图片内容抠图，结合给定的相关素材完成装修大促海报的制作。

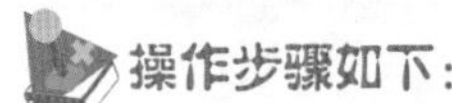

1 打开素材“装修大促海报”文件夹中的“沙发”素材，选择工具箱中的“钢笔工具”，在工具属性栏中“选择工具模式”中选择“路径”，路径操作中选择“合并形状”，按【Ctrl+空格键】单击鼠标左键，对图片进行放大（也可以按【Shift+Enter】组合键通过滚动鼠标滚轮对图片进行缩放），按【空格键】将图片中的吊灯位置平移到画面中间，如图5-17所示。

图 5-17

2 选择“钢笔工具”抠选出左侧灯具，在使用钢笔工具时，可以一边绘制一边按住【Ctrl】键进行锚点位置调整，按【Alt】键对锚点控制句柄进行调整，最终得到图5-18所示的路径，按【Ctrl+Enter】组合键将路径转换为选区，按【Ctrl+C】组合键对绘制出的选区内容进行复制，按【Ctrl+V】组合键对内容进行粘贴，隐藏背景图层，如图5-19所示，将图层重命名为“灯具1”。

图5-18

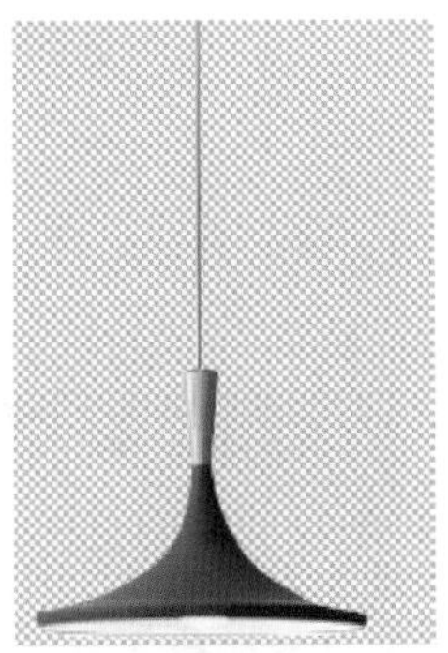
图5-19

3 利用上述方法，将橙黄色的吊灯抠出，如图5-20和图5-21所示，重命名图层为“灯具2”。

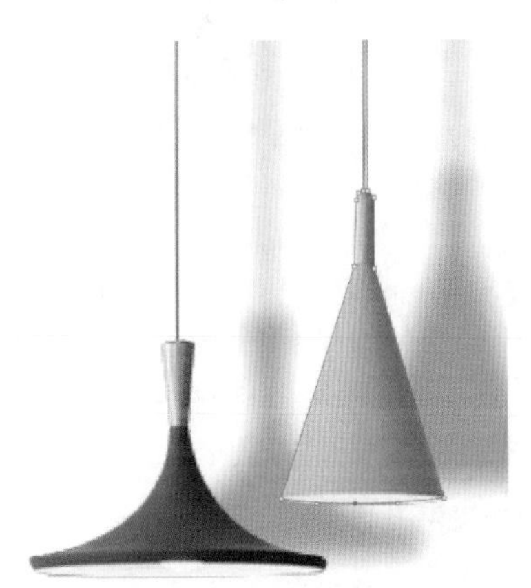
图5-20

图5-21

4 利用同样的方法配合【Ctrl】【Alt】键对绘制的锚点进行调整，完成沙发组合的钢笔抠图。如图5-22所示。

图5-22

5 按【Ctrl+Enter】组合键将路径转换为选区，按【Ctrl+C】组合键对绘制出的选区内容进行复制，按【Ctrl+V】组合键对沙发组合进行粘贴，重命名图层名称为“沙发组合”，如图5-23所示。

图 5-23

6 利用同样的方法将挂画抠取出来，重命名图层名称为“挂画”，如图5-24和图5-25所示。

图 5-24

图 5-25

7 打开素材文件夹中的“装修大促海报”文件，将抠取出的素材放置到海报中，并调整到合适位置，如图5-26所示，并将文件以“装修大促海报.psd”文件名进行保存。

图 5-26

5.3.4　选择主体抠图

案例 5-4　"创业人生"海报

视频

创业人生海报制作

要求：使用选择主体命令完成人物主体的抠图，结合给定的素材制作"创业人生"海报。

操作步骤如下：

1 打开素材"创业人生海报"文件夹的"商务人物.jpg"文件，选择工具箱中的"对象选择工具"（或单击"选择">"主体"命令），在工具属性栏中单击"选择主体"按钮，系统自动将人物进行选择，得到图 5-27 所示效果，按【Ctrl+C】组合键对选区内容进行复制，按【Ctrl+V】组合键对内容进行粘贴，隐藏背景图层，得到图 5-28 所示效果。

图 5-27

图 5-28

2 打开"创业人生海报.psd"文件素材，将抠取的人物图层移动复制到"创业人生海报.psd"文件中，如图 5-29 所示，更改图层名称为"人物"，将"人物"图层"转换为智能对象"图层，按【Ctrl+T】组合键对图层内容进行缩放得到图 5-30 所示效果。

3 按【Enter】键结束自由变换命令，将"人物"图层移动至"矩形 1"图层上方，最终效果如图 5-31 所示，对制作好的文件进行保存。

图 5-29

图 5-30

图 5-31

5.3.5 选择并遮住抠图

案例 5-5 宠物美容广告

视频

宠物广告制作

要求：使用选择并遮住命令完成动物抠图，结合给定素材完成宠物广告的制作。

操作步骤如下：

1 打开素材“宠物广告”文件夹中的“素材1.jpg”文件，选择工具箱中的“对象选择工具”（或单击“选择”>“主体”命令），在工具属性栏中单击“选择主体”按钮，系统自动将宠物狗进行选择，如图5-32所示，因为宠物狗毛发过于散乱，只使用“选择主体”命令，宠物狗毛发边缘会显得较为生硬。单击“选择并遮住”按钮，进入到“选择并遮住”命令界面。视图模式选择“图层”，勾选“实时调整”复选框，如图5-33所示，得到图5-34所示效果。

图 5-32

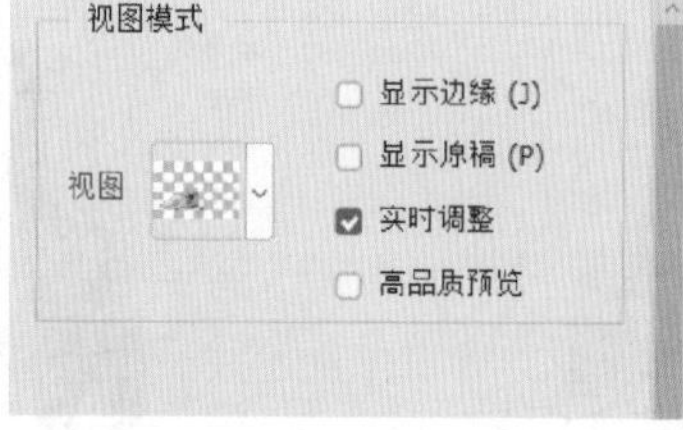

图 5-33

图 5-34

2 选择“调整边缘画笔工具”，在右侧的属性栏中勾选“智能半径”选项，在上方的工具属性栏中更改画笔笔尖大小为100像素左右（也可以使用键盘的【[】键减小笔尖尺寸，【]】键增大笔尖尺寸），在宠物狗毛发边缘涂抹，使抠取的毛发边缘更为自然，如图5-35所示，单击“确定”按钮，按【Ctrl+C】组合键对选区内容进行复制，按【Ctrl+V】组合键对内容进行粘贴，隐藏背景图层，得到图5-36所示效果。

图 5-35

图 5-36

3 打开“宠物广告.psd”素材，将抠取的宠物狗1拖动复制到“宠物广告.psd”文件中，按【Ctrl+T】组合键对图层内容进行缩小，移动到图5-37所示位置。

4 打开“素材2”，利用上述方法对宠物狗2进行抠图处理，如图5-38所示，将宠物狗2复制到“宠物广告.psd”文件中，调整宠物狗图像大小、位置和图层位置，并为两个宠物添加阴影，得到图 5-39 所示效果，对制作好的文件进行保存。

图 5-37

图 5-38

图 5-39

5.3.6 色彩范围命令抠图

案例 5-6 更换“天空”

要求：使用仿制图章、色彩命令完成抠图，并为草原照片更换天空。

操作步骤如下：

1 打开素材“色彩范围抠图”文件夹中的“草原摄影图.jpg”素材，选择工具箱中的“仿制图章工具”，按【] 】键对仿制图章的笔刷大小进行调整，调整到 700 像素左右，光标放置在图 5-40 所示位置，按住【 Alt 】键，在完好的草地位置单击鼠标左键进行采样，松开【 Alt 】键对草地部分进行修复，可以多次采样将草地修复完整，如图 5-41 所示。

图 5-40

图 5-41

2 单击“选择”>“色彩范围”命令，弹出图 5-42 所示的对话框。单击对话框中的“吸管工具”图标，在图像中的天空位置进行单击，对天空区域进行选择，如图 5-43 所示，单击“添加到取样”图标，在选择范围中灰色的区域单击，进一步添加选区内容，如图 5-44 所示，单击“确定”按钮，对天空部分进行选择，如图 5-45 所示。

图 5-42

图 5-43

图 5-44

图 5-45

3 通过对选择的区域进行观察，我们发现草地上有部分区域被选择，选择工具箱中的“套索工具”，在工具的属性栏中选择“从选区中减去”图标，在图5-46所示区域中绘制，减去多余选区，得到图5-47所示效果。

图 5-46

图 5-47

4 按【Ctrl+Shift+I】组合键对选区进行反选，如图5-48所示，单击图层面板下方的“添加蒙版”按钮，为图像添加蒙版，效果如图5-49所示。

5 打开素材文件夹中的“丁达尔光摄影图”素材，将其拖动复制到“草原摄影图”文件中，并将复制的图层放置到最下方，按【Ctrl+T】组合键对图像进行缩放，移动到合适位置，得到图 5-50 所示效果。

图 5-48

图 5-49

图 5-50

6 选择草原所在的“图层 0”单击“图像”>“调整”>“匹配颜色”命令，在打开的对话框中，更改“图像选项”中的明亮度为 115，颜色强度为 88，渐隐为 24，“图像统计”中的“源”选择“丁达尔光摄影图.jpg”选项，如图 5-51 所示，得到图 5-52 所示效果，对文件进行保存。

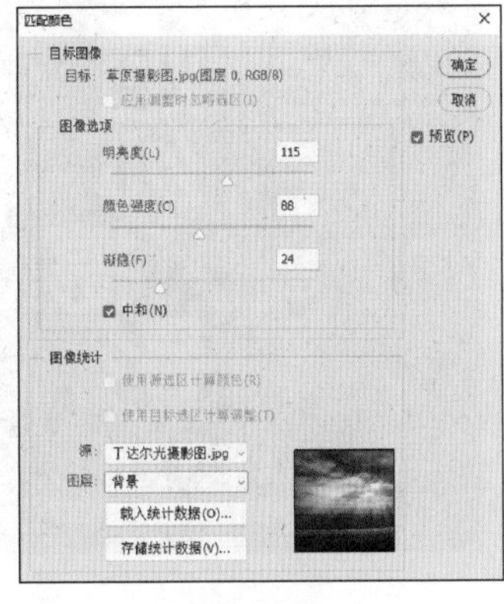

图 5-51

图 5-52

5.3.7 通道抠图

案例 5-7　婚纱摄影海报

要求：使用通道进行抠图，结合给定的素材完成婚纱摄影海报的制作。

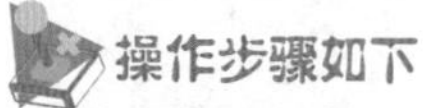

操作步骤如下：

1 打开素材“通道抠图”文件夹中的“婚纱摄影艺术字.jpg”文件，单击软件界面右下方的“通道面板”，在面板中选择明暗对比较为明显的“蓝”通道，按住蓝色通道不放，拖动到“创建新通道”按钮上 ⊞，复制出“蓝 拷贝”通道，如图5-53所示，按【Ctrl+I】组合键对颜色进行反相，得到图5-54所示效果。

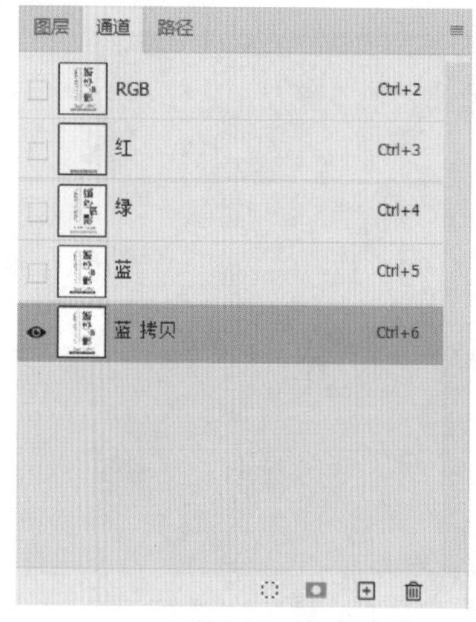

图 5-53

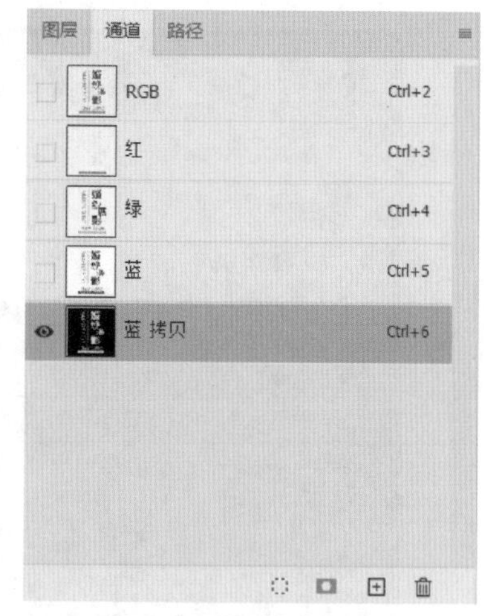

图 5-54

2 按【Ctrl+M】组合键弹出“曲线”对话框，选择“在图像中取样已设置白场”按钮，在图片中竖排小的英文文字上单击，将其颜色设置为白场；选择“在图像中取样已设置黑场”按钮，在文件背景上单击，将其颜色设置为黑场，调整后的曲线界面如图5-55所示，选择文件区域效果如图5-56所示。

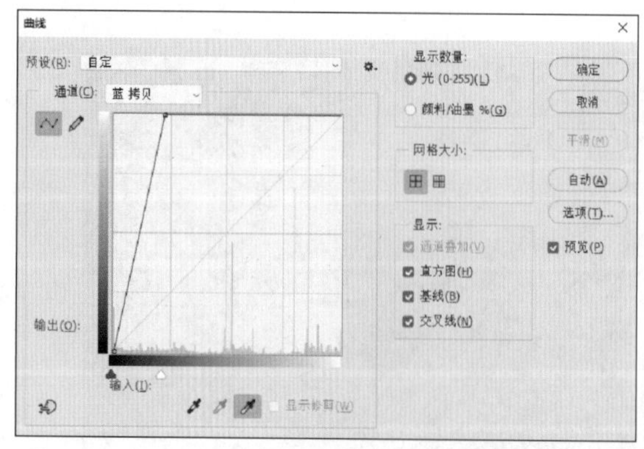

图 5-55

图 5-56

3 选择工具箱中的“矩形选框工具”，在文件的“说出你的爱，一万年不变”文字区域内绘制矩形选区，包含所有文字，得到图5-57所示效果。

图5-57

4 按【D】键，将前景色和背景色重置为白色和黑色，按【Alt+Delete】组合键，用前景色白色填充选区，得到图5-58所示效果。

图5-58

5 按【Ctrl+D】组合键取消选区，按住【Ctrl】键用鼠标单击“蓝 拷贝”通道前面的缩览图，将通道内的白色区域进行选择，如图5-59所示，单击通道面板中的RGB通道，使RGB通道处于选择状态，单击图层面板的选项卡，保证背景图层处于选择状态，按【Ctrl+C】组合键复制选区内容，按【Ctrl+V】组合键对复制内容进行粘贴，单击背景图层前方的眼睛图标，对背景图层进行隐藏，得到图5-60所示效果。

图5-59

图5-60

6 打开素材文件夹中的“背景.psd”文件，选择工具箱中的“移动工具”，选择“婚纱摄影艺术字”选项卡，将抠出的图像移动到“背景”图像文件中，更改图层名称为“婚纱摄影艺术字”，按【Ctrl+T】组合键对图像进行调整，并放置在背景的右上角，如图5-61所示，按【Enter】键结束自由变换命令。

图 5-61

7 打开素材文件夹中的“婚纱照1.jpg”文件，单击“选择”>“主体”命令对婚纱照人物进行选取（如需精确抠图则可使用钢笔工具），如图5-62所示，选择工具箱中的“快速选择工具”，配合工具属性栏中的“添加到选区”和“从选区中减去”按钮对人物婚纱部分选区进行添加或删减，得到图5-63所示效果。

图 5-62

图 5-63

8 按【Ctrl+C】组合键将选区内容进行复制，按【Ctrl+V】组合键对选区内容进行粘贴，更改图层名称为“人物部分”，隐藏背景图层，得到图5-64所示的抠图效果，婚纱的通透感不明显，下面利用通道工具对透明婚纱部分进行二次抠图，利用工具箱中的“钢笔工具”，在工具属性栏中选择“路径”，对透明婚纱的部分进行抠图，如图 5-65 所示。

图 5-64

图 5-65

9 按【Ctrl+Enter】将绘制的钢笔路径转换为选区，按【Ctrl+X】组合键对选区进行剪切，按【Ctrl+Shift+V】组合键对剪切的对象进行原位粘贴，更改图层名称为“透明婚纱部分”，隐藏其他图层，得到图 5-66 所示的效果。选择通道面板中的“蓝”通道，按住蓝色通道不放，拖动到“创建新通道”按钮上，复制出“蓝拷贝”通道，回到图层“透明婚纱部分”，按【Ctrl】键单击“透明婚纱部分”图层前方的缩览图，将图像内容转换为选区，回到通道面板，选择“蓝拷贝”通道，按【D】键重置前景色/背景色为白色/黑色，按【Ctrl+Shift+I】组合键反选选区，按【Ctrl+Delete】键用背景色（黑色）填充黑色部分，得到图 5-67 所示的效果。

图 5-66

图 5-67

10 按【Ctrl+D】键取消选区，按【Ctrl+M】组合键调出“曲线”对话框，对其进行调整，如图5-68所示，调整效果如图5-69所示。

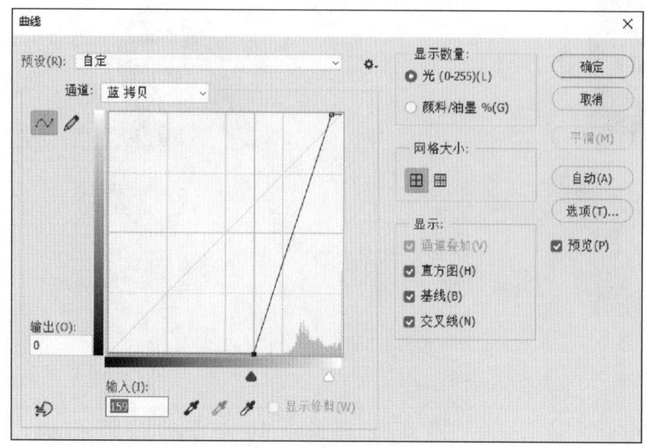

图 5-68

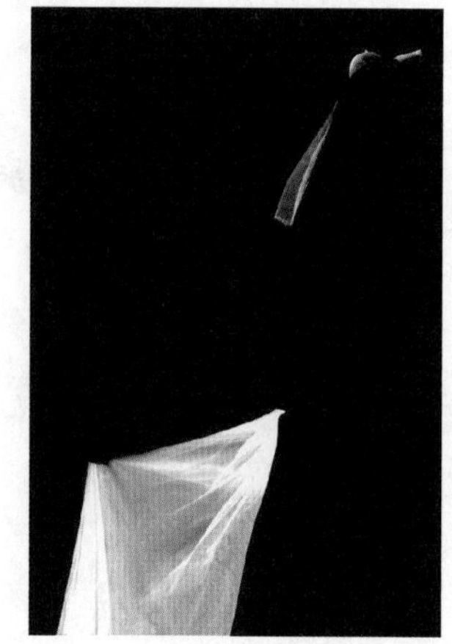

图 5-69

11 按住【Ctrl】键并单击“蓝 拷贝”通道前的缩览图，将通道区域中的图像进行选择，如图5-70所示，单击通道面板中的RGB通道，选择图层面板，单击“透明婚纱部分”图层，按【Ctrl+C】组合键复制选区内容，按【Ctrl+V】组合键粘贴选区内容，更改图层名称为“透明婚纱”，这样即可得到图5-71所示的透明婚纱的效果。

图 5-70

图 5-71

12 透明婚纱部分整体偏暗，单击“人物部分”图层缩览图前面的隐藏开关，选择“透明婚纱”图层，按【Ctrl+M】组合键调整曲线，如图5-72所示，对比人物身体部分的婚纱进行调整，将透明婚纱部分调整到合适的亮度，得到图5-73所示的效果。

13 按住【Ctrl】键单击“透明婚纱”图层和“人物部分”图层，单击图层面板下方的“创建新组”按钮 🗀，将图层组重命名为“婚纱人物”，使用“移动工具”将该图层组移动到“背景”图像文件，将图层组“转换为智能对象”，对其进行缩放放置到合适位置，得到图5-74所示的效果。

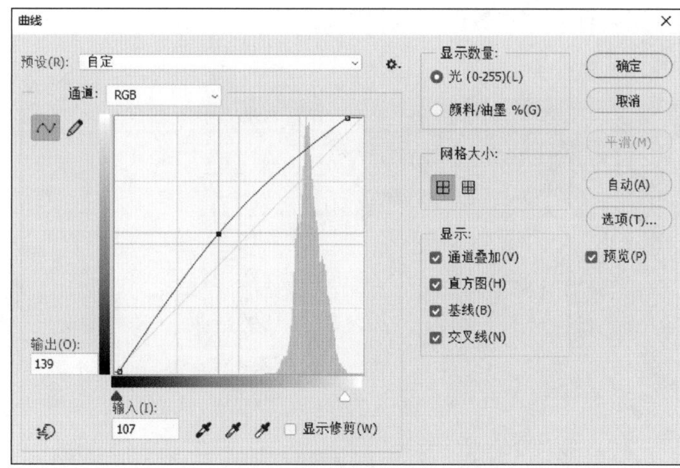

图 5-72

图 5-73

图 5-74

5.4　综合案例

案例 5-8　生活家具详情页

要求：使用所学的抠图工具和命令完成图像抠图，结合给定素材完成生活家具详情页制作。

操作步骤如下：

1 新建空白文档，更改文件名称为“生活家具详情页”，宽度为750像素，高度为3 376像素，分辨率为96像素/英寸，颜色模式为RGB颜色，背景为白色。

2 在图层面板下方单击“创建新组”按钮，更改图层组名称为“主图”，拖动素材文件夹中的“背景图.jpg”素材，更改图层名称为“背景图”，对素材进行调整，放置到图5-75所示位置。

图 5-75

3 打开素材中的“沙发.psd”文件，利用“钢笔工具”，对图像中的沙发素材和相框素材进行抠图（文件中已抠好），分别将抠好的图拖动到文件“生活家具详情页”中，并更改图层名称为“沙发”和“相框”，将上述图层转换为智能对象，为“相框”图层添加“投影”图层样式，混合模式为正片叠底，不透明度为35%，角度为150，距离为6，大小为8，如图5-76所示，在“沙发”图层下方；新建一个新的图层，更改图层名称为“阴影”，利用“矩形选框工具”，绘制羽化值为20像素的选区，填充为黑色，按【Ctrl+T】组合键对阴影进行变形，按【Enter】键结束自由变换命令，打开“装饰文字.png”素材，拖动到文件中，放置到图5-77所示位置。

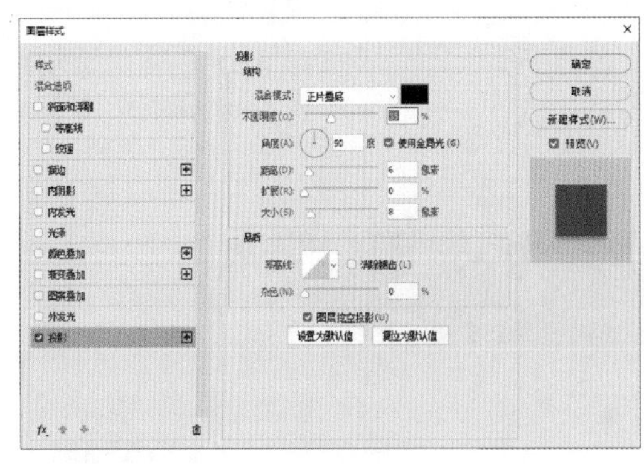

图 5-76

图 5-77

4 新建图层组，更改图层组名称为“生活”，将素材文件夹中的“生活板块装饰文字.png”拖动到“生活”图层组中，更改图层名称为“生活装饰文字”，调整到合适位置。

5 选择工具箱中的“形状工具”，属性栏中设置类型为“形状”，填充颜色为黑色，描边为无，其他默认，绘制矩形形状，重命名形状图层为“沙发2”，如图5-78所示，选择工具箱中的“钢笔工具”，在矩形的右下角添加两个锚点，选择钢笔工具组中的“转换点工具”，将添加的点转换为角点，如图5-79所示，再次选择“钢笔工具”，单击右下角的锚点进行删除，得到图5-80所示效果。

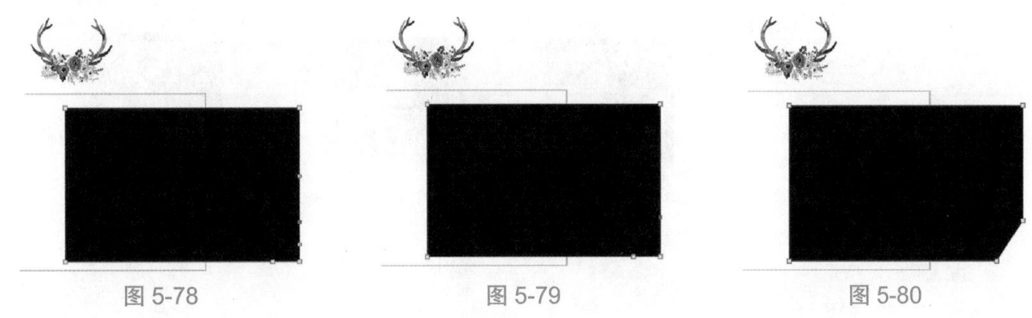

图 5-78　　图 5-79　　图 5-80

6 打开素材文件“沙发2.jpg”，拖动到文件中，重命名图层名称为“沙发2”，按住【Alt】键将鼠标放置在“沙发2”图片图层和“沙发2”形状图层之间单击，将“沙发2”图片图层置入到“沙发”形状图层内，调整到合适位置，如图5-81所示。

图 5-81

7 新建图层组，重命名为“4大卖点”，打开素材文件夹中的“4大卖点文字内容.png”文件，将文件拖动到“4大卖点”图层组中，更改图层名称为“4大卖点文字内容”，并移动到合适位置；在“4大卖点”图层组中新建一个图层组，重命名为“棉麻面料”，选择工具箱中的“矩形工具”，绘制图5-82所示矩形，填充颜色为灰色RGB值为（234，234，234），打开素材文件夹中的“沙发.jpg”图片，选择“矩形选框工具”，复制沙发左上角区域，将其粘贴到“棉麻面料”图层组内，并调整大小，如图5-83所示。

提示：将素材文件夹中的“字体”文件夹内的字体复制到“c:\\windows\Fonts”目录中，便于后续字体类型的选择。

8 选择工具箱中的“椭圆工具”，属性栏中设置类型为“形状”，填充黄色RGB值为（247，202，0），描边为无，按住【Shift】键绘制正圆形，并放置在图5-84所示位置，更改图层名称为“椭圆”，选择工具箱中的“横排文字工具”在椭圆图形上方输入“1”（思源黑体，Light，15点，浑厚，字体颜色为黑色），按住【Shift】键选择椭圆图层和“1”文字图层，在属性栏中选择居中对齐，再次选择“横排文字工具”分别输入“棉麻面料”（思源黑体，Light，14点，浑厚，字体颜色为黑色）和“COTTON AND LINEN FABRIC”（思源黑体，Light，6点，浑厚，字体颜色为黑色），更改图层不透明度为50%并放置在合适位置，如

图5-85所示。

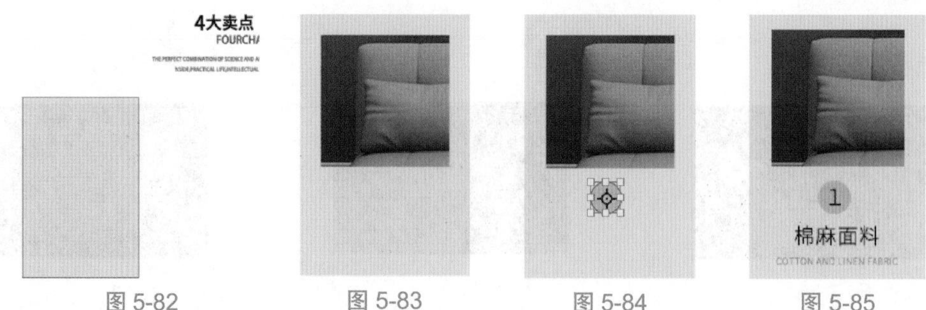

图 5-82　图 5-83　图 5-84　图 5-85

9 复制“棉麻面料”图层组，更改图层组名称为“实木沙发脚”并调整图层组位置，重复上述操作，更改文字信息“2”“实木沙发腿”“SOLID WOODEN STOOL LEGS”，再次利用“矩形选框工具”框选并复制沙发腿位置，粘贴到如图5-86所示位置。

10 用相同方法制作出第3组和第4组，第3组图层组名称为“饱满座垫”，移动到合适位置，更改文字信息为“3”“饱满座垫”和“FULL SEAT CUSHION”；第4组图层组名称为“舒适靠背”，移动到合适位置，更改文字信息为“4”“舒适靠背”和“COMFORTABLE SEAT BACK”，利用“矩形选框工具”框选并复制沙发相关内容，粘贴到如图5-87所示位置。

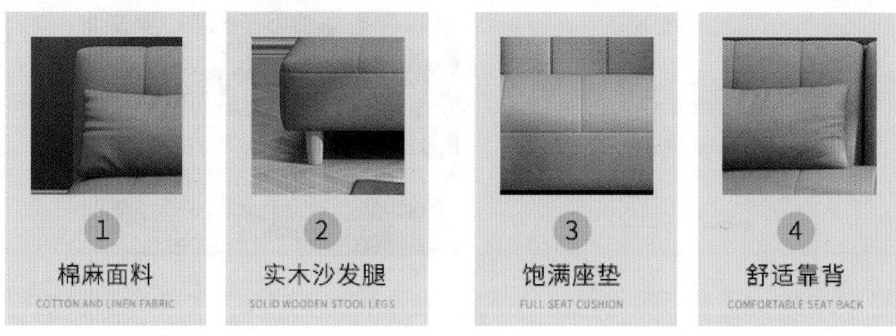

图 5-86　图 5-87

11 新建图层组重命名为“细节展示”，打开素材文件夹“细节展示.png”，拖动到“细节展示”图层组中，调整到合适位置，重命名图层名称为“细节展示”，复制“主图”图层组中的“沙发”图层，并将复制图层移动到“细节展示”图层组中，选择工具箱中的“移动工具”将沙发素材移动到合适位置，选择工具箱中的“矩形工具”，分别绘制填充颜色为黑色，宽度为1~2个像素的矩形形状，选择“横排文字工具”输入相应的文字信息，标题文字为思源黑体，Bold，14点，平滑，字体颜色为黑色，注释文字为思源黑体，Light，10点，平滑，字体颜色为黑色，如图5-88所示（也可从素材文件夹直接调用“形状部分”和“文字部分”素材），图层分布如图5-89所示。

12 新建图层组重命名为“棉麻面料”，新建图层重命名为“黄色色块”，选择“矩形选框工具”，绘制矩形选区，设置前景色为黄色RGB值为（248，203，0），按【Alt+Delete】组合键为选区填充黄色，按【Ctrl+D】组合键取消选区。选择工具箱中的“直排文字工具”在黄色色块上方输入“棉麻面料”（思源黑体，Bold，25点，浑厚，字体颜色为黑色），同样方法输入文字“亲肤棉麻可拆洗设计”（思源黑体，Light，10点，平滑，字体颜色为黑色），导入图片素材“棉麻面料1”和“棉麻面料2”并调整到合适位置，按照素材名重命名图层名称，导入“辅助素材.png”素材放置到合适位置，在下方输入“良好透气”“平衡人体温度”“耐磨抗静电”以及“材质自然”（思源黑体，Light，8点，平滑，字体颜色为黑色），如图5-90所示，图层分布如图5-91所示。

图 5-88　　图 5-89

图 5-90　　图 5-91

13 利用同样的方法完成“舒适靠背”“饱满座垫”以及“实木框架”图层组的制作，效果如图5-92所示，保存制作好的文件，文件名称为“生活家具详情页.psd”。

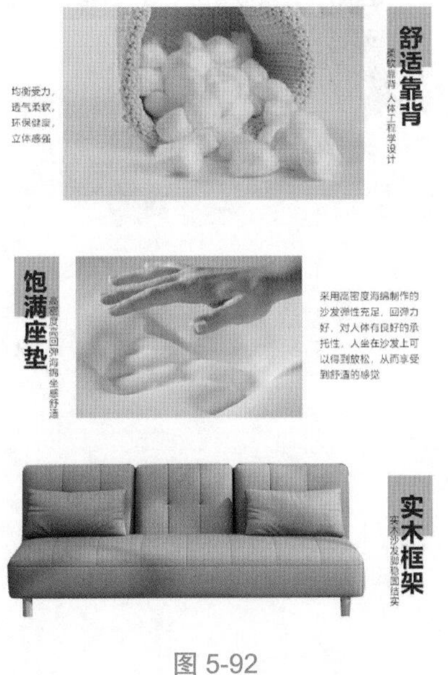

图 5-92

练　习

制作洗发水详情页。要求：使用所学的抠图工具命令完成给定素材抠图，结合素材完成洗发水详情页制作。参考效果如图5-93、图5-94所示。

文档

制作洗发水详情页

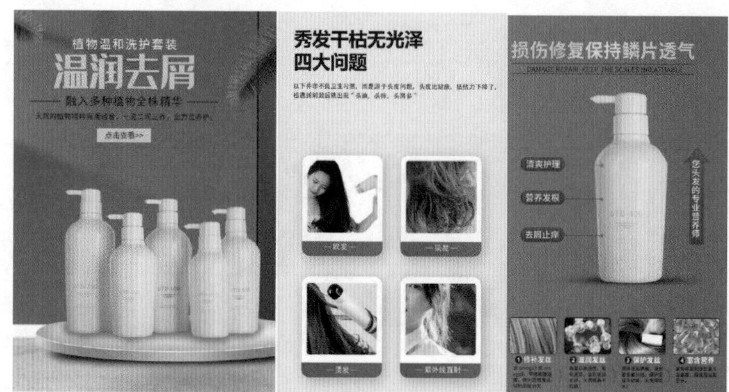

图 5-93

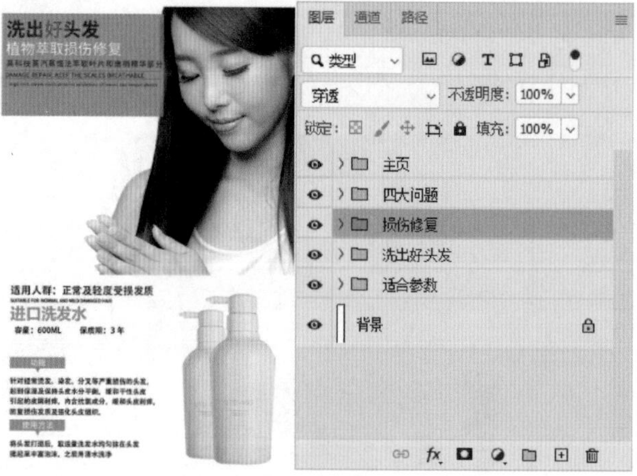

图 5-94

第6章 修图

本章导读>>>

在日常生活中，我们可以通过Photoshop对图像进行修饰，美化图像，提升图像的设计质量，本章主要讲解修图的三个要点包含修型、修脏和修光影结构三个部分，主要讲解“变换”“液化”“修复画笔工具”“仿制图章工具”“加深减淡工具”以及“曲线”等命令的使用方法。通过本章的学习，使读者能使用相关工具快速仿制图像、修复污点、消除红眼，以及把有缺陷的图像进行修复美化等处理。

学习目标>>>

◎熟练掌握变换命令的相关使用方法；

◎熟练掌握液化命令的使用方法；

◎熟练掌握修复画笔工具的使用方法；

◎熟练掌握仿制图章工具的使用方法；

◎掌握加深减淡工具的使用方法。

6.1 什么是修图

修图是对数字图像进行修复和修饰，修图包括图片主体的修型、修脏、修光影等内容。所谓修形，是对图片中的对象形体进行修复，以达到所需的效果；修脏是对图片中的瑕疵和缺陷进行修复；修光影则是利用相关工具对图片中的光影关系进行修复。常见的修图一般包含修人像、修产品等。

6.2 修图常用工具

修图主要分三类：第一类是修型，常用“选框工具”“套索工具”“液化”命令以及“变换”命令组等；第二类是修脏，常用“修复画笔工具”“仿制图章工具”以及“加深减淡工具”等；第三类是修光影，常用“加深减淡工具”“曲线”命令等。有些工具或命令在前面的章节中已经进行了介绍，本章不再讲解。

1. 变换命令组

快捷键：Ctrl+T。

作用：对选取的内容进行相应的变形处理。

“变换”命令组位于“编辑”菜单栏内，包含“缩放”“旋转”“斜切”“扭曲”“透视”“变形”以及“内容识别缩放”“操控变形”“透视变形”“自由变换”等命令。如图6-1、图6-2所示。

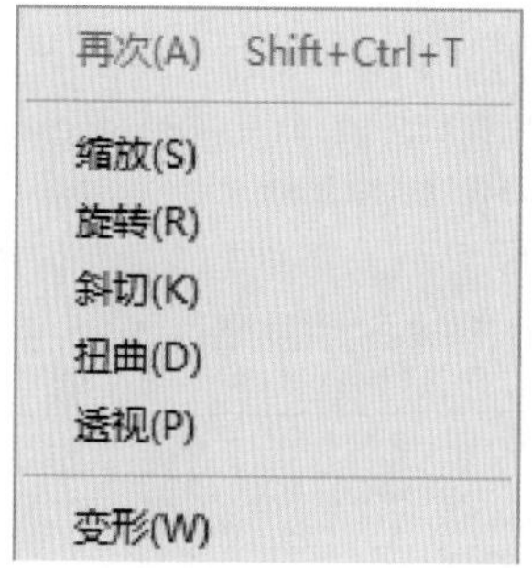

图 6-1

内容识别缩放 Alt+Shift+Ctrl+C
操控变形
透视变形
自由变换(F) Ctrl+T
变换

图 6-2

2. 修复画笔工具

快捷键：J。

作用：对图片中脏污的地方进行修复，修复区域会自动和周围环境色彩进行匹配。

“修复画笔工具” 位于工具箱中，包含“污点修复画笔工具”“修复画笔工具”“修补工具”“内容感知移动工具”以及“红眼工具”，如图6-3所示。

3. 仿制图章工具

快捷键：S。

作用：对图片中脏污的地方进行仿制修复，修复区域会保留采样区域的色彩。

“仿制图章工具” 位于工具箱中，包含“仿制图章工具”和“图案图章工具”，如图6-4所示。

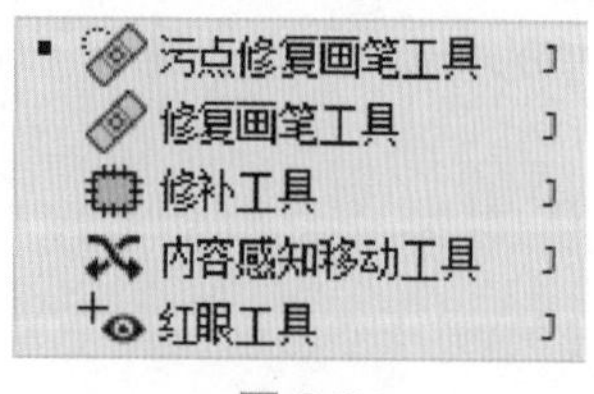

图 6-3

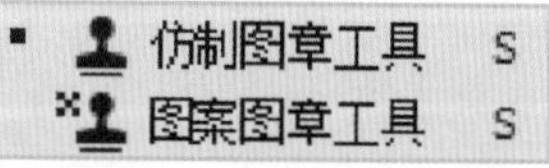

图 6-4

4. 加深减淡工具

快捷键：S。

作用：对图片中的色彩进行加深、减淡或去色彩处理。

“加深减淡工具” 位于工具箱中，包含“减淡工具”“加深工具”和“海绵工具”，如图6-5所示。

5. 液化命令

快捷键：Shift+Ctrl+X。

作用：对人像形体或物品轮廓进行修复。

“液化”命令通过单击“滤镜”>“液化（L）”即可执行，执行界面如图6-6所示。

减淡工具　O
加深工具　O
海绵工具　O

图6-5

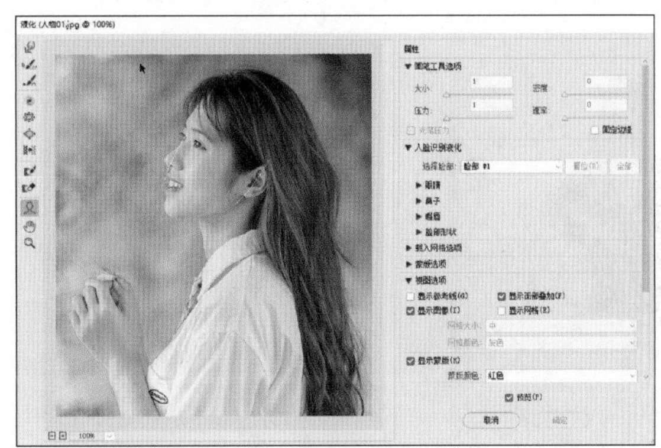

图6-6

6.3 修图实战

6.3.1 选区与变换命令

案例6-1　人像修型

要求：使用选区工具、自由变换命令及加深减淡工具组对人像照片进行修型处理。

视频

人像修型案例

操作步骤如下：

1 打开素材“人物修型”文件夹中的“人物修型.jpg”文件，选择工具箱中的“裁剪工具”，对人物图片进行裁剪，如图6-7所示，按【Enter】键结束裁剪命令，得到如图6-8所示效果。

2 选择“矩形选框工具”，属性栏中类型设置“新选区”，羽化设置0像素，样式为“正常”，其他参数选择默认，在人物图像的腿部绘制如图6-9所示选区，按【Ctrl+T】组合键对选区执行自由变换操作，如图6-10所示，单击属性栏中的“保持宽高比”锁定按钮，使其处于非激活状态，将鼠标放置在自由变换选区的下方中间点处，向下拖动到如图6-11

所示位置，按【Enter】键结束自由变换命令，按【Ctrl+D】组合键可取消选区。

图 6-7

图 6-8

图 6-9

图 6-10

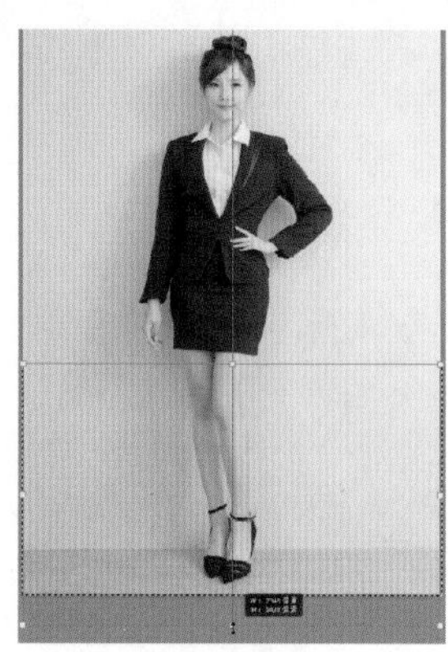
图 6-11

3 按【Ctrl+J】组合键复制背景图层得到图层名称为“图层 1”的图层，按【Ctrl+T】组合键执行“自由变换”命令，如图 6-12 所示；同时按住【Ctrl+Shift+Alt】组合键（或单击“编辑”>“变换”>“透视”命令）选择左上角的点，向内侧拖动，完成透视效果调整，如图 6-13 所示；按【Enter】键结束透视命令，完成图片的调整。

图 6-12

图 6-13

4 利用“加深/减淡工具”组对人像的头发颜色进行调整。单击“选择”>“主体”命令，对“图层1”图层的人像主体进行选择，得到如图6-14所示效果，按【Ctrl+C】组合键复制选区内容，按【Ctrl+V】组合键对抠取的人像进行复制，得到“图层2”，如图6-15所示，按住【Alt】键在图层控制面板中单击“图层1”与“图层2”之间位置将“图层2”置入“图层1”，如图6-16所示。

图 6-14

图 6-15

图 6-16

5 选择工具箱中的“海绵工具”，在属性栏中设置模式为“去色”，流量设置为100%，其他参数选择默认，如图6-17所示。

图 6-17

6 选择“图层2”图层，利用“海绵工具”在人物头发的位置进行涂抹去色，在涂抹过程中可以通过【[】和【]】键适时调整笔刷大小，保证不要涂抹到人像的面部，得到如图6-18所示效果。

7 此时人像的头发变成了灰白色，利用“加深工具”对头发进行颜色的调整。选择工具箱中的“加深工具”，设置加深工具的属性栏中的范围为“中间调”，更改曝光度为30%左右，其他参数选择默认，在人像头发的位置进行涂抹，也可以选择“减淡工具”，对头发的亮部进行调整，得到如图6-19所示的效果。

图 6-18

图 6-19

8 单击“文件”>“存储为”命令对文件进行保存。

6.3.2 污点修复画笔工具

案例 6-2 人像修复

要求：使用污点修复画笔工具，对人像照片上的污点进行修复处理。

操作步骤如下：

1 打开素材“污点修复画笔工具案例制作”文件夹中的“修复画笔案例.jpg”图像素材，选择工具箱中的“污点修复画笔工具”，按【[】或【]】键对笔刷大小进行调整，将其调整到合适大小，按【Alt】键滚动鼠标滚轮，对图像进行缩放，得到如图6-20所示。

2 将鼠标放置在人物脸上绘制线条的位置上，按住鼠标不放进行拖动，对脸部的水性笔线条进行修复，得到如图6-21所示效果。

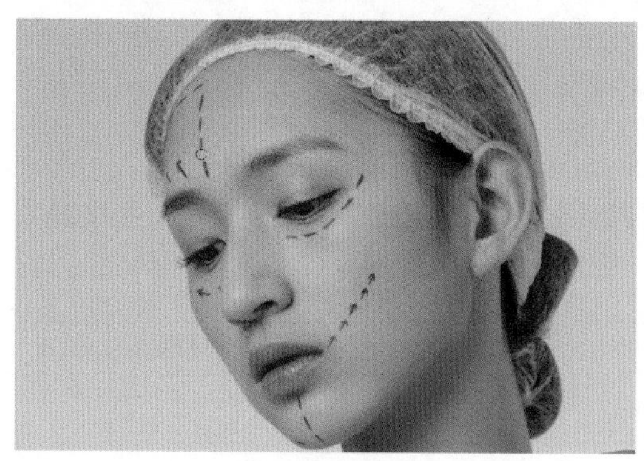

图 6-20

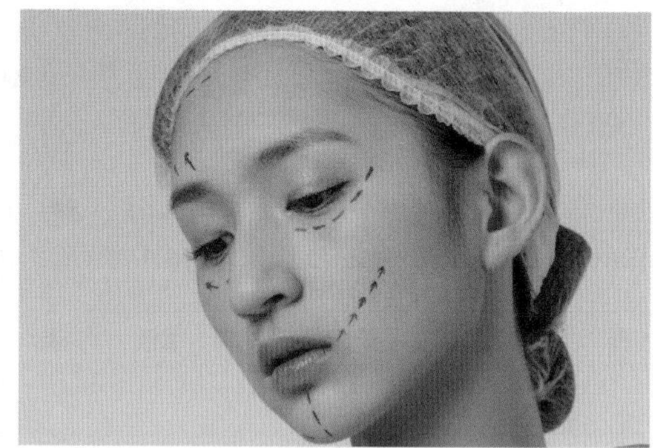

图 6-21

3 按照上述的方法进行调整，将人物脸部的其他线条修复好，修复的线条及效果如图6-22、图6-23所示。

图 6-22

图 6-23

4 选择工具箱中的“缩放工具”，对图像中的耳朵部分进行放大，放大到如图6-24所示大小，继续选择工具箱中的“污点修复画笔工具”，对人物耳朵部分有色素沉积的地方进行修复，得到如图6-25所示效果。

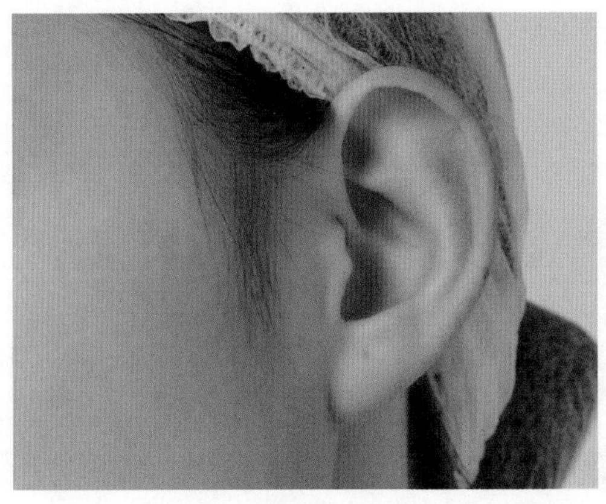

图6-24　　图6-25

5 利用相同的方法对人物胳膊上部分污点进行修复，对比效果如图6-26、图6-27所示。

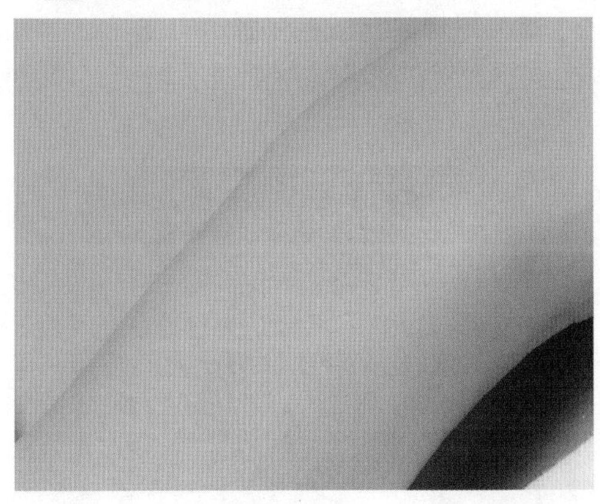

图6-26

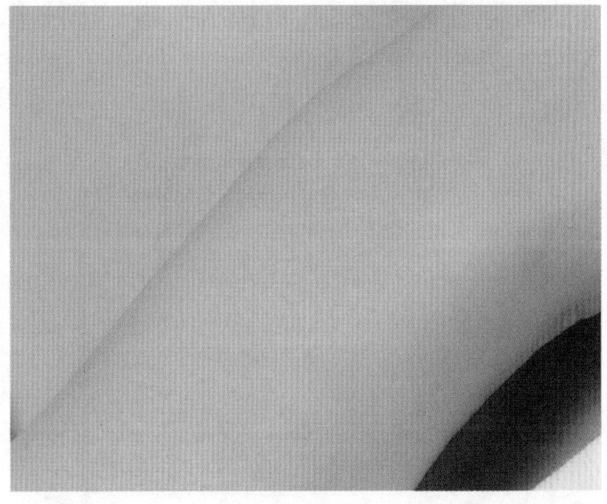

图6-27

6 对人物其他部分进行污点修复，将修复好的文件进行保存。

6.3.3 修复画笔工具

修复画笔通常用于修复图像中的小范围区域，如去除缺陷、修复皱纹等。在使用此工具时，我们需要选择合适的笔刷大小，根据需要进行调整，在需要修复的区域反复地轻轻涂抹，直到修复完成。

案例 6-3 化妆品包装修复

要求：使用修复画笔工具完成化妆品包装盒上信息内容的去除。

视频

修复化妆品包装案例

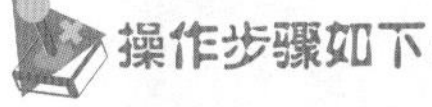

操作步骤如下：

1 打开素材“修复画笔工具修复化妆品包装”文件夹中的“修复化妆品包装.jpg”，选择工具箱中的“修复画笔”，按【[】或【]】键对笔刷大小进行调整，调整笔刷的大小为150像素左右，放置在如图6-28所示的位置。

2 按住【Alt】键单击鼠标进行采样，释放鼠标，释放【Alt】键将鼠标放置在包装盒产品标识文字上，如图6-29所示的位置，按住鼠标进行拖动修复完成，如果有些部分不能一次修复，可以松开鼠标后重新选择修复的位置，按下鼠标进行修复，修复完成的效果如图6-30所示。

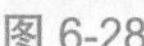
图6-28

图6-29

图6-30

3 利用上述方法，对产品礼品盒内的包装盒上文字进行修复。首先对修复画笔的笔刷大小进行调整，调整到100像素左右，按住【Alt】键将鼠标放在图6-31所示的位置上，单击鼠标进行采样，释放鼠标，释放【Alt】键将鼠标放置在产品标识文字上进行修复，修复效果见图6-32。

图6-31

图6-32

4 选择工具箱中的"修复画笔"，按【[】或【]】键对笔刷大小进行调整，调整笔刷的大小为100像素左右。按住【Alt】键将鼠标放在图6-33所示的位置上，单击鼠标进行采样，释放鼠标，释放【Alt】键将鼠标放置在包装瓶产品标识文字上，按住鼠标进行拖动修复，可以多次采样和多次修复，最终效果见图6-34。

图6-33

图6-34

5 对修复好的文件以文件名“修复化妆品包装完成.jpg”进行保存。

6.3.4　修补工具

案例 6-4　风景照修复

要求：使用修补工具完成风景照修复。

操作步骤如下：

1 打开素材“修补工具修复风景照片”文件夹中的“风景照.jpg”图像文件，选择修复画笔工具组中的“修补工具”，选择工具属性栏中的“源”选项，在风景照中框选“电线”将其选中，如图6-35所示。在选中区域内，按住鼠标向天空方向上拖动，在框选区域的“电线”被上方的天空和云朵代替时松开鼠标，完成选取内容的图像替换，效果见图6-36，可按【Ctrl+D】组合键取消选择。

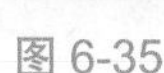

图 6-35

图 6-36

2 选择“修补工具”，在如图6-37所示的位置进行框选，并移动到合适位置，如一次不能完成好的修复效果，可以多次拖动选区内容，从而完成内容的替换，如图6-38所示。

图 6-37

图 6-38

3 选择“修补工具”，在如图6-39所示的位置进行框选，并移动到合适位置，完成内容的替换，如图6-40所示。

图 6-39

图 6-40

4 利用上述方法修复如图 6-41 所示的位置，完成效果见图 6-42。

图 6-41

图 6-42

5 利用相同的方法框选图片中的房屋区域，如图 6-43 所示，将其拖动到其他位置，按【Ctrl+D】组合键取消选区，最后修复完成的文件效果见图 6-44，保存制作好的文件。

图 6-43

图 6-44

6.3.5 内容感知移动工具

内容感知移动工具可以将图像中多余部分进行去除，去除时会自动计算和修复移除掉的部分；也可以将图片中需要移动的内容放置到其他位置，原位置系统会自动修复。

案例 6-5 人物移位

要求：使用内容感知移动工具完成人物移位。

操作步骤如下：

1 打开素材“内容感知移动工具人物移位”文件夹中的“瑜伽少女.jpg”文件，如图6-45所示。

2 如果想将人物从画面中抹除，可选择“修复工具”，在图像中绘制如图6-46所示选区，选择“内容感知移动工具”，属性栏中的模式选择“移动”，将选区移动到人物所在的区域进行覆盖，得到如图6-47所示效果，移动过程中注意海岸线要一致。

图6-45

图6-46

图6-47

3 按【Enter】键系统将自动计算填充修复，按【Ctrl+D】键取消选区，得到如图6-48所示效果；选择“修复画笔工具”，按【Alt】键采样，对填充不自然的部分进行多次修复，得到如图6-49所示效果。

图6-48

图6-49

4 若需要将选择区域的人物移动位置，则选择“内容感知移动工具”，内容感知属性栏中更改“结构”为6（指调整源结构的保留程度，数值越大，选区内图像像素移动到另一个位置后边缘保留的源图像越清晰，边缘与新位置图像像素的对比比较明显；数值越小，选区内图像像素移动到另一个位置后边缘能与新位置的像素产生更为自然的融合），“颜色”更改为7（指调整可修改源颜色的程度，数值越小，选区内图像像素移动到另一个位置后，颜色变化较小；数值越大，选区内图像像素移动到另一个位置后，颜色变化较大，越能与目标区域的图像像素进行融合），绘制如图6-50所示的区域，将绘制的区域移动到设计所需放置的位置，如图6-51所示。

图 6-50

图 6-51

5 按【Enter】键系统会自动计算填充修复，将框选的人物位置移动新位置，按【Ctrl+D】组合键取消选区，得到如图6-52所示效果，选择“修补工具”，对图中不自然的风景部分进行绘制，如图6-53所示。

图 6-52

图 6-53

6 将选择区域向左侧移动到如图6-54所示的位置，继续选择“修补工具”，在人物左侧如图6-55所示的位置进行框选，在修补工具的属性栏中选择“目标”，将其移动到如图6-56所示的位置，对内容进行复制，按【Ctrl+D】组合键取消选区。（“源”从目标位置修复源位置，即移动区域替换选择区域；“目标”利用选择的区域替换移动区域）

图 6-54

图 6-55

图 6-56

7 单击“选择”>“主体”，按【Ctrl+C】组合键复制人物选区，按【Ctrl+V】组合键进行粘贴，图层排列效果如图6-57所示，按住【Alt】键单击“图层1”和背景图层之间，完成将人物置入到背景图层中的操作（置入快捷键为【Ctrl+Alt+G】），图层效果如图6-58所示。

8 选择工具箱中的“仿制图章工具”，在属性栏中设置笔刷大小为300像素，笔刷硬度为0%，按【Alt】键在如图6-59所示位置进行采样，然后选择背景图层，按住鼠标进行拖动复制，在进行修复的时候注意水平面和波浪的走向，多次选择修复其他有问题的部分，得到如图6-60所示的效果。

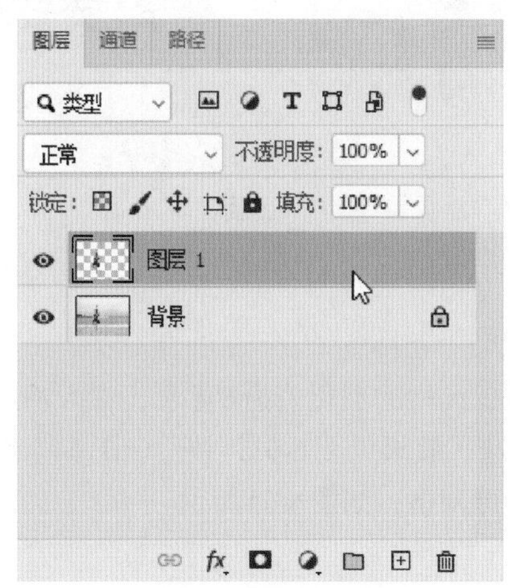

图 6-57

图 6-58

图 6-59

图 6-60

9 对修复好的文件进行保存，完成案例的制作。

6.3.6 红眼工具

案例 6-6 人物红眼去除

要求：使用红眼工具，并适当调整笔刷大小，完成人物红眼去除案例制作。

操作步骤如下：

1 打开素材“去除红眼案例”文件夹中的“去红眼素材.jpg”图像文件，如图6-61所示，选择工具箱中“红眼工具”，在工具属性栏中设置瞳孔大小为60%，变暗量为80%，在人物的红眼位置单击，得到效果如图6-62所示。

图 6-61

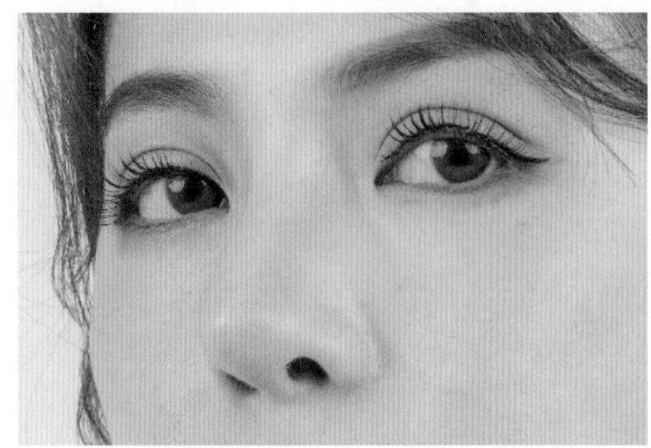

图 6-62

2 选择工具箱中的“套索工具”，设置套索工具栏的羽化值为6像素，在人物的眼睛处利用“添加选区”方式，将人物两只眼睛进行框选，效果见图6-63，按【Ctrl+M】组合键调出曲线，对眼睛红通道和RGB复合通道的明暗进行调整，如图6-64所示。

图 6-63

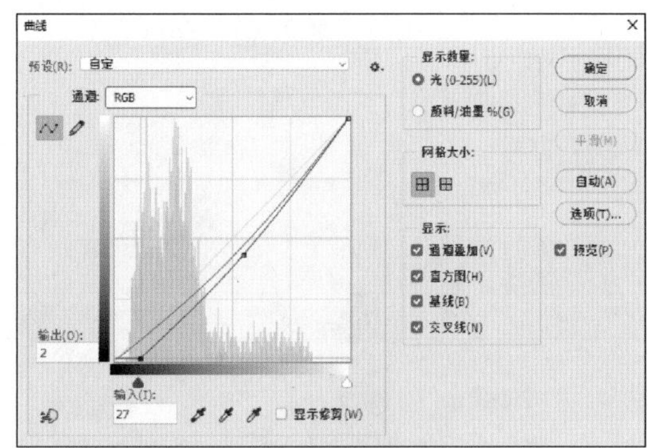

图 6-64

3 单击“确定”按钮，完成曲线调整，按【Ctrl+D】组合键取消选区，得到如图6-65所示效果图，对调整好的文件以“去除红眼完成”进行保存。

图 6-65

6.3.7 仿制图章工具

案例 6-7 图片字体去除

要求：使用仿制图章工具完成图片字体去除。

操作步骤如下：

1 打开素材“仿制图章修复图片”文件夹中的“图片文字擦除.jpg”文件，如图6-66所示。

图 6-66

2 选择工具箱中的“仿制图章工具”，按【[】或【]】键调整仿制图章笔刷大小为250像素左右，设置工具属性栏中的不透明度为80%，按【Alt】键在如图6-67所示的位置单击进行采样，按住鼠标在颜色接近的地方进行涂抹，以完成对路面的修复。

图 6-67

3 多次按【Alt】键进行采样，并按需调整笔刷大小对拼搏的“拼”字进行涂抹，得到如图6-68所示效果。

图 6-68

4 在“拼”字未抹除部分的附近采样，进行涂抹修复。新建一个图层，选择工具属性栏中的“样本”选项选择“所有图层”，选择周边颜色比较深的位置，对白色区域进行涂抹修复，适当改变该图层的不透明度为70%，完成两个图层修复区域的融合，效果如图6-69所示。

图 6-69

5 利用上述方法对“搏”字进行修复，新建图层2，利用仿制图章进行修复，最终效果如图6-70所示。

图 6-70

6 对处理好的文件以“仿制图章案例完成.psd”文件名，进行保存。

6.3.8　液化命令

液化命令是对人像进行修型常用的命令之一，液化命令面板如图6-71所示，包含“向前变形工具”（对图像进行随意变形）、“重建工具”（对变形区域进行恢复）、“平滑工具”（对变形区域逐步恢复）、“顺时针旋转扭曲工具”（把鼠标固定到一个区域，就会以该区域中心点为中心进行旋转）、“褶皱工具”（使画笔笔刷区域内等比例缩小）、“膨胀工具”（与褶皱工具相反）、“左推工具”（对物体进行推动变形）、“冻结蒙版工具”（变形的时候冻结的区域不会变）、“解冻蒙版工具”（对冻结蒙版区域进行解冻）、“脸部工具”（可以微调面部）、“抓手工具”（对图像区域进行平移）和“缩放工具”（对图像区域进行缩放）等工具。

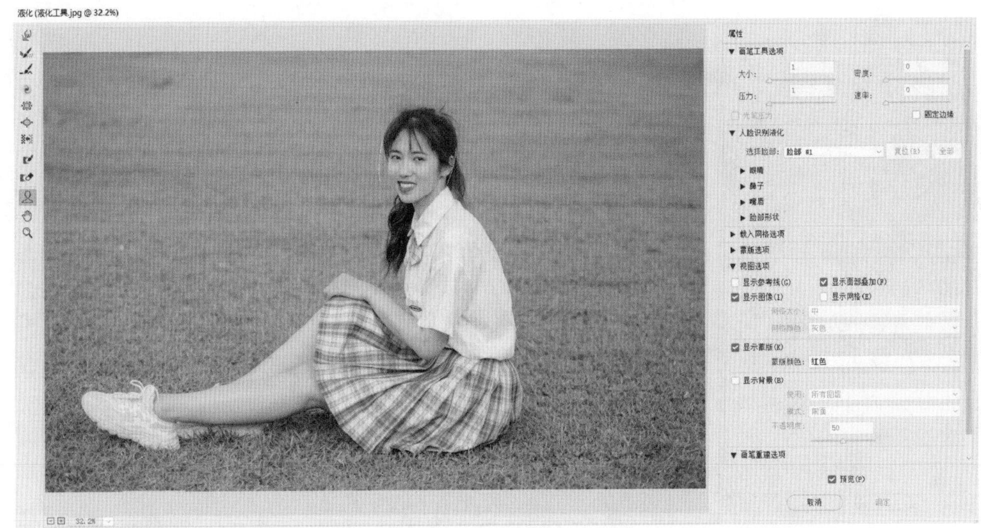

图 6-71

案例 6-8　人像形体修复

要求： 使用液化命令完成对人像形体的修复。

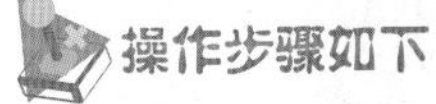

操作步骤如下：

视频
人像形体修复案例

1 打开素材“液化命令修复人像”文件夹中的“液化工具.jpg”文件。按【Ctrl+J】组合键复制背景图层，单击“滤镜”>“液化”命令（快捷键为“Ctrl+Shift+X”）首先对人物的脸部进行调整，单击脸部工具在右侧的参数面板中进行设置。

2 对脸部工具参数进行调整，参数如图6-72、图6-73所示。

3 选择“向前变形工具”对人物的后背，腿部及鞋子部分进行推动变形，使人物变得背部挺直和腿部变细以及将鞋子调小，初始状态与最终效果的对比如图6-74、图6-75所示。

4 选择“修复画笔工具”，在人物后背处对草地进行采样，将人物后背处液化处理后不自然的草地部分进行修复，对人物腿部的斑点进行修复，得到最终效果如图6-76所示。

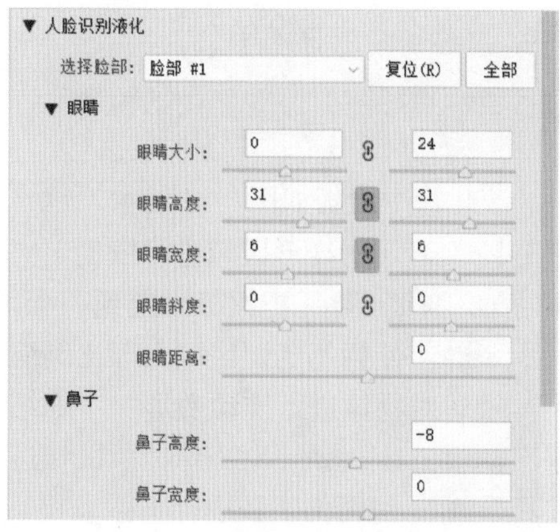

图 6-72

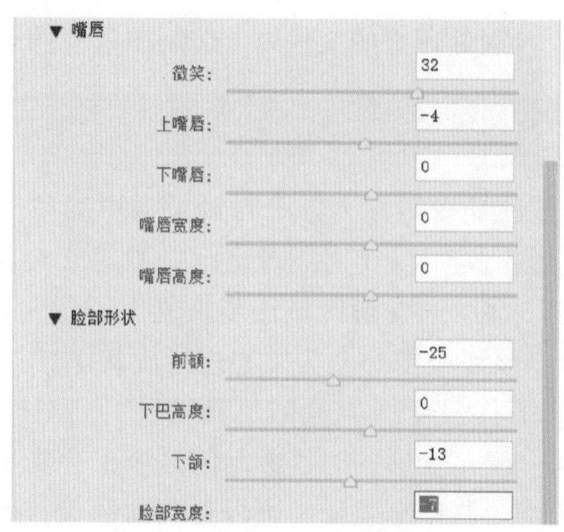

图 6-73

图 6-74

图 6-75

图 6-76

5 对处理好的文件以“液化工具完成.jpg”文件名，进行保存。

6.4　综合案例

视 频

人像面部斑点修复

案例 6-9　人像面部斑点修复

要求：使用高反差保留、计算等命令完成人像面部斑点修复。

操作步骤如下：

1 打开素材“人像修复”文件夹中的“人像修复.jpg”文件，如图 6-77 所示，【Ctrl+J】组合键复制图层，打开通道面板，选择人物脸部斑点对比最为明显的“蓝”通道，按住鼠标，拖动到“创建新通道”按钮上，复制出“蓝拷贝”通道，如图 6-78 所示。

图 6-77

图 6-78

2 单击“滤镜”>“其他”>“高反差保留”命令，对“蓝 拷贝”通道进行高反差保留处理，高反差保留半径设置为 50 像素（不同图像参数会略有不同），如图 6-79 所示，单击“确定”按钮。

3 单击“图像”>“计算”命令，弹出“计算”对话框，相关参数设置如图 6-80 所示。

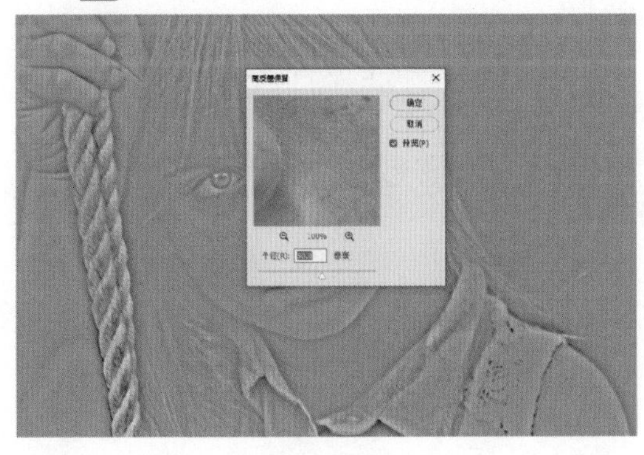

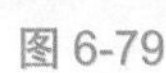

图 6-79

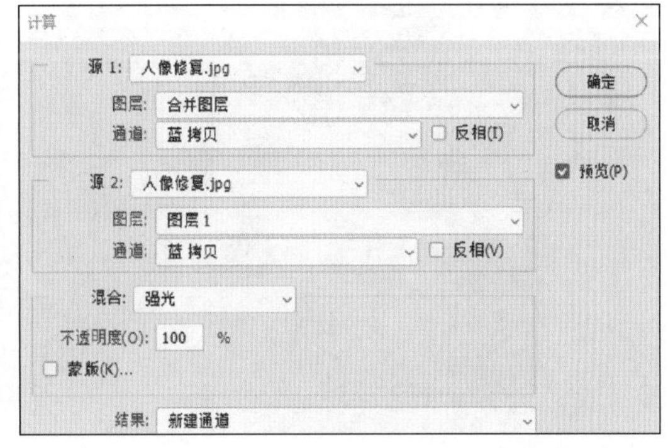

图 6-80

4 单击确定，通道面板中增加“Alpha1”通道，再次单击“计算”命令，参数保持默认，单击“确定”按钮，通道面板中增加“Alpha2”通道，如图6-81所示，同时得到如图6-82所示的通道反差效果，通过两次“计算”命令的使用，使得人物面部的斑点更为突出。

图 6-81

图 6-82

5 按住【Alt】键单击“Alpha2”通道前面的缩览图图标，将通道信息转换为选区，图6-83，按【Ctrl+shift+I】组合键反选选区，操作效果见图6-84。

图 6-83

图 6-84

6 回到图层控制面板，单击“图层1”，操作效果见图6-85，按【Ctrl+H】组合键隐藏选区，操作效果见图6-86。

图 6-85

图 6-86

7 按【Ctrl+M】组合键，打开“曲线面板”调整曲线，如图6-87所示，调整后得到如

图6-88所示人物效果。

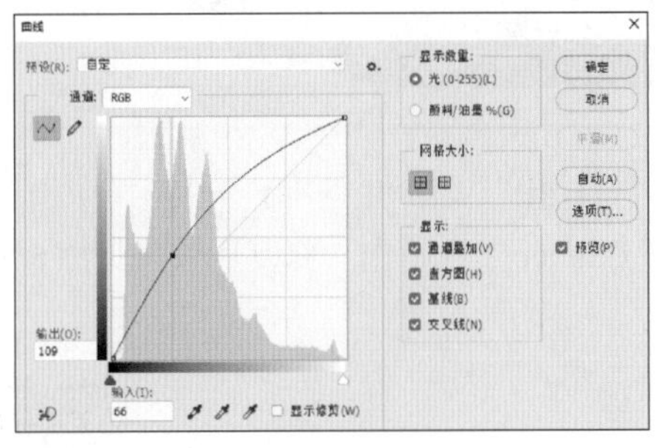

图 6-87

图 6-88

8 单击图层面板下方的“添加矢量蒙版”按钮，为图像添加图层蒙版，如图6-89所示，将前景色设置为黑色，选择画笔工具，保证图层蒙版被选择状态下，对人物的头发、服装、手臂、眉毛、眼睛、嘴唇背景部分进行涂抹，使上述部分恢复到图像的初始状态，操作后效果见图6-90。

图 6-89

图 6-90

9 更改前景色RGB值为（160，160，160）对人物手臂及绳索部分进行涂抹，提亮人物的肤色及绳索的亮度。按【Ctrl+Shift+N】组合键，将弹出新建图层对话框，单击“确定”按钮新建图层，图层名称为“图层2”，如图6-91所示；按【Ctrl+Shift+Alt+E】组合键对所有图层进行盖印，利用修复画笔工具中的工具对人物面部瑕疵进行二次修复，最终效果见图6-92。

图 6-91

图 6-92

10 对处理好的文件以“人像修复完成.psd”文件名进行保存。

练　　习

产品修复。要求：使用“修复画笔工具组”“液化”命令及“自由变换”命令完成产品修复案例，结合给定素材完成汉堡Banner广告制作。修复后效果见图6-93，完成汉堡Banner广告效果见图6-94。

文档

产品修复

图 6-93

图 6-94

第7章 调色

本章导读 >>>

本章主要介绍利用Photoshop中的相关工具与命令，对图像的色彩与色调进行调整的方法与技巧，通过案例讲解“亮度/对比度”“色阶”“曲线”“自然饱和度”“色相/饱和度”以及“色彩平衡”等命令的使用方法。通过本章的学习，使读者掌握应用相关工具快速调整图像的色彩与色调的方法。

学习目标 >>>

◎了解色彩的基础知识；

◎掌握调色命令和调整图层的使用方法；

◎掌握调整图层明暗、对比度解决偏色问题的方法。

7.1 什么是调色

调色也称颜色调整，在平面设计、影视后期处理中占有重要的地位。Photoshop提供了大量的颜色调整功能供用户使用，可以通过调整命令的相关参数或滑块来调整图片颜色，达到设计者满意的色彩需求。

7.2 调色基本知识

1. 色相

色相是对各类色彩相貌的称呼，如红色、蓝色、黄色等。色相是色彩的首要特征，是区别各种不同色彩的最准确的标准。任何黑、白、灰以外的颜色都有色相的属性，而色相也就是由原色、间色和复色来构成的。

2. 饱和度

饱和度是指色彩的鲜艳程度，也称色彩的纯度。饱和度取决于该色中含色成分和消色成分（黑、灰色）的比例。消色含量少，饱和度就越高，图像的颜色就越鲜艳。

3. 明度

明度是指颜色的深浅和明暗程度。明度有两种情况，一是同一颜色的不同明度，比如同颜色在强光照射下显得明亮，而在弱光照射下显得较灰暗模糊；二是各种颜色有着的不同明度，各颜色明度从高到低的排列顺序是黄、橙、绿、红、青、蓝、紫。另外，颜色的明度变化往往会影响到饱和度，如红色加入黑色以后明度降低了，同时饱和度也降低了；红色加入白色则明度提高了，但饱和度却降低了。

7.3 调色常用命令

处理图像时，首先要对图像进行观察，查看图像颜色是否存在问题，比如偏色（例如画面偏红色、偏紫色、偏绿色等）、画面太亮、画面太暗、偏灰（画面对比度低，颜色不够艳丽）等。如果出现这些问题，就需要利用下面讲述的图像调色命令对图像进行调整处理。

1. 亮度/对比度

快捷键：无。

作用：对图像的整体亮度和对比度进行调整。

“亮度/对比度”命令位于“图像”>“调整”子菜单中，主要包含“亮度”和“对比度”的参数调整设置，如图7-1所示。

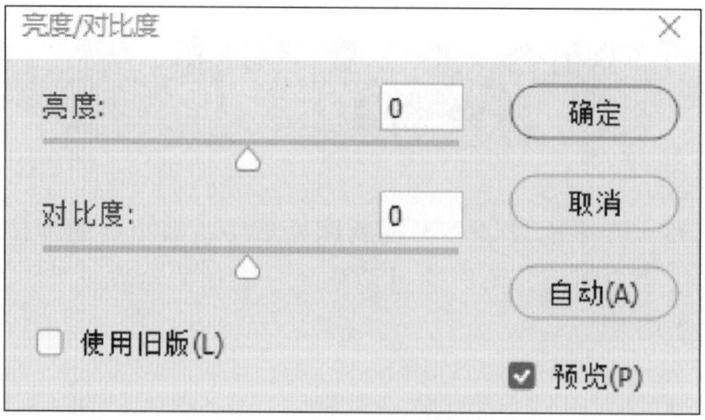

图 7-1

2. 色阶

快捷键：Ctrl+L。

作用：主要用于调整画面明暗程度，通过调整参数可以单独改变画面的阴影区域、中间调和高光区域的明暗。

“色阶”命令位于“图像”>“调整”子菜单中，主要包含“通道”“输入色阶”和“输出色阶”三个参数调整区块，同时可以通过单击“选项”按钮，激活“自动颜色矫正选项”对话框，通过“算法”选项更改图像的色彩及明暗程度，如图 7-2、图 7-3 所示。

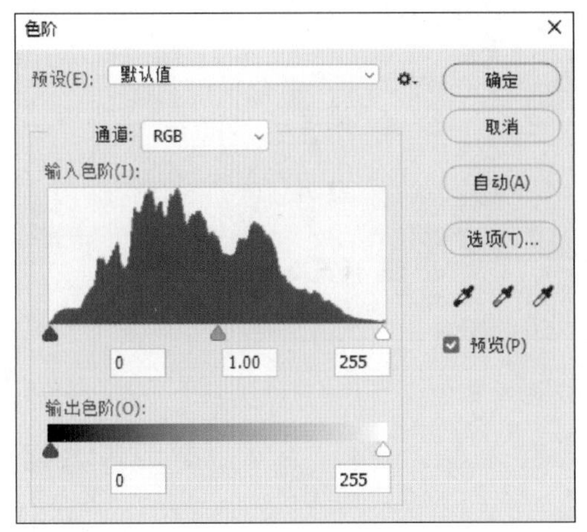

图 7-2

图 7-3

3. 曲线

快捷键：Ctrl+M。

作用：与“色阶”命令相似，既可以调整图像的明暗和对比度，又可以校正画面偏色或调整出独特的色调效果，但“曲线”命令的调整更为精细。

曲线命令位于“图像”>“调整”子菜单中，主要包含“通道”“显示数量”“网格大小”和“显示”四个调整区块，同时可以通过单击“选项”按钮，激活“自动颜色矫正选项”对话框，如图 7-4、图 7-5 所示。

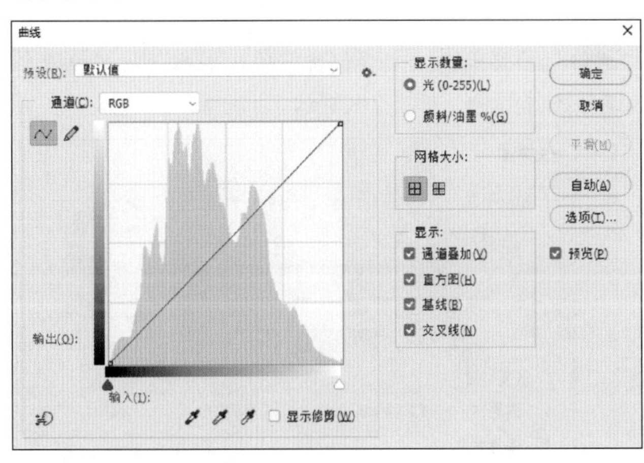

图 7-4

图 7-5

4. 自然饱和度

快捷键：无。

作用：调整图像颜色的鲜艳程度。

“自然饱和度”命令位于“图像”>“调整”子菜单中，主要包含“自然饱和度”和“饱和度”的参数设置，自然饱和度具备保护已饱和颜色的前提下，可调整其他颜色的鲜艳程度；饱和度不具备保护颜色的功能，用于调整图像整体颜色的鲜艳程度，强度比自然饱和度大，界面如图7-6所示。

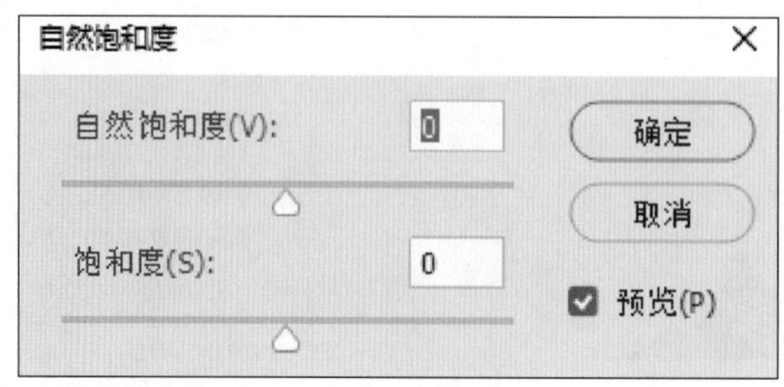

图 7-6

5. 色相/饱和度

快捷键：Ctrl+U。

作用：基于色相、饱和度和明度的基础上，对不同色系颜色进行调整。

“色相/饱和度”命令位于“图像”>“调整”子菜单中，主要包含“全图”调整区块及“着色”“预览”两个选项，如图7-7所示，“全图”调整区块内包含“全图”、六个颜色通道以及“色相”“饱和度”“明度”的调整参数条，“着色”选项勾选时，统一为图片添加一个颜色，即改变颜色的色相和饱和度，图片明度不变。

6. 色彩平衡

快捷键：Ctrl+B。

作用：用于照片的色调调整，快速纠正图片出现的偏色问题，通过它可以对阴影区域、中间调和高光区域的颜色进行分别调整。

“色彩平衡”命令位于“图像”>“调整”子菜单中，主要包含“色彩平衡”及“色调平衡”两个调整模块，通过调整相关参数调整图片颜色，如图7-8所示。

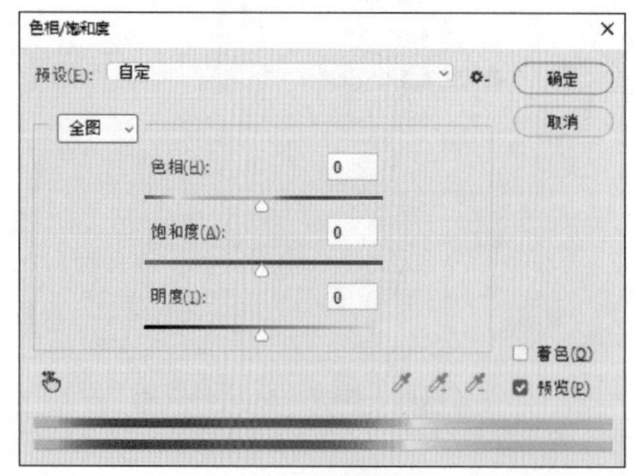

图 7-7

图 7-8

7. 调整图层

具有和上述讲解的“图像”>“调整”子菜单中相关命令一样效果，区别在于“创建新的填充或调整图层”的命令是在原始图层上添加调整图层进行效果处理，对当前图层信息不进行改变。选择图层面板下方的“创建新的填充或调整图层”按钮，可调出“调整图层”

命令，图层选择菜单及添加效果如图7-9、图7-10所示。

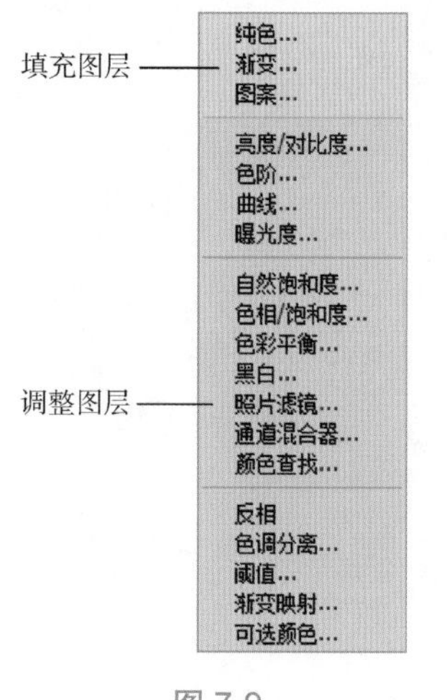

图 7-9

图 7-10

7.4 调色实战

在进行广告设计时，调用的图像素材都需要进行二次校色：或调整曝光强度、或调整图像偏色、或调整图像的饱和度来制作各种图像效果，下面我们将通过案例来讲解调色命令。

7.4.1 调整图片曝光不足

当我们逆光拍摄、曝光补偿设置错误，或者夜间利用闪光灯进行拍摄时，都可能使拍摄出来的照片出现曝光不足的问题，照片会呈现出灰暗效果，曝光不足大都是由于图像亮度不够造成的，我们进行后期处理时，可以通过调整高光区、中间调和暗调中的光亮度得到正常曝光的图像。

案例 7-1 照片过暗修复

要求：使用曲线、色阶、曝光度、图层混合模式及调整图层命令对过暗的图片进行修复。

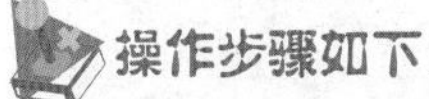

操作步骤如下：

方法一：利用曲线命令对图像进行调整。打开素材“照片过暗修复”文件夹中的“图片过暗.jpg”，按【Ctrl+J】组合键复制背景图层，单击“窗口”>“直方图”命令，在右侧的控制面板区，可以看到打开图像的色彩分布情况，如图7-11所示，通过色彩分布可以判断出照片整体偏暗。

按【Ctrl+M】组合键调出“曲线”面板，将曲线区域右下角的白色蜡笔头向左调整，同时用鼠标在曲线1/4和3/4处调整曲线形状，如图7-12所示。对比效果图如图7-13、图7-14所示。

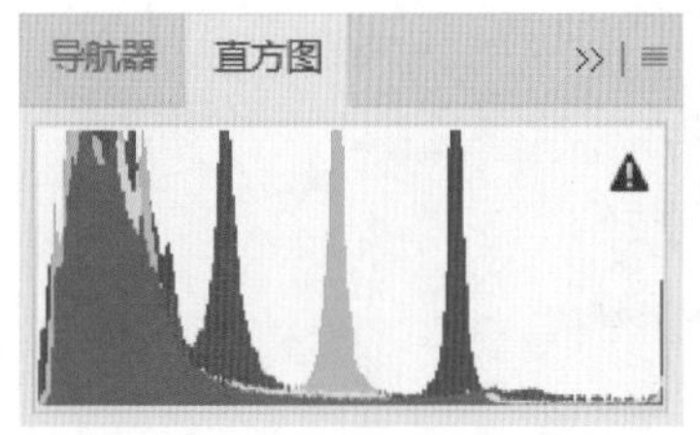

图 7-11

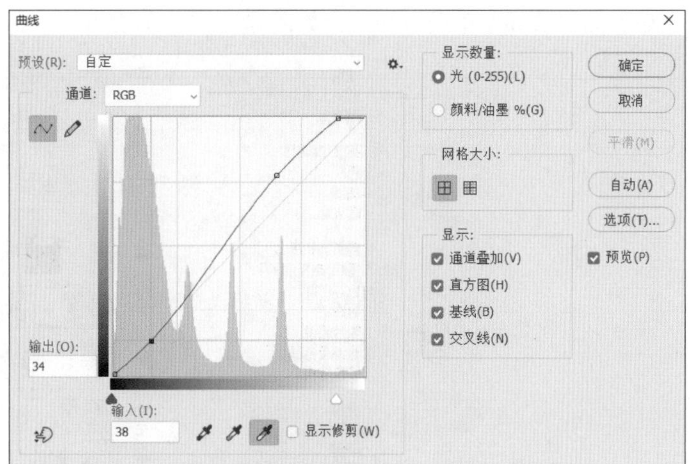

图 7-12

图 7-13

图 7-14

方法二：利用“色阶”命令对图像进行调整。打开“图片过暗.jpg”，按【Ctrl+J】组合键复制背景图层，按【Ctrl+L】组合键调出“色阶”面板，对参数进行如图 7-15 所示调整，得到如图 7-16 所示效果。

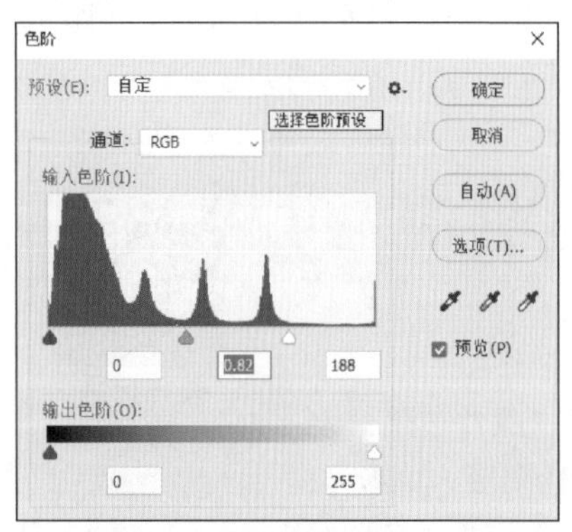

图 7-15

图 7-16

方法三：使用“曝光度”命令对图像进行调整。打开素材“图片过暗.jpg”，按【Ctrl+J】组合键复制背景图层，单击“图像”>“调整”>“曝光度”命令，在弹出的“曝光度”对话框中进行参数调整，具体调整设置如图 7-17 所示，得到如图 7-18 所示效果。

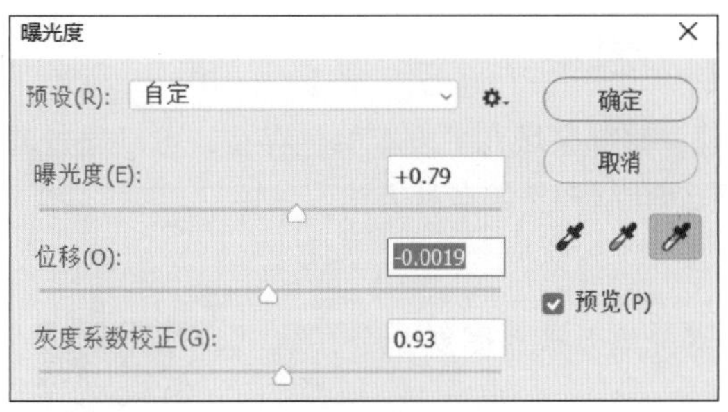

图 7-17

图 7-18

方法四：使用混合模式对图像进行调整。打开素材“图片过暗.jpg”，按【Ctrl+J】组合键复制背景图层，打开图层面板，选择图层混合模式中的“滤色”，提升整个图像的亮度，如图 7-19 所示，得到如图 7-20 所示效果。

图 7-19

图 7-20

方法五：使用调整图层命令对图像进行调整。打开素材“图片过暗.jpg”，单击图层面板下方的“创建新的填充或调整图层”按钮，选择“色阶”命令（或单击调整图层面板，选择色阶图标），调整方法见方法二，图层排列及参数调整如图 7-21、图 7-22 所示。

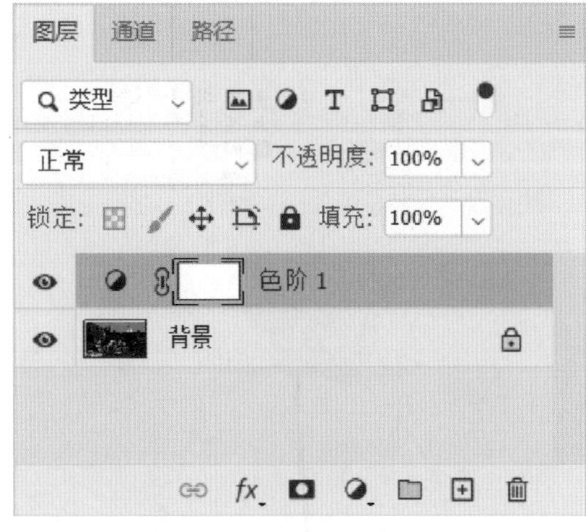

图 7-21

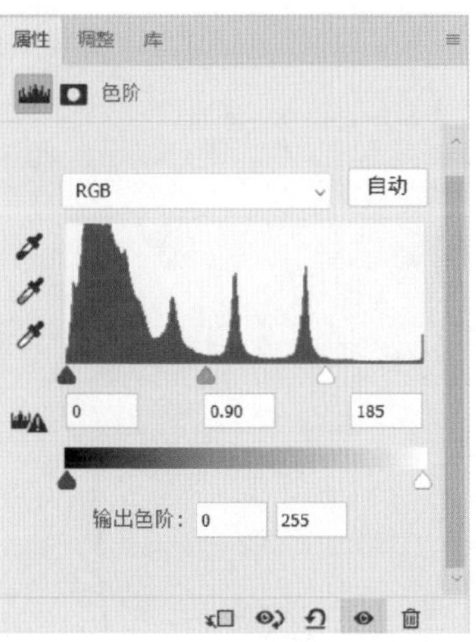

图 7-22

7.4.2 调整图片曝光过度

对于曝光过度的图片，可以通过直方图发现，暗部区域几乎没有颜色存在，可以通过调高暗部区域，降低图片亮度来完成图片调整，下面介绍调整的多种方法。

案例 7-2 照片过亮修复

视频

照片过亮修复

要求：使用图层混合模式、曲线、色阶、曝光度及调整图层命令，结合给定素材对过亮的图片进行修复。

操作步骤如下：

方法一：①打开素材“照片过亮修复”文件夹中的“图片过亮.jpg”素材，单击移动工具，按住鼠标将图层面板中的背景图层拖动到“创建新图层”按钮上，复制出“背景拷贝”图层，选择图层混合模式，更改为“正片叠底”，降低整个图像的亮度，选择“背景拷贝”图层按【Ctrl+J】组合键得到“背景拷贝 2”图层，如图 7-23 所示，得到的效果见图 7-24。

图 7-23

图 7-24

②打开素材文件夹中的“配文.png”文件，将其拖动到荷花文件中，按【Ctrl+T】组合键进行大小和位置的调整，与原图的对比效果见图 7-25、图 7-26。

图 7-25

图 7-26

方法二：利用“色阶”命令完成图像调整。打开素材文件夹中的“图片过亮.psd”文件，选择背景图层，按【Ctrl+L】组合键进行参数调整，具体参数值见图 7-27，得到如图 7-28 所示效果。

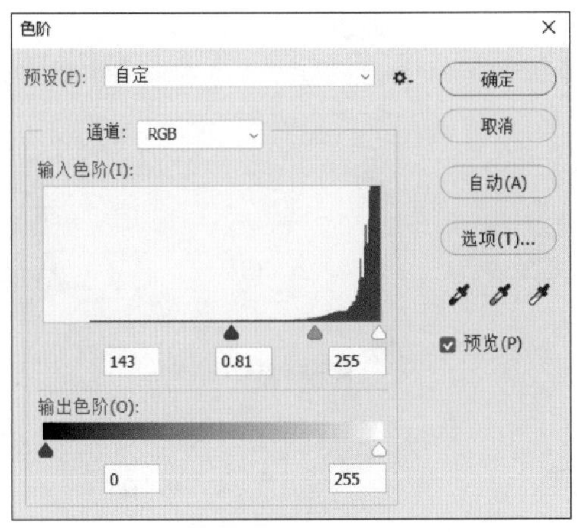

图 7-27

图 7-28

方法三：利用“曲线”命令完成图片调整。打开素材文件夹中的“图片过亮.psd”文件，选择背景图层，按【Ctrl+M】组合键调出曲线面板，对其进行调整（也可尝试对单一的红、绿、蓝通道进行调整）参数调整见图 7-29，得到如图 7-30 所示效果。

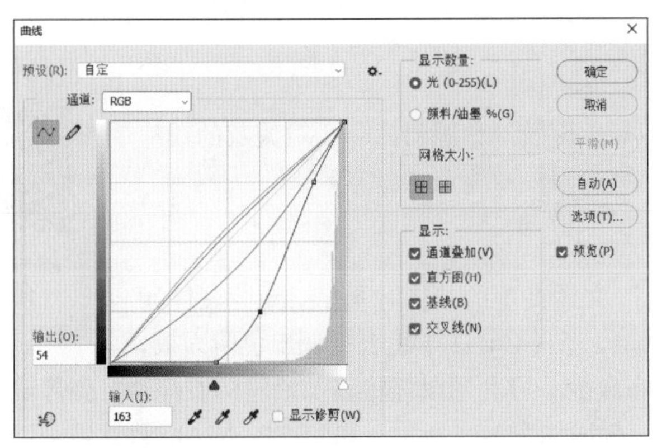

图 7-29

图 7-30

方法四：利用“曝光度”命令进行调整，参数调整见图 7-31，效果如图 7-32 所示。

图 7-31

图 7-32

方法五：打开素材“图片过亮.psd”，选择背景图层，单击图层面板下方的“创建新的填充或调整图层”按钮，选择“色阶”，调整方法见方法二，如图7-33、图7-34所示。

图 7-33

图 7-34

7.4.3 调整图片过灰

图片过灰不通透，往往是暗部不够暗和亮部不够亮，可以通过调整暗部和亮部的区域范围来使图像达到正常的效果。

案例 7-3　照片偏灰修复

视频

照片偏灰修复

要求：使用色阶、曲线、亮度/对比度及调整图层命令，对偏灰的图片进行修复。

操作步骤如下：

方法一：打开“照片偏灰修复”文件夹中的“图片偏灰.jpg”文件素材，按【Ctrl+J】组合键复制背景图层，按【Ctrl+L】组合键调出色阶面板，如发现暗部区域和亮部区域色彩分布较少，可利用鼠标将暗部蜡笔向右拖动，亮部蜡笔向左拖动，再适当调整灰色蜡笔的位置，界面如图7-35所示，得到如图7-36所示效果。

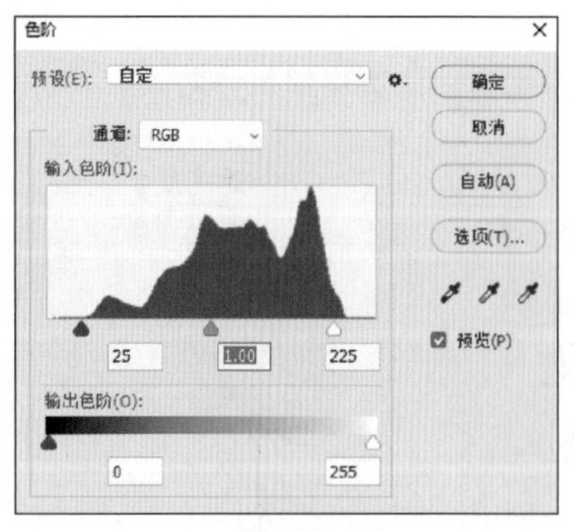

图 7-35

图 7-36

方法二：打开“图片偏灰.jpg”文件素材，按【Ctrl+J】组合键复制背景图层，按键

【Ctrl+M】组合键调出“曲线”面板，利用鼠标将暗部蜡笔向右拖动，亮部蜡笔向左拖动，在曲线上单击添加调整点，适当调整位置，如图 7-37 所示，得到如图 7-38 所示效果。

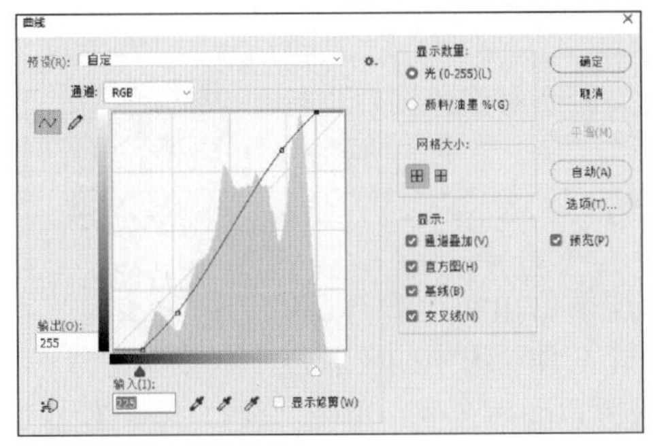

图 7-37

图 7-38

方法三：打开“图片偏灰.jpg”文件素材，按【Ctrl+J】组合键复制背景图层，单击“图像”>“调整”>“亮度/对比度”对图像的亮度和对比度进行调整，也可以单击“亮度/对比度”面板中的“自动”按钮后，再进行适当调整，如图 7-39 所示，得到如图 7-40 所示的效果。

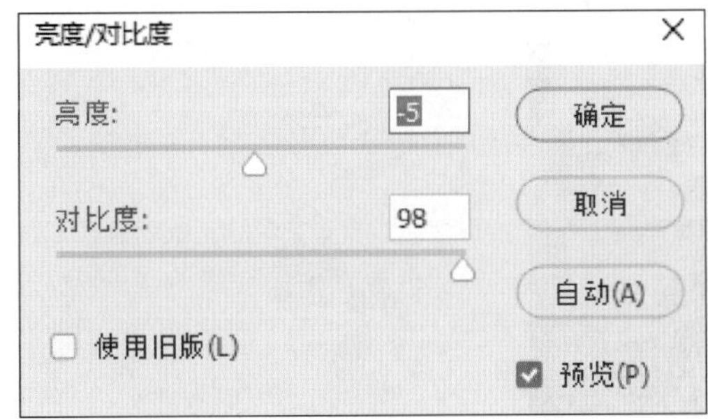

图 7-39

图 7-40

方法四：打开素材“图片偏灰.jpg”，单击图层面板下方的“创建新的填充或调整图层”按钮，选择“亮度/对比度”命令，根据选择的调整图层命令参考方法三，如图 7-41、图 7-42 所示。

图 7-41

图 7-42

7.4.4 调整图片偏色

案例 7-4　图片偏色修复

视 频

图片偏色修复

要求：使用颜色取样器、曲线及调整图层的相关命令对偏色图片进行调整。

操作步骤如下：

1 打开素材“图片偏色修复”文件夹中“图片偏色.jpg”文件，按【Ctrl+J】组合键复制背景图层，选择工具箱中“吸管工具”组中的“颜色取样器工具”，在如图7-43所示的位置单击获取该点的颜色值，单击“窗口”>“信息”命令（快捷键为【F8】），查看获取点的RGB颜色值为（213，223，233），如图7-44所示。

图 7-43

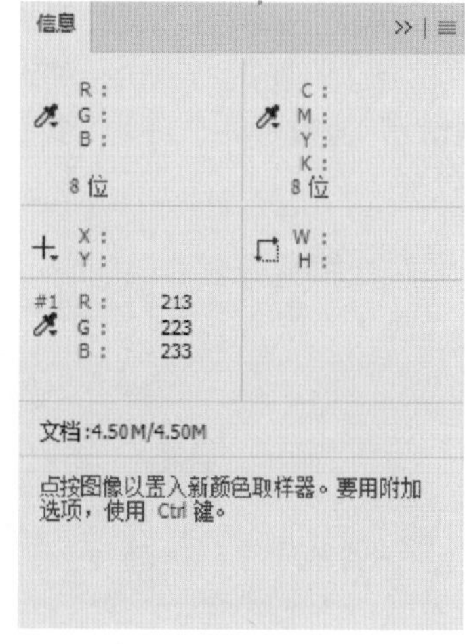

图 7-44

2 因为采样点的原始色彩为白色，因此可以通过调整曲线的方式将偏色点进行修正。按【Ctrl+M】组合键弹出曲线面板，再对“红”通道和“蓝”通道进行调整，使两个颜色接近于“绿”通道颜色值即可对偏色进行修正，具体调整参数等如图7-45、图7-46所示。

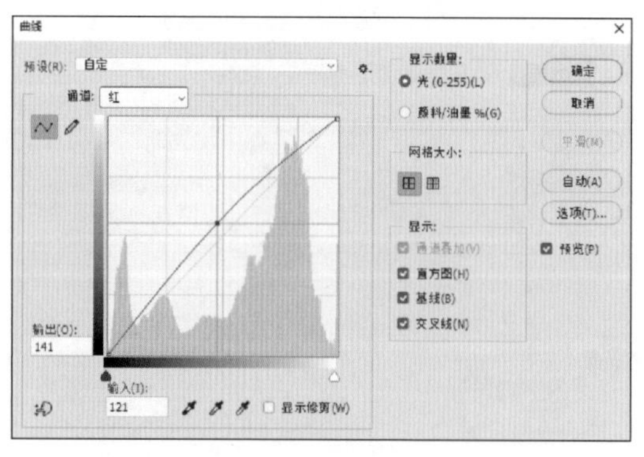

图 7-45

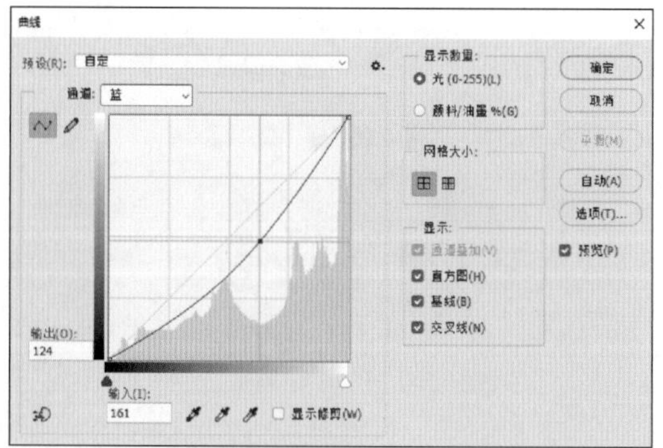

图 7-46

3 在调整过程中始终观察调整的通道颜色值是否与绿色通道接近，当调整到接近的颜色值时即可停止，调整结束的信息面板见图7-47，最终效果如图7-48所示。

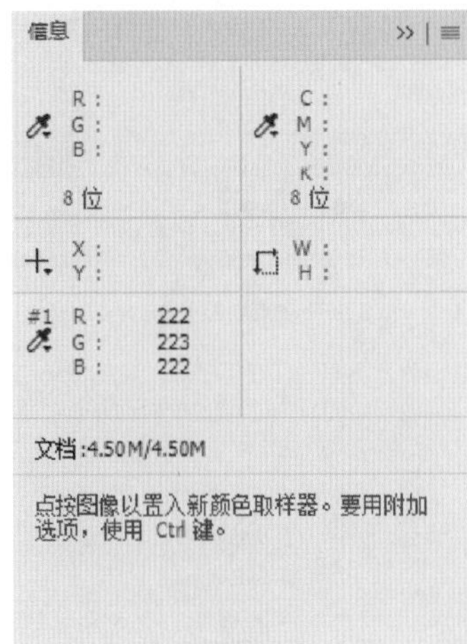

图 7-47

图 7-48

4 还可利用“调整图层”调整偏色：打开素材“偏色图片.jpg”，单击图层面板下方的“创建新的填充或调整图层”按钮，选择“曲线”命令（或单击“调整”图层面板，选择曲线图标），调整操作见步骤（2），如图 7-49、图 7-50 所示。

图 7-49

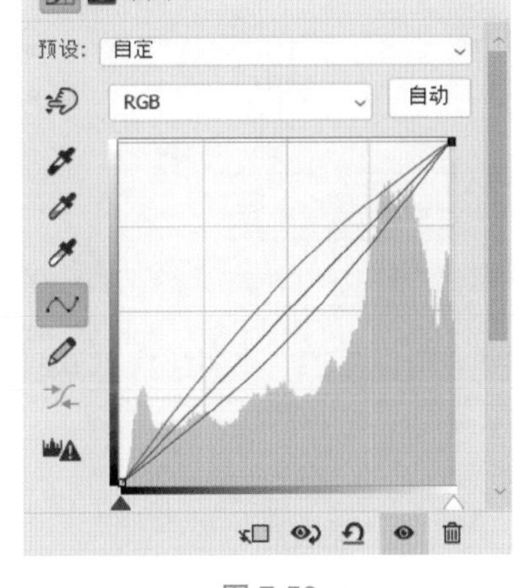

图 7-50

5 常见偏色大部分可以通过曲线面板进行颜色恢复，对调整好的文件进行保存。

7.4.5 调整图片饱和度不足

案例 7-5 饱和度过低修复

要求：使用色相/饱和度、调整图层命令对低饱和度的图片进行修复。

操作步骤如下：

1 打开素材“饱和度过低修复”文件夹中的“饱和度过低.jpg”文件，如图 7-51 所示。通过观察图像，发现图片的绿色、粉色和黄色的饱和度不够，需要分别对各颜色的饱和度进行调整，以期达到更好的视觉效果。按

【Ctrl+J】组合键复制背景图层，按【Ctrl+U】组合键（“图像”>“调整”>“色相/饱和度”）弹出“色相/饱和度”对话框，如图7-52所示。

图 7-51

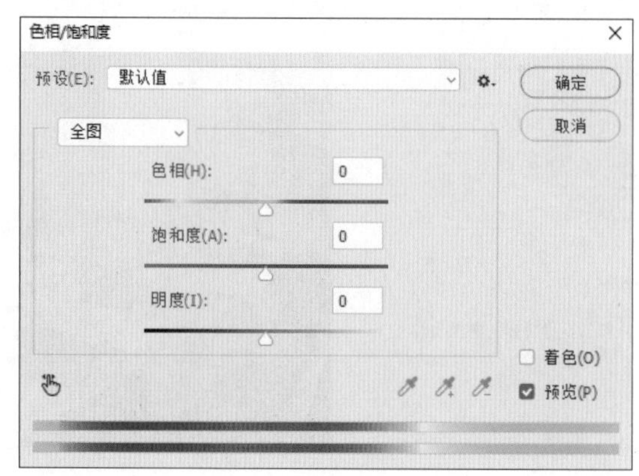

图 7-52

2 单击“全图”右侧下拉箭头，选择“红色”更改饱和度为+33，如图7-53所示；选择“黄色”更改饱和度为+24，如图7-54所示；选择“绿色”更改饱和度为+20，如图7-55所示；选择“青色”更改饱和度为+9，如图7-56所示。

图 7-53

图 7-54

图 7-55

图 7-56

3 选择“全图”更改饱和度增加为+5，如图7-57所示，如果对调整效果不满意，可按住【Alt】键，面板中的“取消”按钮会切换为“复位”按钮，单击“复位”按钮，对画面重置后进行再次调整，调整好的最终效果见图 7-58。

色相/饱和度
预设(E): 自定
确定
取消
全图
色相(H): 0
饱和度(A): +5
明度(I): 0
着色(O)
预览(P)

图 7-57

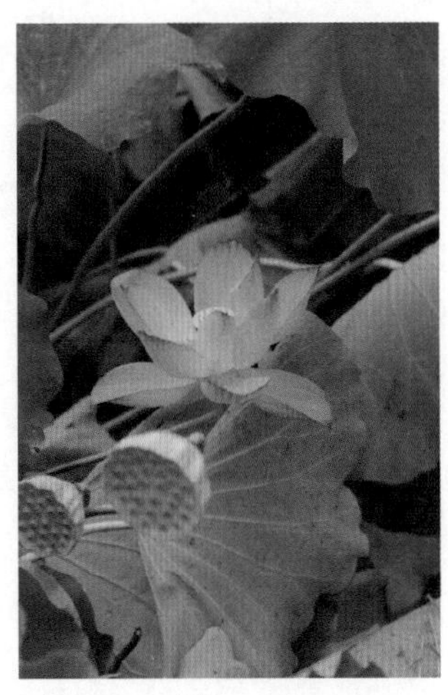

图 7-58

4 也可单击图层面板下方“创建新的填充或调整图层”按钮，选择“色相/饱和度”命令（或单击“调整”图层面板，选择“色相/饱和度”图标），调整方法与上述操作相同，最后对处理好的文件进行保存。

7.4.6 制作黑白照片效果

案例 7-6　制作黑白图片效果

要求：使用去色、调整图层相关命令制作黑白照片效果。

操作步骤如下：

打开素材“制作黑白图片效果”文件夹中的“黑白照片.jpg”文件，如图 7-59 所示，选择工具箱中的“修复画笔工具”，对图像中的路灯进行去除，按【Alt】键采样后进行涂抹修复，得到如图 7-60 所示效果。

图 7-59

图 7-60

方法一：利用“去色”命令进行去色。按【Ctrl+J】组合键复制背景图层，更改图层名称为“去色命令”，单击“图像”>“调整”>“去色”命令（快捷键为【Shift+Ctrl+U】），完成照片去色。如照片的对比关系不够明显，可以对其添加曲线命令，曲线调整如图 7-61 所示，最终效果见图 7-62。

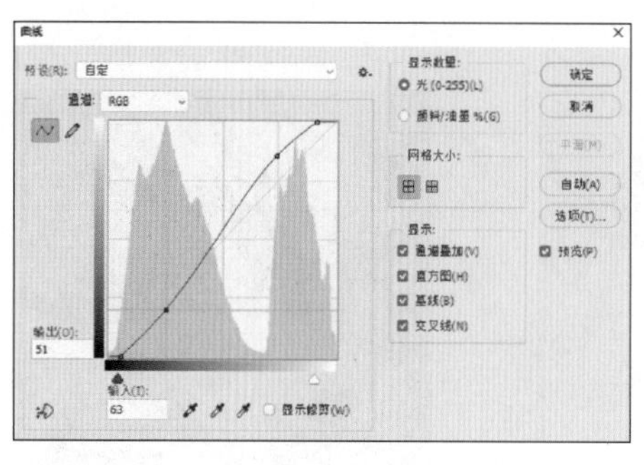

图 7-61

图 7-62

方法二：利用“调整图层”的“黑白”命令进行去色处理。选择背景图层，按【Ctrl+J】组合键复制背景图层，更改图层名称为“黑白”，并将图层位置拖动到“去色命令”图层的上方，如图7-63所示。选择“黑白”图层，单击图层面板下方的“创建新的填充或调整图层”按钮，单击“黑白”命令（或单击“调整”图层面板选择“创建新的黑白调整图层” 图标），进入属性面板对参数进行调整，如图7-64所示，因不同图像间调整参数不同，可根据需求进行调整。勾选属性面板中“色调”前方的复选框，单击色调后方的颜色块，为其添加RGB值为（51，48，3），制作老照片的效果，如图7-65所示，最终得到如图7-66所示的效果。

图 7-63

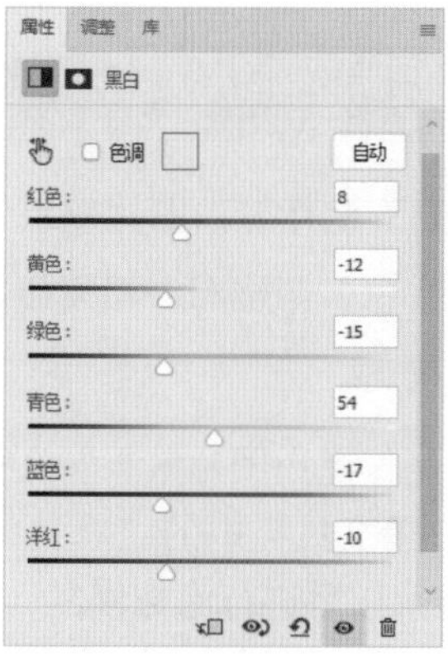

图 7-64

图 7-65

图 7-66

方法三：利用“渐变映射”命令完成彩色照片转黑白或单色。选择背景图层，按【Ctrl+J】组合键复制背景图层，更改图层名称为“渐变映射”，并将图层位置拖动到“黑白”

图层的上方，如图 7-67 所示。选择“渐变映射”图层，单击图层面板下方的“创建新的填充或调整图层”按钮，选择“渐变映射”命令（或单击“调整”图层面板选择“创建新的渐变映射调整图层”按钮），进入属性面板，如图 7-68 所示，单击“属性”面板中渐变条，进入“渐变编辑器”，双击“渐变类型”框左下方的蜡笔图标，进入“拾色器”面板，调整颜色 RGB 值为（0，0，0）（也可为其指定其他色彩），如图 7-69 所示，调整进度条中间的菱形调整点，对画面的明暗关系进行调整，如图 7-70 所示，得到如图 7-71 所示效果。

图 7-67

图 7-68

图 7-69

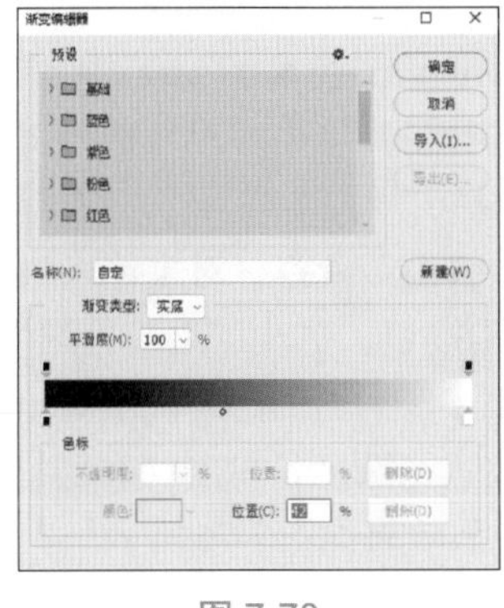

图 7-70

图 7-71

在渐变映射“属性”面板下方图标，代表所设置的调整图层信息对该调整图层以下的所有图层都起作用，单击该图标使其变为图标，则代表所设置的调整图层仅对下一图层起作用。将调整好的文件以“黑白照片完成.psd”文件名进行保存。

7.4.7　工笔画效果制作

案例 7-7　工笔画效果制作

要求： 使用滤镜、调整命令、图层混合模式等相关命令，结合给定素材完成工笔画效果制作。

视　频

操作步骤如下：

1　新建文档，将文档命名为“工笔画效果”，宽度为 3 000 像素，高度为 2 000 像素，分辨率为 300 像素/英寸，颜色模式为 RGB，背景颜色为白色，其他参数保持默认如图7-72所示，单击“创建”按钮。

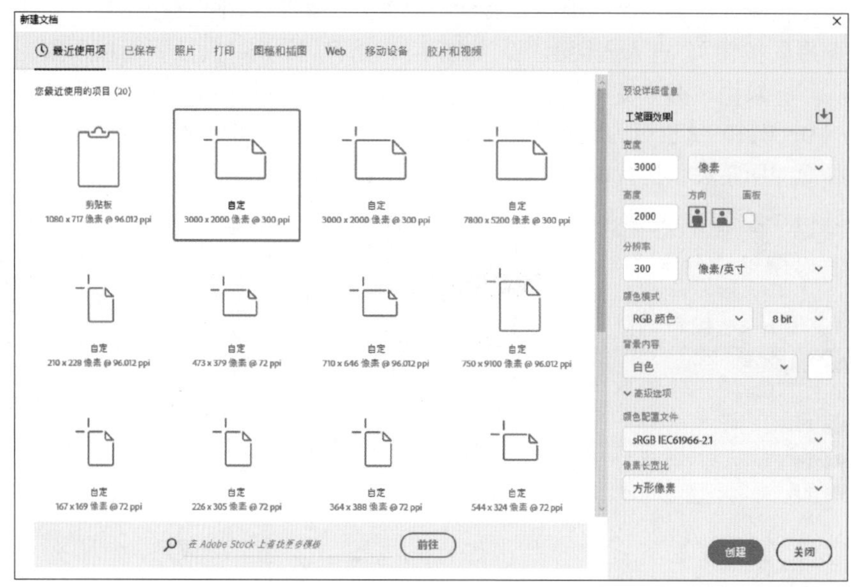

图 7-72

2 打开素材“工笔画效果制作”文件夹中的“团扇人物.jpg”“艺术字.png”和“宣纸素材2.jpg”素材文件，单击激活“团扇人物.jpg”选项卡，选择工具箱中“对象选择工具”，在属性栏中单击“选择主体”，系统会自动对人物主体进行选择，如图7-73所示，选择“快速选择工具”，利用属性栏中的“添加到选区”和“从选区中减去”命令，对主体未被选中和多选的区域进行处理，单击工具属性栏中的“选择并遮住”按钮，更改“边缘检测半径”为9像素，勾选“智能半径”选项，选择“调整边缘画笔工具”，利用【[】和【]】对笔刷大小进行调整，在人物头饰部分进行涂抹，如图7-74所示，调整边缘选区，单击“确定”按钮如果对边缘不满意可以采用钢笔工具进行精细抠图，处理完成后效果如图7-75所示。

图 7-73

图 7-74

图 7-75

3 按【Ctrl+C】组合键复制选区，按【Ctrl+V】组合键对选区内容进行粘贴，将抠出的团扇人物拖动到新建“工笔画效果.psd”文件中，同时拖入“宣纸素材2”，对图层进行重新命名和调整图层位置，如图7-76所示，按【Ctrl+T】组合键将人物和素材大小进行调整，调整效果如图7-77所示。

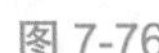

图 7-76

图 7-77

4 按【Ctrl+J】组合键复制“团扇人物”图层，更改图层名为“团扇人物1”，按【Ctrl+Shift+U】组合键对复制的人物图层进行去色后再次复制“团扇人物1”图层，更改图层名为“团扇人物2”，并将混合模式更改为“颜色减淡”，按【Ctrl+I】组合键将图层内容进行反相处理，得到如图7-78所示效果。

5 单击“滤镜”>“其他”>“最小值”命令，更改最小值半径为1像素，如图7-79所示，得到如图7-80所示效果。

图 7-78

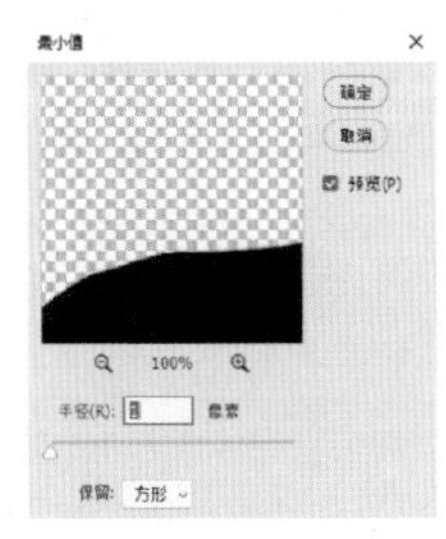

图 7-79

图 7-80

6 选中“团扇人物1”图层和“团扇人物2”图层，按【Ctrl+E】组合键将选中的两个图层合并，并将图层的混合模式更改为“柔光”，如图7-81所示，得到如图7-82所示的效果。

图 7-81

图 7-82

7 将团扇人物图层的混合模式更改为“正片叠底”，如图7-83所示，得到如图7-84所示效果。

8 选中“团扇人物”图层，按住【Ctrl】键单击图层前方的缩览图，调出人物选区，选择“宣纸素材”图层，按【Ctrl+J】组合键将宣纸素材框选出的人物选区复制到新图层，重命名为“宣纸人物”，更改该图层的不透明度为50%，如图7-85所示，选中“团扇人物”和“团扇人物2”两个图层，单击图层面板下方的“创建新组”命令，将两个图层放入图层组中，更改图层组名称为“团扇人物”，如图7-86所示。

图7-83

图7-84

图7-85

图7-86

9 单击图层面板中的“创建新的色相/饱和度调整图层”按钮，如图7-87所示，单击属性面板下方的“此调整剪切到此图层”按钮（或按住【Alt】键，在“色相/饱和度 1”图层和“团扇人物”图层组之间单击，将“色相/饱和度”图层置入“团扇人物”图层组），参数调整如图7-88所示。

图7-87

图7-88

10 为团扇人物图层组添加“曲线”“色彩平衡”调整图层，并调整相关参数，具体参数如图 7-89 至图 7-92 所示。

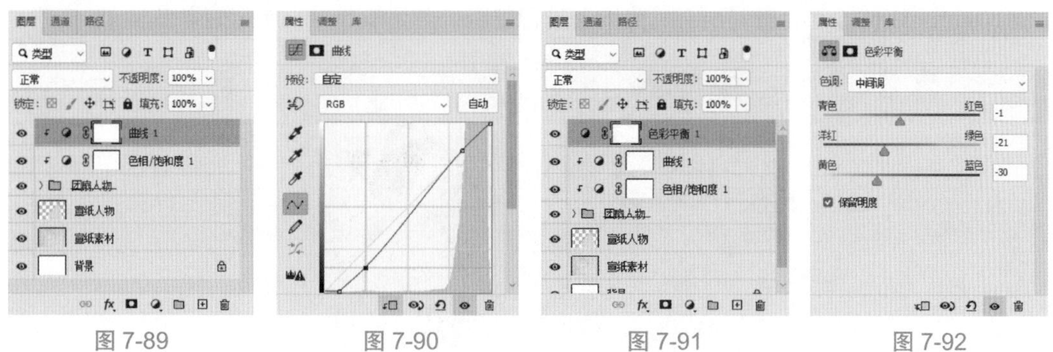

图 7-89　　图 7-90　　图 7-91　　图 7-92

11 按【Ctrl+Shift+Alt+E】组合键对所有图层进行盖印处理，调整面板中单击“渐变映射”按钮，在属性面板中进行颜色设置“从黑到白”，图层混合模式更改为“柔光”，如图 7-93、图 7-94 所示。

图 7-93

图 7-94

12 在属性调整面板中单击“创建新的亮度/对比度调整图层”按钮，在属性面板中进行参数设置，得到如图 7-95、图 7-96 所示的效果。

图 7-95

图 7-96

13 将“艺术字”和“荷花”素材拖入到文件中，按【Ctrl+T】组合键对拖入的素材进行大小和位置的调整，更改图层混合模式为“正片叠底”，适当更改对象的不透明度，按【Ctrl+Shift+Alt+E】组合键对所有可见图层进行盖印，得到如图 7-97 所示的效果。

图 7-97

14 将制作完成的效果图以“工笔画效果完成.psd”为文件名进行保存。

7.4.8 Camera Raw滤镜调色

案例 7-8 Camera Raw滤镜调色

视频
Camera Raw 滤镜调色

要求：使用Camera Raw滤镜、液化命令、修复工具组、仿制图章工具组等相关命令制作照片调色效果。

操作步骤如下：

1 打开素材“Camera Raw滤镜调色”文件夹中的“Camera Raw滤镜调色.jpg”文件，按【Ctrl+J】组合键复制背景图层，更改图层名称为“备份人像”，选择工具箱中的“修补工具”按钮，对照片中左侧多余人像进行框选，如图 7-98 所示。

图 7-98

2 单击“编辑”>“内容识别填充…”命令，弹出“内容识别”填充面板，如图 7-99 所示，选择“取样画笔工具”，调整画笔大小，对画面中小女孩背景部分的绿色区域进行涂抹，得到如图 7-100 所示效果。

图 7-99

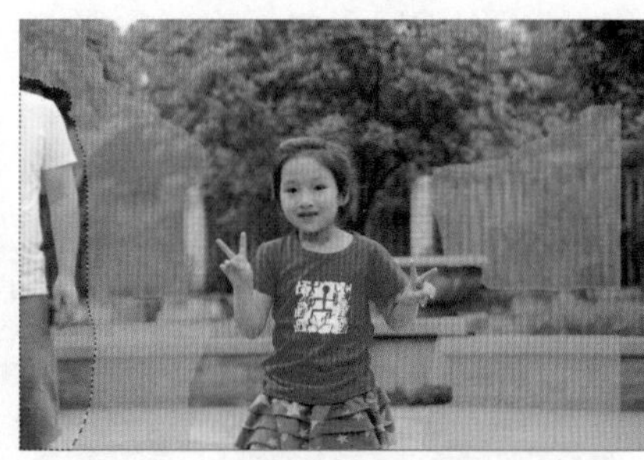

图 7-100

3 单击“确定”按钮，对多余人像进行去除，图层面板中会增加“备份人像 拷贝”图层，选择“备份人像 拷贝”图层，单击工具箱中的“仿制图章工具”按钮，对左侧花坛边破损的地方进行采样修复，修复前后的对比效果如图 7-101、图 7-102 所示。

图 7-101

图 7-102

4 选择“备份人像 拷贝”和“备份人像”两个图层，按【Ctrl+E】组合键对两个图层进行合并，单击“滤镜”>“Camera Raw 滤镜”（快捷键为【Ctrl+Shift+A】），弹出 Camera Raw14.0 操作界面，如图 7-103 所示。

图 7-103

5 在“基本”选项参数面板对相关参数进行调整：色温为-10、色调为+6、曝光为+0.10、对比度为+6、高光为-41、阴影为+3、白色为+36、黑色为-7、纹理为0、清晰度为-7、去除薄雾为+12、自然饱和度为+23、饱和度为-9，单击“Camera Raw滤镜”下方的在“原图/效果图视图之间切换”按钮，切换到图标，得到如图7-104所示的对比效果。

图 7-104

6 单击“曲线”参数面板，选择“蓝”通道，对其进行调整，如图7-105所示。

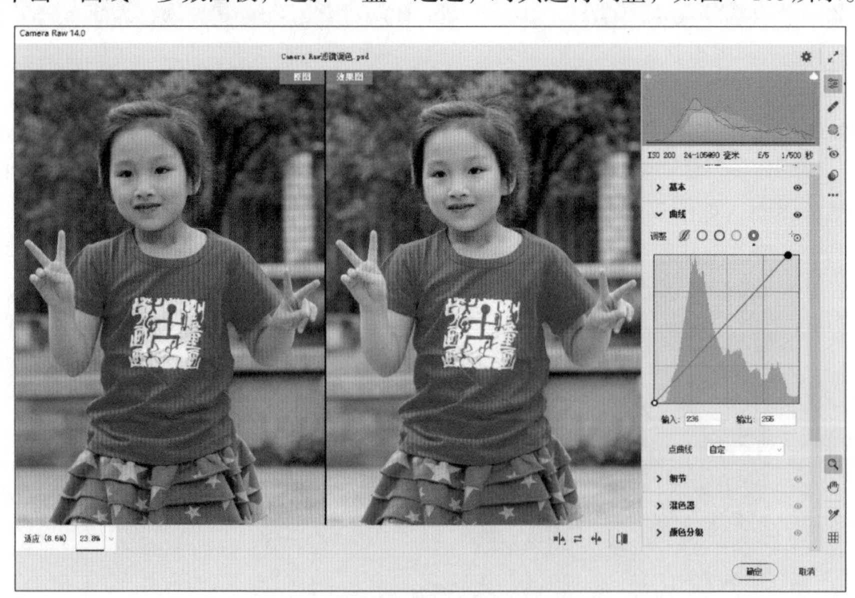

图 7-105

7 单击“混色器”参数面板，更改“HSL”中的色相面板的参数为红色0，橙色为+7，黄色为+100，绿色为-7，如图7-106所示。

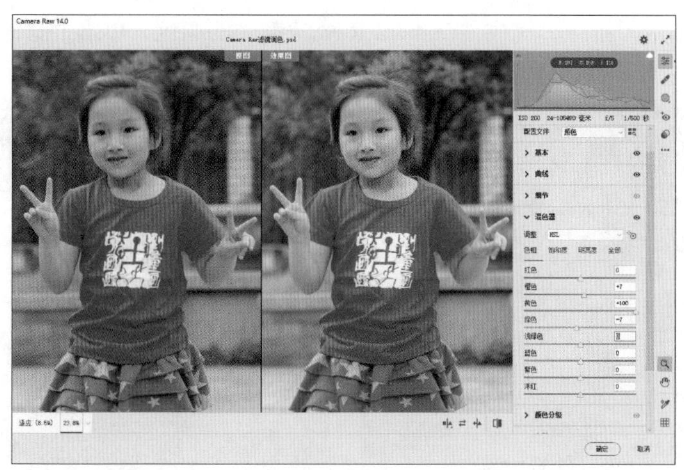

图 7-106

8 选择“HSL”参数面板中的饱和度选项卡，调整橙色参数为-25，效果如图7-107所示。

图 7-107

9 选择“校准”参数面板，相关参数更改为红原色色相为+1，饱和度为+7，绿原色饱和度为+24，蓝原色饱和度为+2，效果如图7-108所示。

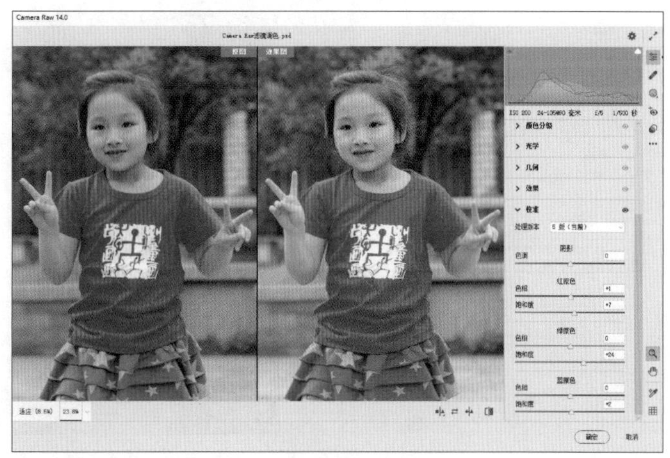

图 7-108

10 单击“确定”按钮，完成“Camera Raw滤镜”的调色，单击“滤镜”>“液化”命令，对人物形体进行调整，调整前后的对比效果如图7-109、图7-110所示。

图 7-109

图 7-110

11 对调整完成的图像以“Camera Raw滤镜调色完成.psd”文件名进行保存。

7.5 综合案例

案例 7-9 人像调色

视频

人像调色

要求：使用调整图层相关命令完成人像调色。

1 打开素材“人像调色”文件夹“人像调色.jpg”文件，按【Ctrl+J】组合键复制背景图层，更改图层名称为“人像”，在调整面板中单击“创建新的亮度/对比度调整图层”按钮，在属性面板中进行参数调整，参数及调整后的效果如图7-111、图7-112所示。

图 7-111

图 7-112

2 单击调整面板中的“创建新的色彩平衡调整图层”按钮，在属性面板中对人像的“高光”“中间调”和“阴影”进行参数调整，相关参数及调整的效果如图 7-113 至图 7-116 所示。

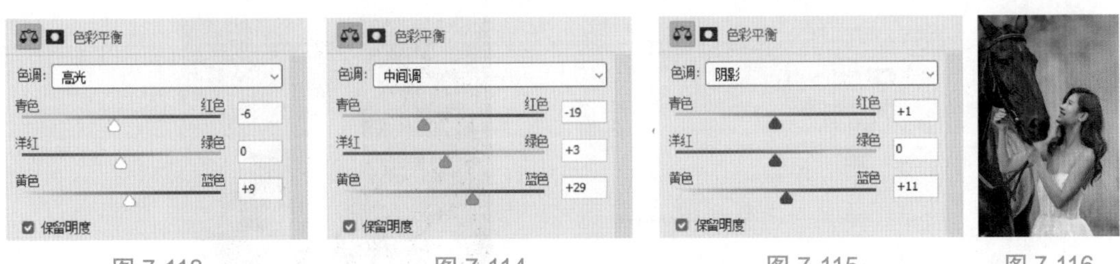

图 7-113　图 7-114　图 7-115　图 7-116

3 单击调整面板中的“创建新的曲线调整图层”按钮，在属性面板中对人像中的“红”通道和“RGB”通道进行调整，参数及调整的效果如图 7-117、图 7-118 所示。

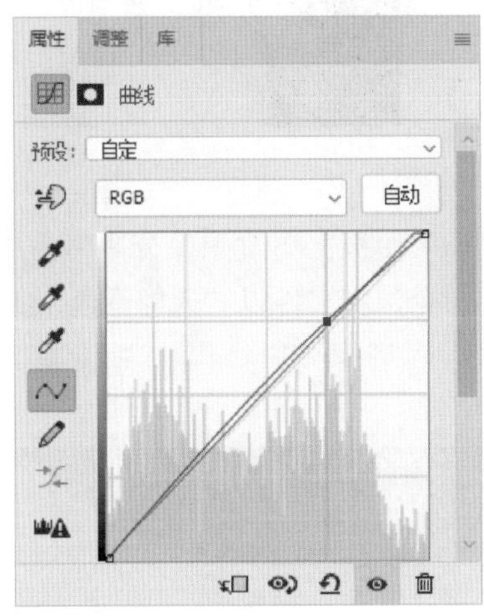

图 7-117

图 7-118

4 单击调整面板中的“创建新的照片滤镜调整图层”按钮，在属性面板中对为人像添加一个青色的照片滤镜，同时调整密度为 18%，参数及调整后的效果如图 7-119、图 7-120 所示。

属性　调整　库

照片滤镜

滤镜：Cyan

颜色：

密度：18 %

保留明度

图 7-119

图 7-120

5 单击调整面板中的“创建新的色相/饱和度调整图层”按钮，对人像的色相和饱和度参数进行调整，参数及调整后的效果如图 7-121、图 7-122 所示。

图 7-121

图 7-122

6 按【Alt+Ctrl+I】组合键打开“图像大小”面板，更改图像分辨率为 72 像素/英寸，单击“确定”按钮，选择“文件”>“存储为”命令，将文件以“人像调色.jpg”的文件名进行保存。

练　习

风景照调色。要求：使用“Camera Raw 滤镜”“天空”“天空替换”“调整图层”相关命令，结合给定的素材完成风景照调色。对比效果如图 7-123、图 7-124 所示。

图 7-123

图 7-124

第8章 行业综合案例

本章导读

本章针对不同行业的设计案例将之前所学的知识融汇贯通，综合运用抠图、修图、调色等技能来完成综合案例的制作。

学习目标

◎掌握Photoshop综合应用。

8.1 电商优惠券制作

优惠券是商家经常使用的一种广告物料，是比较常见的营销推广工具，一般都是长方形，主要有代金券、体验券、特价券、换购券、礼品券、折扣券、通用券、抽奖券等分类。优惠券常规尺寸有：180 mm × 54 mm、90 mm × 54 mm、150 mm × 54 mm、130 mm × 63 mm、145 mm × 70 mm、140 mm × 68 mm、155 mm × 77 mm、110 mm × 90 mm、210 mm × 90 mm。与传统的优惠券相比，电子优惠券节约纸质成本，在电子商务盛行的今天，可谓无处不在。电子优惠券因为其使用媒介不同，设计尺寸相对自由。

案例 8-1 电商优惠券制作

要求：使用Photoshop中的选区工具、形状工具、文字工具及相关命令，结合给定素材完成电商优惠券的制作。

操作步骤如下：

1 新建空白文档，宽度为500像素，高度为280像素，分辨率为72像素/英寸，背景内容为透明，文件名称为“优惠券”，具体参数如图8-1所示。

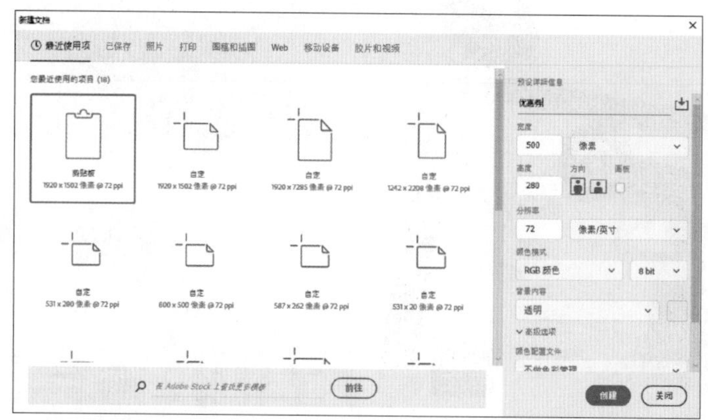

图 8-1

2 选择工具箱中的“矩形工具”，在工具属性栏中设置绘制类型为“形状”，填充“红色”，RGB值为（238，21，16），其他设置如图8-2所示。

图 8-2

3 在图像窗口中单击鼠标左键，弹出“创建矩形”对话框，设置矩形宽度为480像素，高度为270像素，半径为30像素（保持四角锁定开关按下），如图8-3所示。

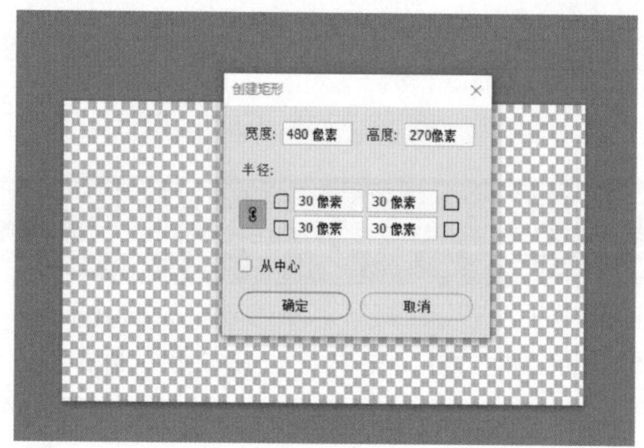

图 8-3

4 单击“确定”按钮，在文档中创建“矩形1”形状图层，如图8-4所示，选择“移动工具”，单击属性栏中的“路径对齐方式”按钮，在对齐类型中选择“画布”，对齐方式中单击“水平居中对齐”和“垂直居中对齐”按钮，如图8-5所示，将绘制的形状对齐到画布中心，效果如图8-6所示。如果倒角过大或者过小可通过按住四个倒角内侧任意一个圆弧调整点，利用鼠标左键上下拖动来改变圆角矩形的倒角大小。

5 选择“矩形工具”，更改属性栏中的填充颜色为白色，描边颜色为无，在绘图区创建任意矩形，得到“矩形2”形状图层，如图8-7所示。选择矩形中间的四个控制点，对矩形的大小进行调整，选择工具箱中“路径选择工具”保证矩形处于选中状态，在属性栏中选择“路径对齐方式”按钮，在对齐类型中选择“画布”，对齐方式中单击“垂直居中对齐”按钮，将白色矩形块进行垂直对齐，选择“移动工具”将绘制的矩形移动到右侧，得到图8-8

所示效果。

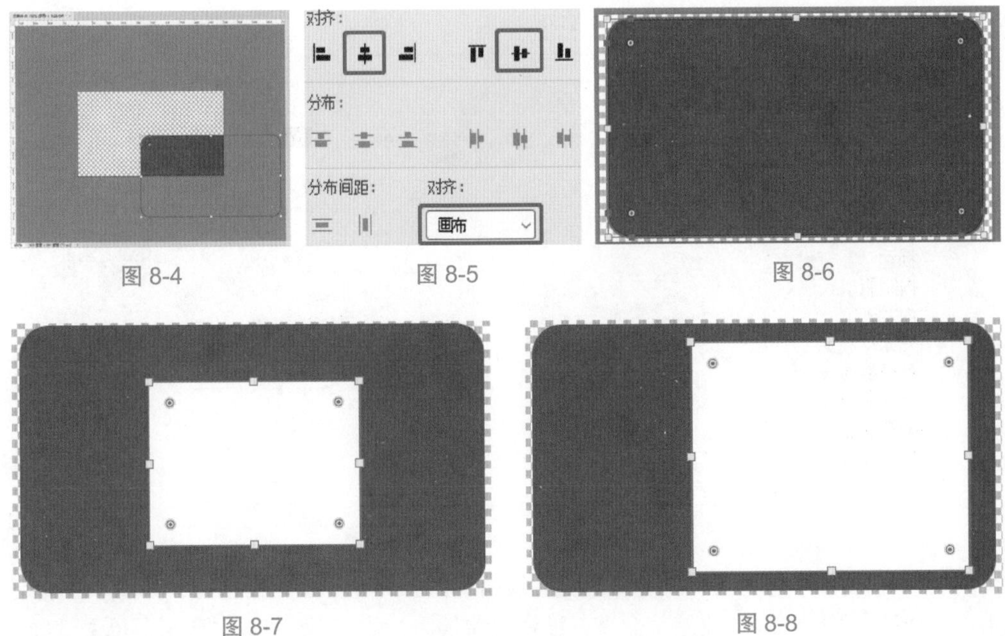

图 8-4　　图 8-5　　图 8-6

图 8-7　　图 8-8

6 选择“椭圆工具”使矩形处于选择状态，在属性栏中选择“路径操作”中的“减去顶层形状”命令，如图 8-9 所示，保持属性栏中的填充颜色为白色，描边颜色为无，将鼠标指针放置在矩形区域内，指针会变成减去图标，如图 8-10 所示，在绘图区创建任意椭圆，如图 8-11 所示。

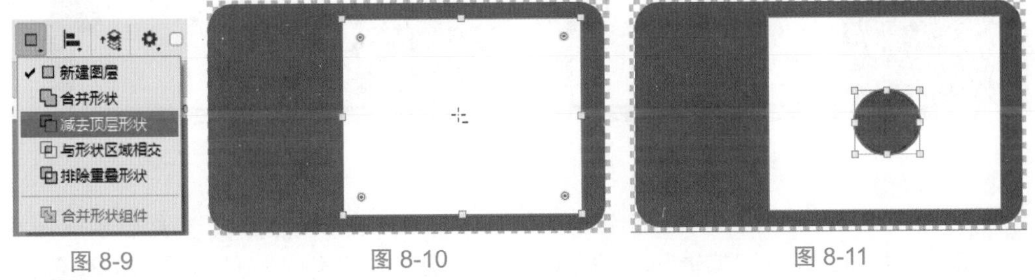

图 8-9　　图 8-10　　图 8-11

7 将椭圆移动到白色矩形右侧中间点使其自动吸附对齐，如图 8-12 所示，选择工具箱中“路径选择工具”在非椭圆区域单击，使所绘的形状处于非选择状态，如图 8-13 所示。

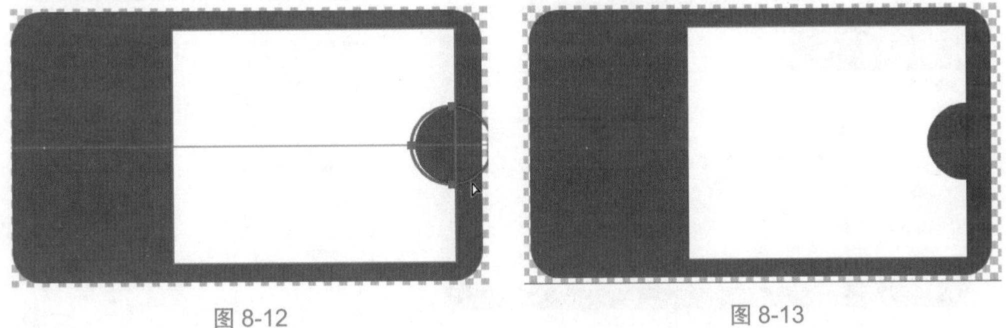

图 8-12　　图 8-13

8 选择“矩形2”图层，单击图层面板下方的“添加图层样式”按钮，选择“投影”选项，如图8-14所示，参数设置如图8-15所示。

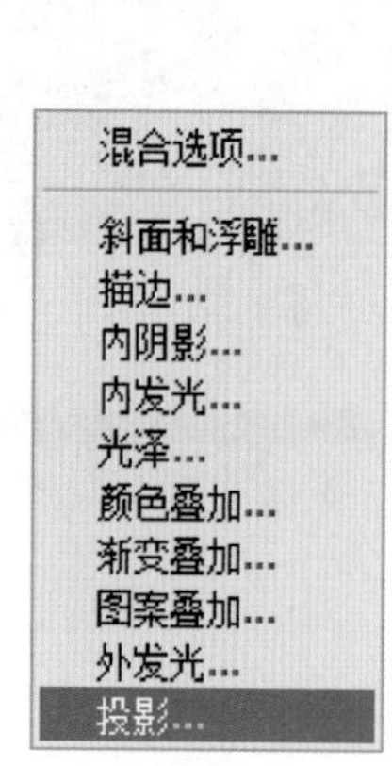

图 8-14

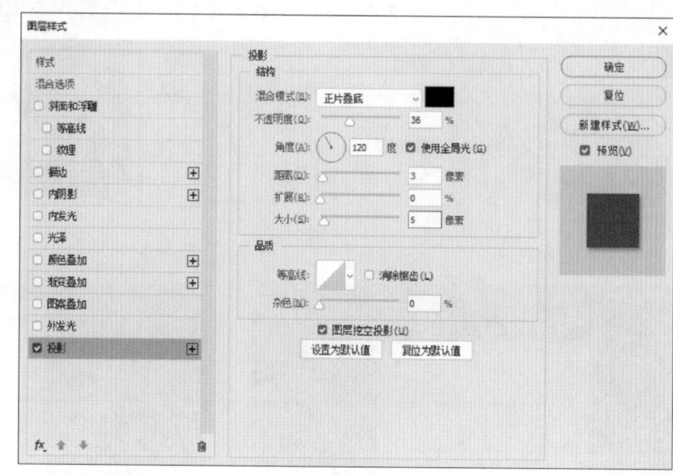

图 8-15

9 按住【Ctrl】键单击“矩形2”图层的缩览图，将矩形2变成选区，如图8-16所示，单击“选择”>“修改”>“收缩”命令，设置收缩量为5像素，如图8-17所示，单击“确定”按钮，对选区进行收缩。

图 8-16

图 8-17

10 按【Ctrl+Shift+N】组合键创建新图层，命名为“装饰金色条纹”，如图8-18所示，单击“确定”按钮，单击“编辑”>“描边”命令，设置描边宽度为3像素，设置颜色为金色RGB值为（255，215，0），位置选择“居中”，其他参数如图8-19所示，单击“确定”按钮，按【Ctrl+D】组合键取消选区。

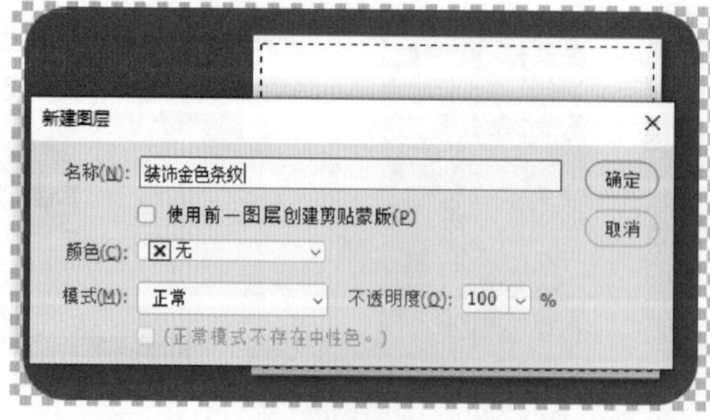

图 8-18

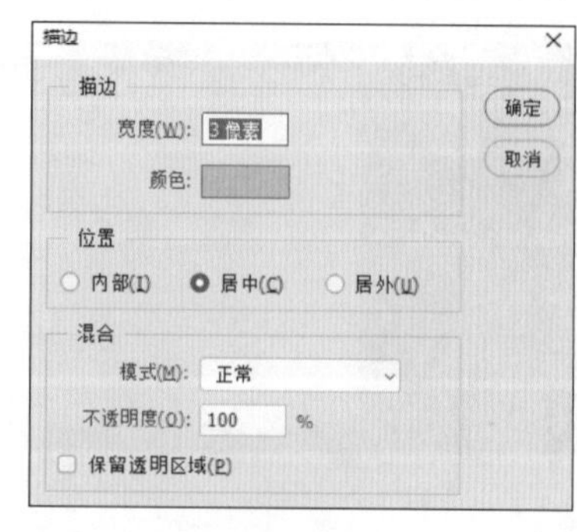

图 8-19

11 选择工具箱中的“横排文字工具”，在属性栏中设置字体为微软雅黑，字体样式为Bold，字号为90点，在白色矩形上方输入文字“100”，调整到合适位置，如图8-20所示，择文字图层“100”，单击图层面板下方的“添加图层样式”按钮，选择“渐变叠加”选项，设置渐变颜色左侧0%位置RGB值为（220，17，12），60%位置的RGB值为（255，127，131），100%位置的RGB值为（251，59，65），如图8-21所示。

图 8-20

图 8-21

12 “渐变叠加”效果其他参数如图8-22所示，勾选“投影”选项，参数设置见图8-23。

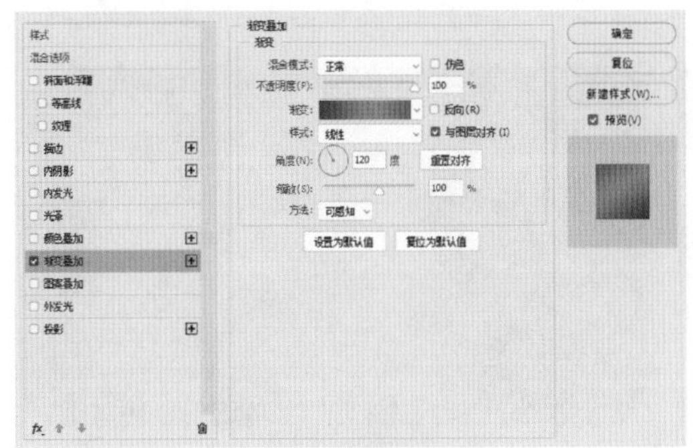

图 8-22

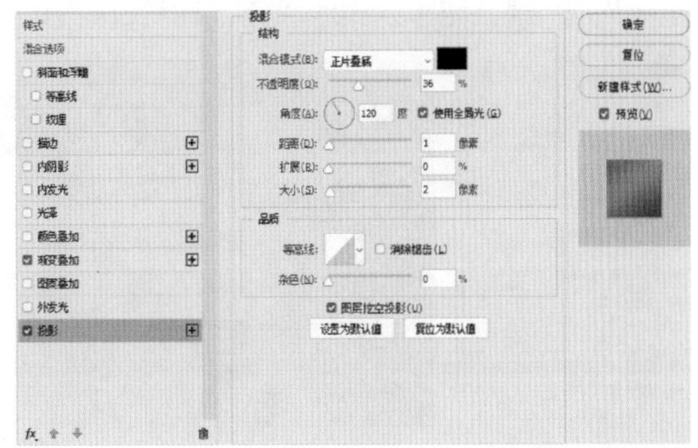

图 8-23

13 选择“移动工具”，按住【Shift】键，移动文字“100”对其进行复制，如图8-24所示，双击复制文字图层前方的缩略图图标 T ，将文字“100”更改为“元”，按【Ctrl+T】组合键对文字进行缩放，移动到合适位置，如图8-25所示。

图 8-24

图 8-25

14 选择工具箱中的“横排文字工具”，输入“实付金额满500元可用”，RGB颜色值为（90，90，90），按【Ctrl+T】组合键对文字进行缩放，移动到合适位置，如图8-26所示，选择“直线工具”，属性栏设置为“形状”，填充RGB颜色值为（255，215，0），描边无，粗细为2像素，按住【Shift】键在文字下方绘制一条水平直线，选择“移动工具”，按【Alt+Shift】组合键复制一条放在文字上方，效果如图8-27所示。

图 8-26

图 8-27

15 在图层面板中选择最下方的“矩形1”图层，按【Ctrl+J】组合键复制图层得到“矩形1拷贝”图层，右击该层在弹出的菜单中选择“栅格化图层”命令，如图8-28所示，并将该层移动至最顶层，更改该层不透明度为30，便于观察该图层下方的信息，选择“椭圆选框工具”，绘制，图8-29和8-30所示的选区效果。

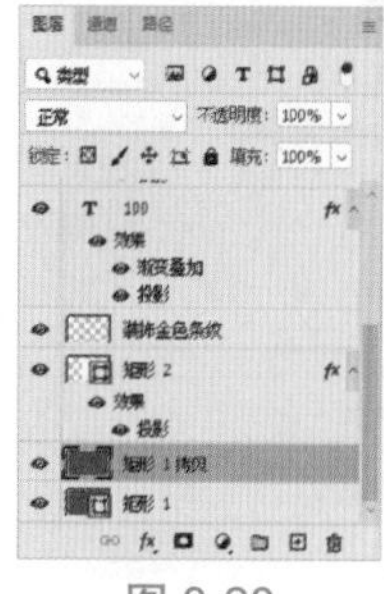
图 8-28

图 8-29

图 8-30

16 按【Delete】键删除选区内的内容，按【Ctrl+D】组合键取消选区，将图层不同透明度更改为100%，如图8-31所示，选择文字图层“100”下方的效果文字，右击选择“复制图层样式”命令，重新选择“矩形1拷贝”图层，右击选择“粘贴图层样式”命令，如图8-32所示，鼠标按住“矩形1拷贝”图层，拖动到图层面板上的“创建新图层”图标上，复制出一个图层，得到“矩形1拷贝2”。

图 8-31

图 8-32

17 重新选择“矩形1拷贝”图层，选择“移动工具”，按小键盘【→】键一次，将“矩形1拷贝”向右移动1个单位，如图8-33所示，双击图层下方的“效果”，打开“图层样式”

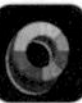

对话框，取消“投影”和“渐变叠加”，勾选“颜色叠加”设置混合模式为正常，颜色RGB值为（255，215，0），不透明度为100%，单击“确定”按钮，效果如图8-34所示。

图 8-33

图 8-34

18 选择工具箱中的“横排文字工具”，选择图层面板最上方图层，单击输入文字“优惠券”，字体为微软雅黑，字体样式为Bold，字号为48点，颜色为白色，调整到合适位置，重新输入文字“全店通用”，设置字号为30点，颜色为金色RGB值为（255,215,0），如图8-35所示，选择文字图层“全店通用”和“优惠券”，单击移动工具，在工具属性栏中选择“居中对齐”，并重新调整一下位置，效果如图8-36所示，以文件名为“优惠券完成.psd”进行保存。

图 8-35

图 8-36

8.2　手机 App 界面设计

制作手机App界面设计之前，首先要了解设计过程中应该遵循的尺寸原则，iPhone常见的设计界面尺寸为320×480、640×960、640×1 136像素三个类别，Ipad的常见设计界面尺寸为1 024×768、2 048×1 536像素，Android系统手机常见的设计界面尺寸为480×800、720×1 280、1 080×1 920像素。Android和iPhone的系统界面设计内容基本相同，主要包含状态栏、导航栏、主菜单、内容区域四个部分（因为不同的系统及手机屏幕尺寸的限制导致设计过程中状态栏、导航栏、主菜单、内容区域四部分的尺寸也略有差异，下面iOS系统以750×1 334像素，Android系统以1 080×1 920像素作为参考进行尺寸讨论）。状态栏主要包括信号、运营商、电量等显示手机状态的区域，常见设计高度为40像素（iOS）和60像素（Android）；导航栏主要显示当前界面的名称，包含相应的功能或者页面间的跳转按钮，其设计高度为88像素（iOS）和144像素（Android）；主菜单栏类似于页面的主菜单，提供整个应用的分类内容的快速跳转，其设计高度为98像素（iOS）和150像素（Android）；内容区域展示应用提供的相应内容，整个应用中布局变更最为频繁，其高度视总体设计尺寸而定。

案例 8-2 手机App界面

要求：参照App相关尺寸，利用Photoshop工具及命令，结合给定素材完成Android手机界面设计案例制作。

操作步骤如下：

1 新建空白文档，宽度为1 080像素，高度为2 400像素，分辨率为72像素/英寸，背景内容为白色，名称为“手机App界面设计”，具体参数如图8-37所示。

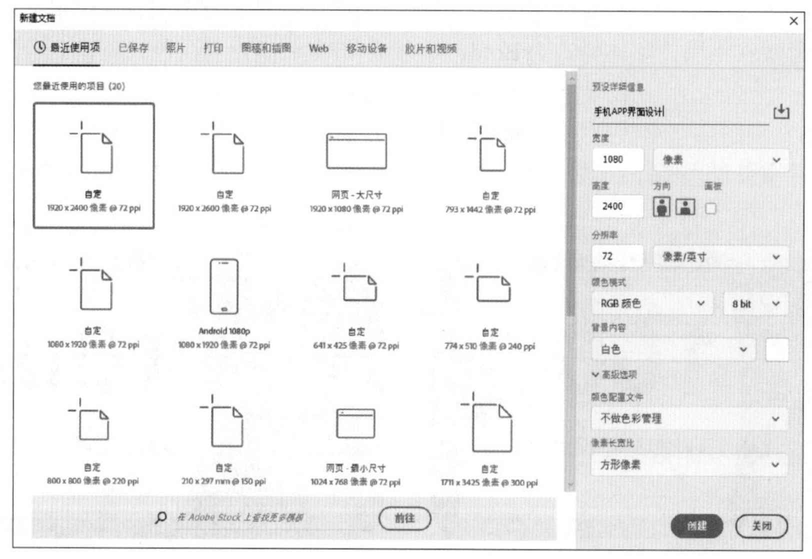

图 8-37

2 单击“视图”>“新建参考线”命令，弹出“新建参考线”对话框，选择“水平”，分别在60像素、204像素、460像素和2 250像素处新建水平参考线，选择“垂直”，分别在28像素和1 052像素处新建垂直参考线。

3 新建图层，更改名称为“黄色背景”，选择“矩形选框工具”绘制一个1 080 × 460的矩形选区，设置前景色为黄色RGB值为（250，220，1），按【Alt+Delete】组合键进行前景色填充，按【Ctrl+D】组合键取消选区，效果如图8-38所示。

4 新建图层组，更改图层组名称为“top区”，分别将“top区”素材文件夹中的“信号”“Wi-Fi”“时间”“蓝牙”“电量”“电池图标”等素材拖动到“手机App界面设计”文件中，并将图层更名为素材名称，并为“top区”图层指定图层样式中的“颜色叠加”，设置颜色为黑色，得到图8-39所示效果。

5 新建图层组，更改图层组名称为“搜索区”，放置在“top区”图层组的下方，选择工具箱中的“矩形工具”绘制990 × 90像素的矩形，倒角半径为45像素，如图8-40所示，填充颜色为白色，描边颜色无，更改图层名称为“搜索框”；在素材库中导入“搜索图标”素材，放置在“搜索区”图层组中，更改图层名称为“搜索图标”，为其指定图层样式，选择“颜色叠加”RGB值为（183，183，183），如图8-41所示。

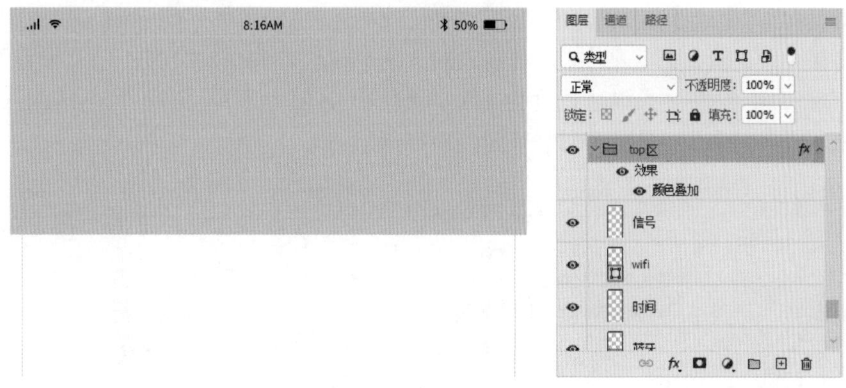

图 8-38　　图 8-39

图 8-40

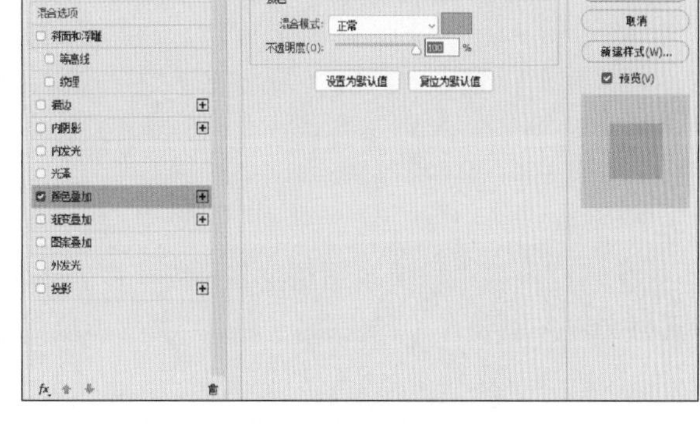

图 8-41

6 选择“横排文字工具”，设置字体类型为思源黑体、Regular、字号为28点，输入文字“搜索内容”，字体RGB值为（123，123，123），并调整位置，得到图8-42所示效果、图8-43所示图层排列效果。

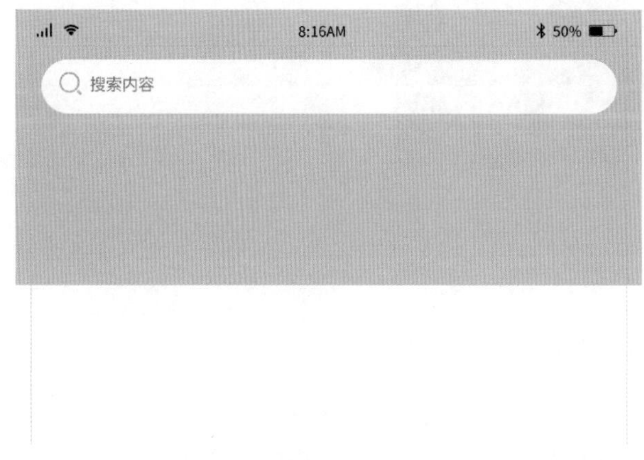

图 8-42

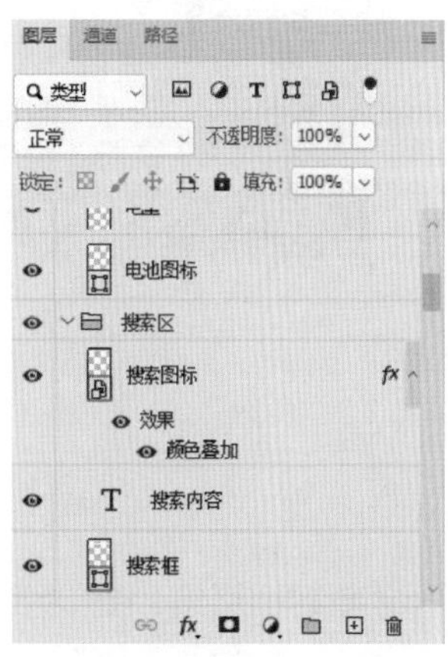

图 8-43

7 新建图层组，更改图层组名称为“导航条”，并将其调整到“搜索区”图层组的下方，使用文字输入工具，分别输入深灰色文字“推荐”（思源黑体，Bold，48点）“母婴用品”“休闲美食”“电影演出”“护肤美妆”“有机农场”（思源黑体，Normal，42点），文字字体颜色RGB值为（51，51，49），并对输入的文字进行对齐和平均分布，在“推荐”文字的下方利用直线命令绘制一条描边宽度为3像素颜色RGB值为（77，77，77）的深灰色线条，最终效果如图8-44所示，图层排列效果如图8-45所示。

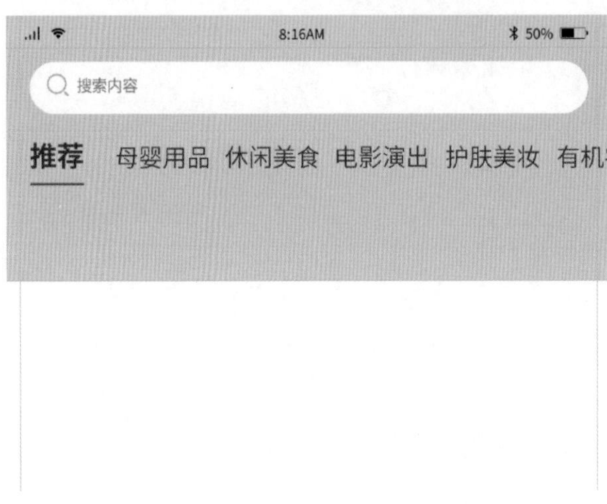

图 8-44

图 8-45

8 新建图层组，更改图层组名称为“广告条”，将其移动到“导航条”图层组的下方，在素材文件夹中导入“广告条”文件，更改图层名称为“广告条”，并调整位置，如图8-46所示，图层排列效果如图8-47所示。

图 8-46

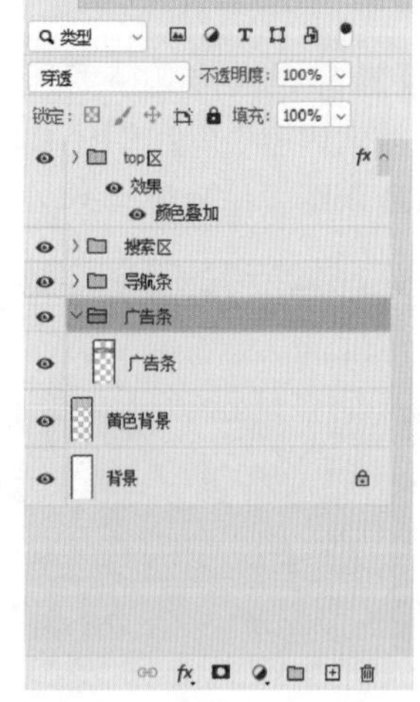

图 8-47

9 新建图层组，更改图层组名称为“图标区”，并将图层组移动到“广告条”图层组下方，在提供的“icon.png”素材中利用“椭圆选框工具”选择复制出10个图标，粘贴到“手机App界面设计”文件中，利用对齐和分布命令将图片排列整齐，选择“横排文字工具”，输入相应的文字（思源黑体，Normal，42点），文字颜色RGB值为（51，51，49），并利用对齐和分布工具将文字与上面的图标进行对齐，效果如图8-48所示，图层排列效果如图8-49所示。

图 8-48

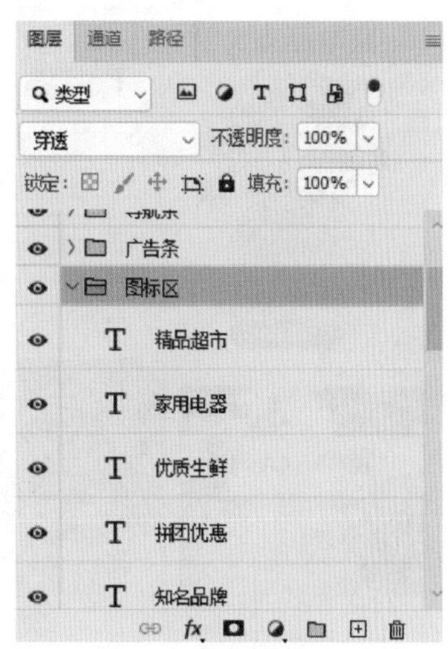

图 8-49

10 新建图层组，更改图层名称为“分类区”，将其移动到“图标区”图层组下方，选择“矩形工具”，绘制倒角为5像素的四个矩形，填充颜色为白色，描边颜色RGB值为（123，123，123），分别命名为“家电”图层、“化妆品”图层、“知名品牌”图层和“优质生鲜”图层，如图8-50所示，图层排列效果如图8-51所示。

图 8-50

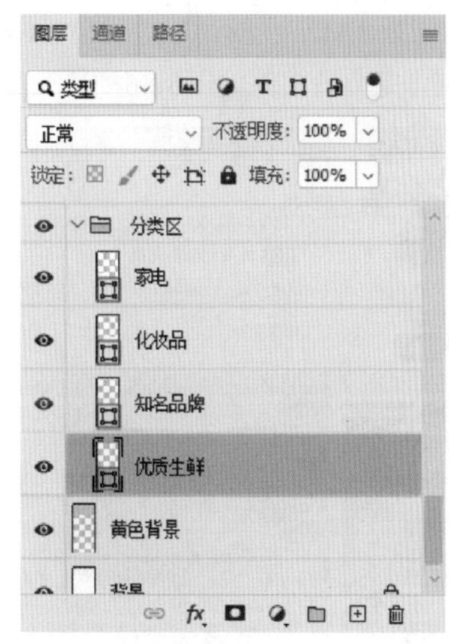

图 8-51

11 在素材文件夹中选择“分类区”中的素材，将其拖动到文件中，并分别重命名图层名称为“家电”“化妆品”“知名品牌”和“优质生鲜”，重新调整图层位置，将图片放置在对应名称的形状图层上方，分别在两个相同名称图层之间按住【Alt】键单击鼠标左键，将图片置入到形状图层中，得到图8-52所示，图层排列效果如图8-53所示效果。

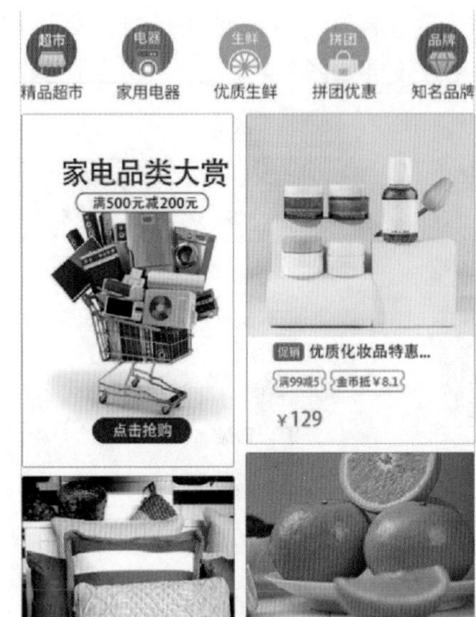

图 8-52

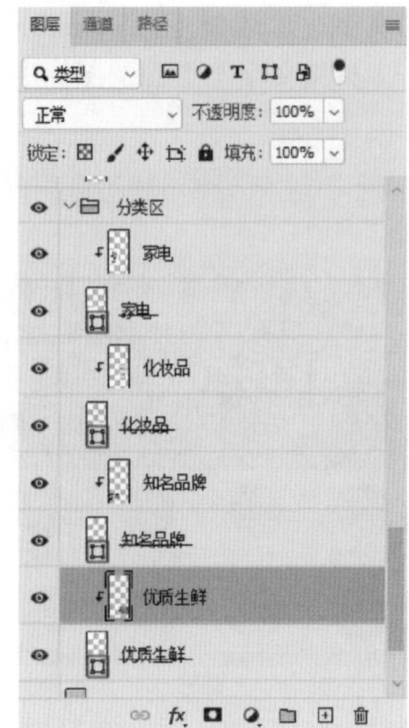

图 8-53

12 新建一个图层组，重命名图层组为“主菜单栏”，并将其移动到“分类区”图层组下方，新建图层更名为“主菜单栏背景”，沿着最下方的辅助线绘制选区，并填充黄色RGB值为（250，220，1），选择素材文件夹中的“主菜单栏”素材，将其移动到文件中，并对齐和分布好图标，选择“横排文字工具”，分别输入“首页”（思源黑体，Regular，38点，填充红色RGB值为（225，74，44））“分类”“发现”和“我的”（思源黑体，Regular，38点，填充灰色RGB值为（112，112，112）），如图8-54所示，图层排列效果如图8-55所示。

13 将制作完成的文件如图8-56所示，以“手机App界面设计.psd”为名称进行保存。

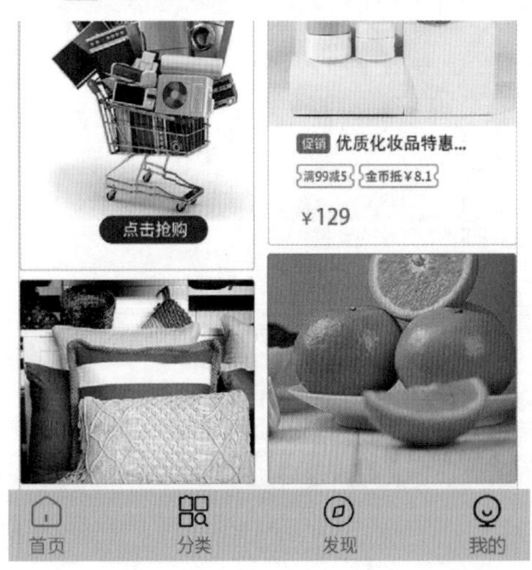

图 8-54

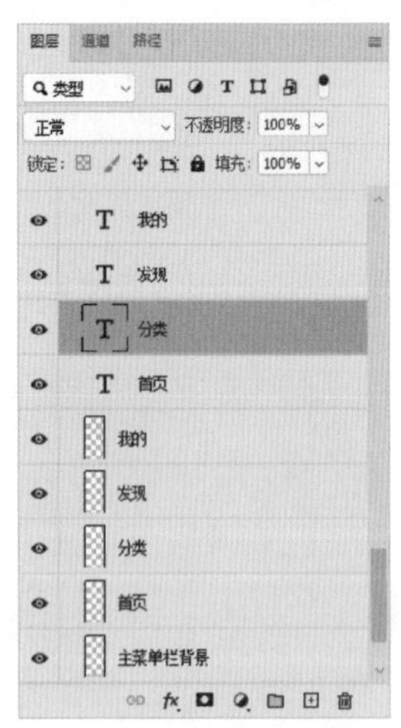

图 8-55

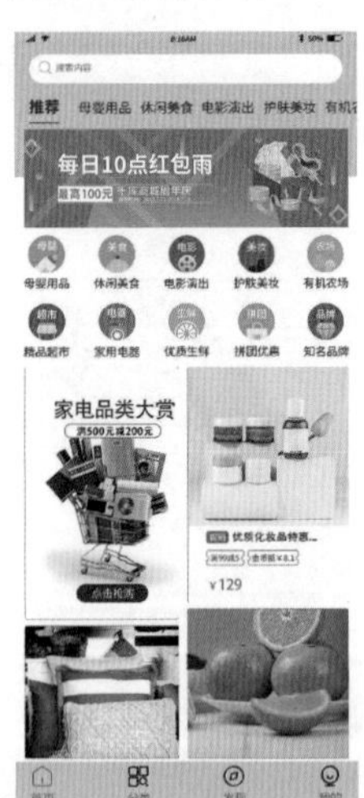

图 8-56

8.3　网页界面设计与制作

在进行网页设计过程中，以1 920 × 1 080 px电脑显示分辨率作为设计标准，网页的安全区域需要控制在1 200 px以内。这样可以保证整个页面在不同尺寸的浏览器访问时能够显示出完整的内容。

案例 8-3　网页界面设计与制作

要求：参照网页设计尺寸，利用Photoshop相关工具及命令，结合给定素材完成摄影公司主页制作。

操作步骤如下：

1 新建一个空白文档，宽度为1 200像素，高度为2 000像素，分辨率为72像素/英寸，背景内容为白色，名称为“摄影公司主页”，具体参数如图8-57所示。

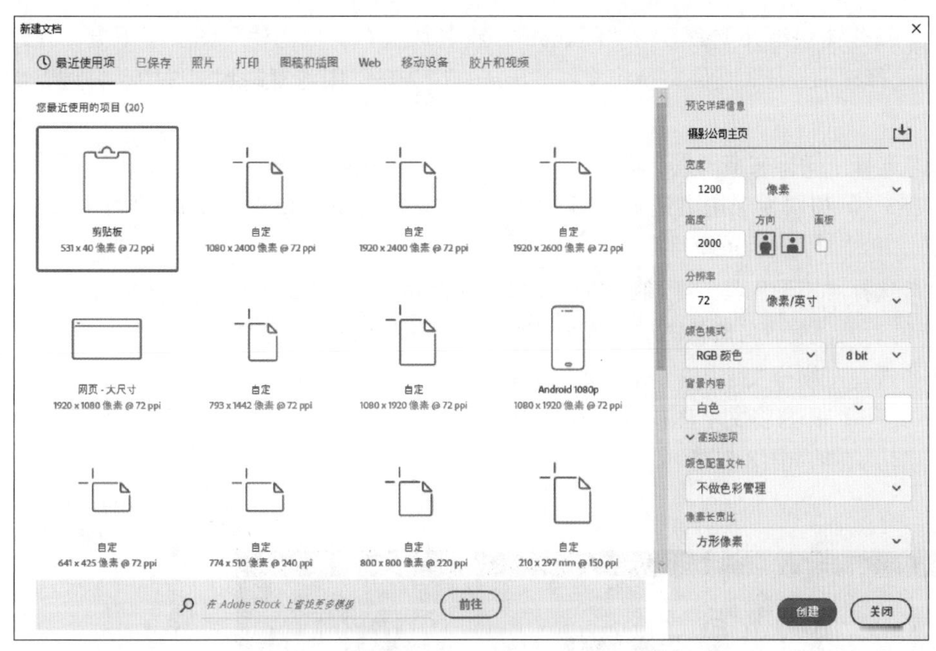

图 8-57

2 单击“视图” > “新建参考线”命令，弹出“新建参考线”对话框，选择“水平”，分别在60像素、460像素、575像素、755像素、765像素、1 045像素、1 060像素、1 135像素、1 415像素、1 560像素、1 780像素和1 955像素处新建水平参考线，选择“垂直”，分别在200像素和1 000像素处新建垂直参考线。

3 新建图层组，重命名图层组为“标题栏”，在“标题栏”图层组内新建图层，重命名为“标题栏背景”，选择“矩形选框工具”，在顶部绘制选区，更改前景色颜色为深灰色RGB值为（21，21，21），按【Alt+Delete】组合键为选区填充深灰色，按【Ctrl+D】组合键取消选区。

4 在工具箱中选择“横排文字工具”，分别输入“首页”（思源黑体，Normal，18点，RGB值为（250，1，1））“关于我们”“公司简介”“优秀产品”和“联系我们”（思源黑体，Normal，14点，RGB值为（255，255，255））并对文本进行对齐和分布处理，得到图8-58所示效果，图层面板中图层顺序如图8-59所示。

图 8-58

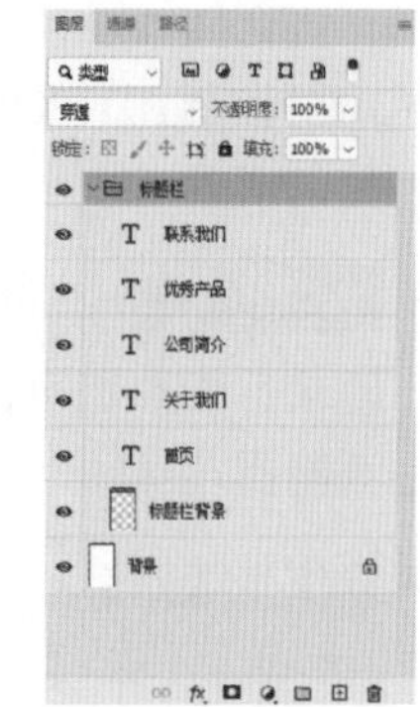

图 8-59

5 新建图层组并重命名为“banner”，将其放置在“标题栏”图层组下方，在素材文件夹中选择“banner”文件夹，将文件“banner广告条”图像复制到文件中，并调整到合适位置。

6 选择“横排文字工具”输入，“专业团队”（思源黑体，Bold，48点，RGB值为（255，255，255））和“为您拍出最美色彩”（思源黑体，Light，35点，RGB值为（255，255，255）），并对文字进行重新排布。

7 选择“矩形工具”，绘制150×30像素，倒角为0像素的形状，设置填充颜色为白色，描边颜色为无，重命名形状图层名称为“按钮”，并调整到合适位置。

8 选择“横排文字工具”，输入“我也来拍+”（思源黑体，Regular，20点，RGB值为（255，6，6）），并将文字图层放置在“按钮”图层上方，得到的效果如图8-60所示，图层面板中图层顺序如图8-61所示。

图 8-60

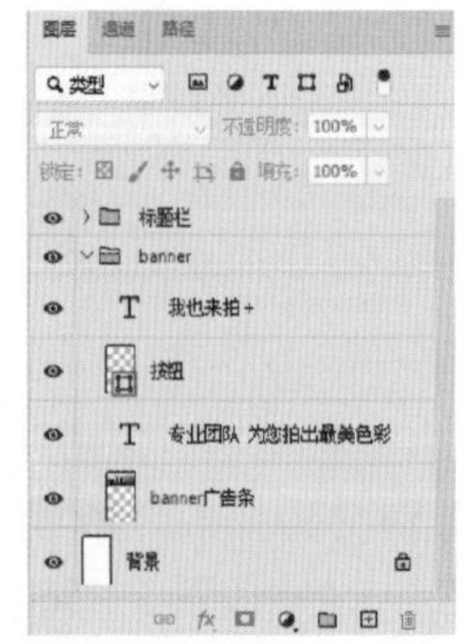

图 8-61

9 新建图层组命名为“美图欣赏”，并将其放置在“banner”图层组下方，新建图层，更名为“分隔线”，选择“矩形选框工具”，绘制两条宽度为5像素的选区，并为选区填充灰色，颜色RGB值为（123，123，123），选择“横排文字工具”，在分隔线空隙位置分别输入“美图欣赏”（思源黑体，Light，35点，RGB值为（0，0，0））和“PHOTO APPRECIATION”（思源黑体，Light，20点，RGB值为（0，0，0））如图8-62所示。

图 8-62

10 选择“矩形工具”，绘制280×180像素，倒角为5像素，填充颜色为灰色，RGB值为（123，123，123）的矩形，更改图层名称为“儿童摄影”，再复制出8个相同的矩形，对9个矩形进行排列，上排矩形从左到右图层名称依次更改为“儿童摄影”“婚纱写真”“毕业留念”“自然风光”，调整下排矩形图形位置，依次更改图层名称为“餐饮美食”“居家场景”“宠物世界”“私人订制”和“商务摄影”，效果如图8-63所示。

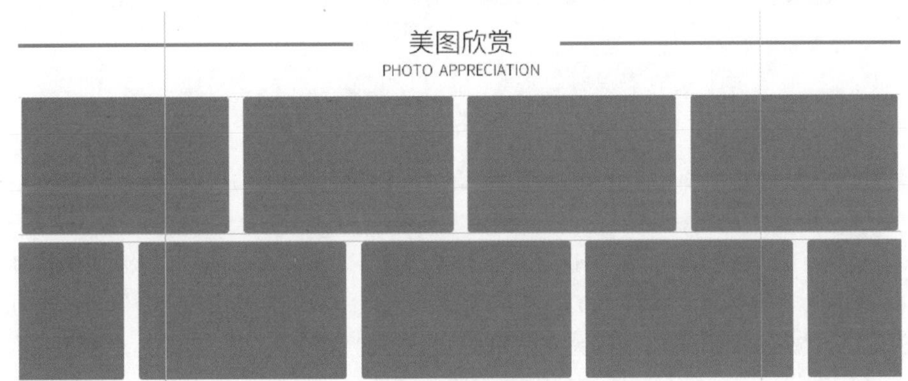

图 8-63

11 在素材文件中选择“美图欣赏”文件夹，将各个素材图像复制到文件中，并将图片按照素材名称命名，将图片位置和图层位置调整好，在相同名称的图片和矩形图层之间按住【Alt】键单击鼠标左键，将图片置入到矩形图层中，选择“横排文字工具”，在对应图片上方输入相应文字（思源黑体，Light，24点，RGB值为（0，0，0）），得到图8-64、图8-65所示效果。

12 新建图层组命名为“资讯中心”，并将其放置在“美图欣赏”图层组下方，复制“美图欣赏”图层组中的“分隔线”“美图欣赏”和“PHOTO APPRECIATION”三个图层，并将其移动到“资讯中心”图层组中，将文字“美图欣赏”更改为“资讯中心”，将文字“PHOTO APPRECIATION”更改为“INFORMATION CENTER”，并将图层名称更改为输入的文字信息。将复制的内容移动到图8-66所示的位置。

图 8-64　　图 8-65

图 8-66

13 在“资讯中心”图层组中新建以“资讯1”作为名称的图层组，在“资讯1”图层组中新建图层，更改图层名称为“底纹”，利用“矩形选框工具”绘制两个矩形，并填充浅灰色，RGB值为（247，247，247），选择“横排文字工具”，输入“20”（思源黑体，Normal，36点，RGB值为（0,0,0））和“2022/12”（思源黑体，Normal，20点，RGB值为（0,0,0）），并对文字进行排列，打开素材文件夹“资讯中心”中的“文字.txt”文件，复制第一段文字，选择“横排文字工具”，在右侧底纹处拖动出段落文本区域，按【Ctrl+V】组合键粘贴文字，调整字体参数为思源黑体，Normal，12点，RGB值为（0，0，0），如图8-67所示。

图 8-67

14 复制“资讯1”图层组，更改名称为“资讯2”，对图层组的位置进行移动，将时间更改为“16”和“2022/12”，文字信息更改为素材文件夹“资讯中心”中的“文字.txt”文件的第二段文字，同样的方法，复制“资讯2”图层组更改名称为“资讯3”，对图层组的位置进行移动，将时间更改为“10”和“2022/12”，文字信息更改为素材文件夹“资讯中心”中的“文字.txt”文件的第三段文字，效果如图8-68、图8-69所示。

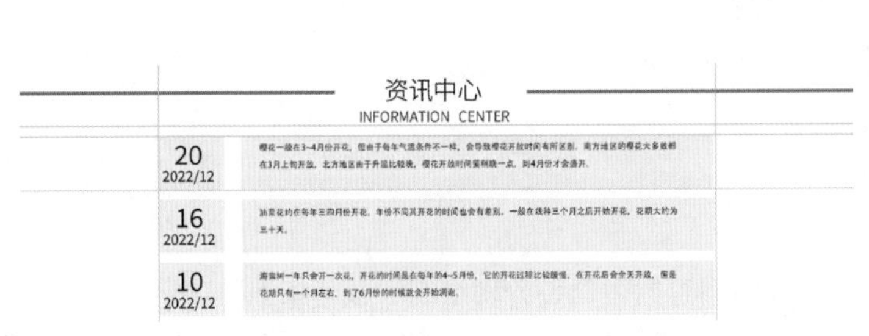

图 8-68

图 8-69

15 选择“横排文字工具”，输入英文“MORE >>”（思源黑体，Light，20点，RGB值为（0，0，0）），放置到图8-70所示的位置。

图 8-70

16 新建图层组，重命名为“公司介绍”，将其放置在“资讯中心”图层组下方，复制“资讯中心”图层组中的“分隔线”“资讯中心”和“INFORMATION CENTER”三个图层，并将其移动到“公司介绍”图层组中，将文字“资讯中心”更改为“公司介绍”，将文字“INFORMATION CENTER”更改为“ABOUT US”，并将图层名称更改为输入的文字信息。将复制的内容移动到图8-71所示的位置。

图 8-71

17 新建图层，重命名为“公司图片”，利用“矩形选框工具”绘制大约265×145像素的矩形选区，填充灰色RGB值为（38，38，38），打开素材文件夹“公司介绍”中的“公司介绍.png”图片，放置在刚才绘制的矩形的图层的上一图层，将图片置入到矩形图像内，如图8-72所示。

图 8-72

18 利用相同方法绘制公司介绍内容的边框，分别绘制“颜色条上”“颜色条下”（RGB颜色值为（38，38，38））及“more背景颜色条”（RGB颜色值为（241，3，3）），并按照上述文字信息重命名填充颜色的图层，选择“横排文字工具”，输入“MORE>>”（思源黑体，Light，14点，RGB值为（255，255，255）），得到图8-73所示的效果。

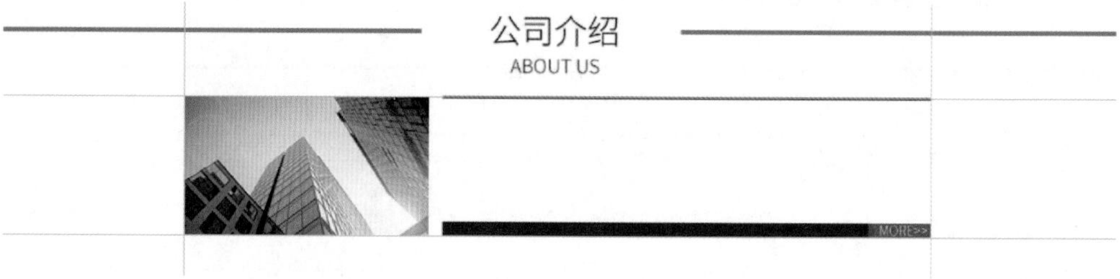

图 8-73

19 打开素材文件夹“公司介绍”中的“公司介绍.txt”文件，复制所有文字，在文件中选择“横排文字工具”，绘制段落文本，并对文字进行粘贴，设置文字为思源黑体，Light，14点，RGB值为（0，0，0），适当调整文字之间的行间距，得到图8-74所示效果。

图 8-74

20 新建图层组，重命名为“友情链接”，将其放置在“公司介绍”图层组下方，复制“公司介绍”图层组中的“分隔线”、“公司介绍”和“ABOUT US”三个图层，并将其移动到“友情链接”图层组中，将文字“公司介绍”更改为“友情链接”，将文字“ABOUT US”更改为“LINK”，并将图层名称更改为输入的文字信息。将复制的内容移动到图8-75所示的位置。

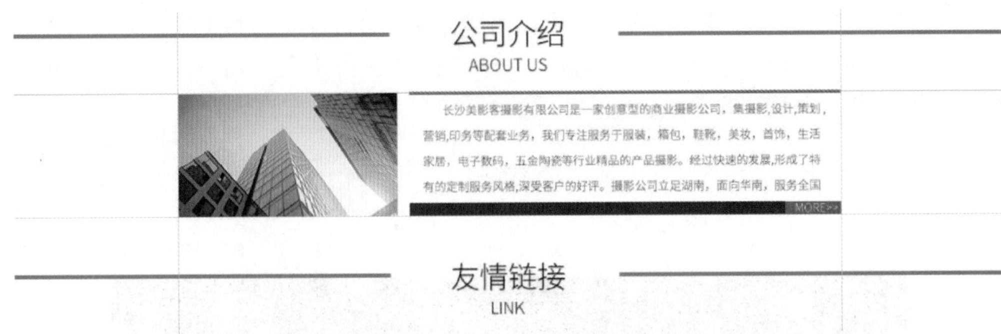

图 8-75

21 选择“横排文字工具”，分别输入“摄影部落”“500PX”“色影无忌”“蜂鸟网”“图虫网”“POCO摄影图片社区”及“CNU视觉联盟”等文字（思源黑体，Light，19点，RGB值为（0，0，0）），并对文字进行排列，得到图8-76所示效果。

图 8-76

22 利用相同方法，新建图层组，重命名为“联系我们”，将其放置在“友情链接”图层组下方，单击图层面板下方的“创建新图层”按钮，更改图层名称为“联系我们背景”，在1 780像素和1 955像素参考线之间绘制选区，并填充深灰色，RGB值为（38，38，38）；再次新建图层，更改图层名称为“版权信息条”，在辅助线1955像素到文件底部绘制选区，并填充深灰色RGB值为（38，38，38），如图8-77所示。

图 8-77

23 打开素材文件夹“联系我们”中的“联系我们.png”图片，更改图层名称为“联系我们”，放置在“联系我们背景”图层的上一图层，并调整图片大小及位置，更改图层的不透明度为15%，按住【Alt】键在图层面板中单击两图层之间的位置，将图片置入到“联系我们背景”图层内，如图8-78所示。

图 8-78

24 复制“友情链接”图层组中的“友情链接”和“LINK”两个图层，并将其移动到“联系我们”图层组中，将文字“友情链接”更改为“联系我们”，将文字“LINK”更改为“CONTACT US”，更改文字颜色为RGB值为（255，255，255），并将图层名称更改为输入的文字信息。将复制的内容移动到图8-79所示的位置。

图 8-79

25 新建图层，更改图层名称为“白色图块”，绘制矩形选区，填充为白色，打开素材“联系我们”中的“二维码.png”图片，更改图层名称为“二维码”，放置在“白色图块”图层的上一图层，并调整图片大小及位置。在白色方块下方，选择“横排文字工具”，输入文字“扫码了解更多”（思源黑体，Light，14点，RGB值为（255，255，255）），并调整文字位置，得到图8-80所示效果。

图 8-80

26 打开素材“联系我们”文件夹中的“联系我们.txt”，复制文字并粘贴到文件中（思源黑体，Light，14 点，RGB 值为（255，255，255）），更改文字颜色为白色，调整文字位置，得到图 8-81 所示的效果，对制作完成的文档进行保存。

图 8-81

8.4　人像修复

人像修复主要从人像图片的修型、修脏和调光影三个部分考虑，修型常用的工具为选区类工具及液化命令，修脏主要是对人物的皮肤瑕疵进行修复和对人物进行磨皮。在人像处理中磨皮的方法也有很多，例如图章磨皮、画笔磨皮、磨皮插件 Portraiture、高低频、双曲线、中性灰等。不同的磨皮方式适合不同的情况。调光影则可以通过调色命令、加深减淡命令等完成。

案例 8-4　人像修复

要求：通过高低频磨皮的方法完成人像修复案例制作。

操作步骤如下：

1 打开“人像精修”文件夹中的“人像修复.jpg”文件，按【Ctrl+J】组合键复制图层，图层重命名为“人物修复”，选择“修补工具”按钮，对人物面部的斑点和黑痣进行修复，对比效果如图 8-82、图 8-83 所示。

图 8-82

图 8-83

2 单击“滤镜”>“Camera Raw滤镜”（快捷键为【Ctrl+Shift+A】），弹出“Camera Raw 14.0”界面，单击Camera Raw滤镜下方的“在原图/效果图视图之间切换”按钮，切换到图标状态，如图8-84所示。

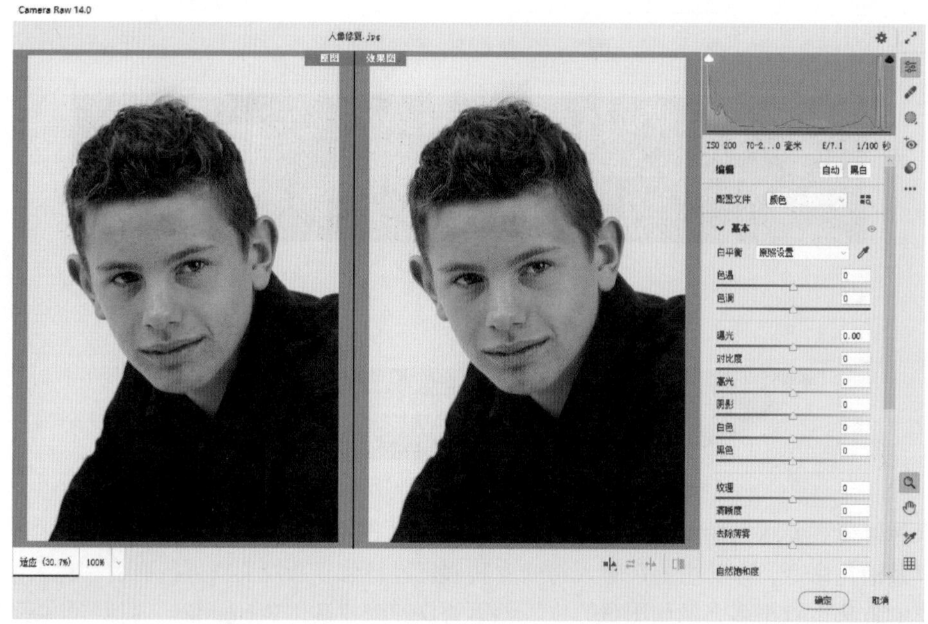

图 8-84

3 设置“基本”选项面板，色温为-18，色调为0，曝光为+0.15，对比度为+12，高光为+1，阴影为+15，白色为+16，黑色为+8，纹理为-24，清晰度为-11，自然饱和度为+17，其他参数不变，调整后对比效果如图8-85所示。

图 8-85

4 单击“确定”按钮，完成初步调色。下面对人物皮肤进行高低频磨皮。选择“人物修复”图层，按【Ctrl+J】组合键两次，更改复制出的两个图层名称为“高频”和“低频”，单击“高频”图层前方的缩览图，对其进行隐藏，如图8-86所示，选择“低频”图层，单击“滤镜”>“模糊”>“高斯模糊”命令，设置半径为8.0像素，如图8-87所示，单击“确定”按钮。

图 8-86

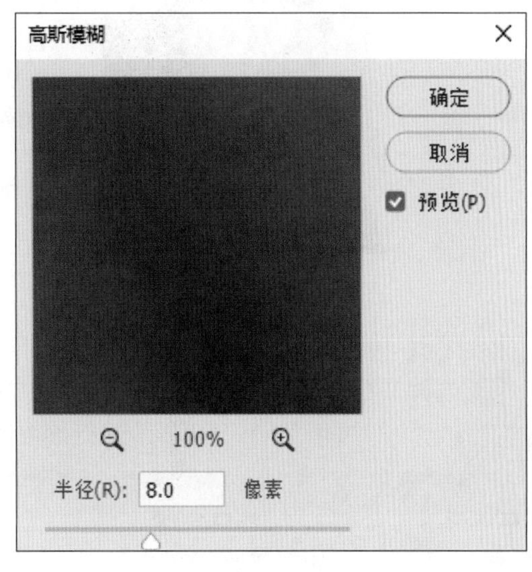

图 8-87

5 单击“高频”图层前方的显示图标，使“高频”图层可见，单击“图像”>“应用图像”命令，参数设置如图8-88所示，图层选择“低频”，混合模式选择“减去”，缩放为2，补偿值为128，其他默认，单击“确定”按钮，更改“高频”图层的混合模式为“线性光”，如图8-89所示。

图 8-88

图 8-89

6 按【Ctrl+J】组合键复制“低频”图层，选择“低频拷贝”图层，单击工具箱中的“套索工具”，设置套索属性栏中羽化值的数值为30像素，选择方式为“添加到选区”，对人物皮肤部分进行选择，如图8-90所示，单击“滤镜”>“模糊”>“高斯模糊”命令，设置参数为12.0像素，如图8-91所示。

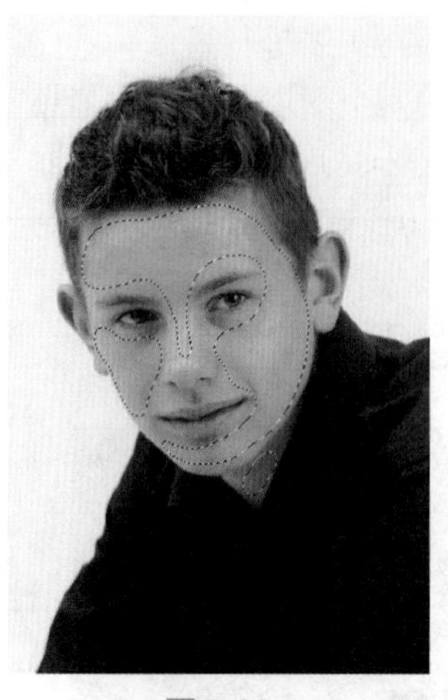

图 8-90

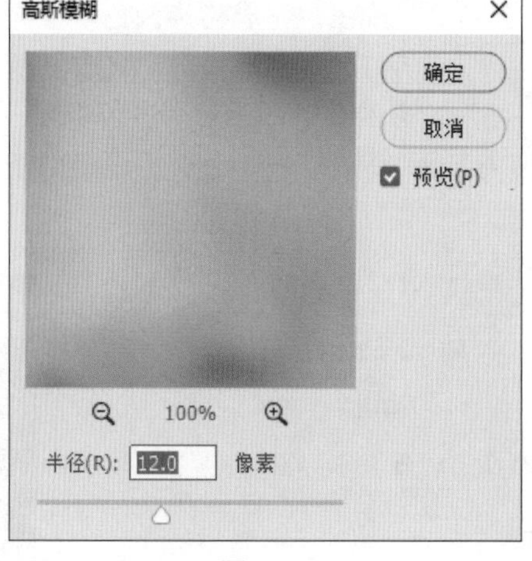

图 8-91

7 单击“确定”按钮，按【Ctrl+D】组合键取消选区，完成人物皮肤的修复。

8 选择“高频”图层，单击调整面板中的“创建新的色彩平衡调整图层”按钮，对人像的“高光”、“中间调”和“阴影”进行参数调整，具体参数和效果如图 8-92~图 8-95 所示。

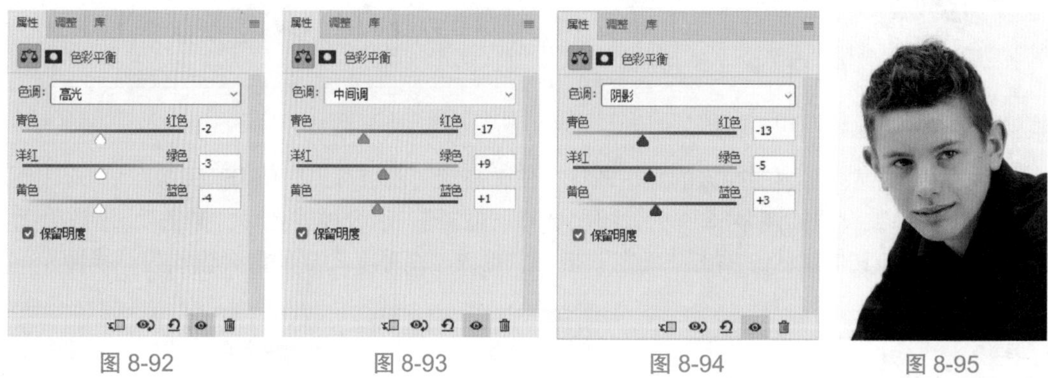

图 8-92　图 8-93　图 8-94　图 8-95

9 按【Ctrl+Shift+Alt+E】组合键创建盖印图层，添加“饱和度”调整图层，参数如图 8-96 所示，添加“曲线”调整图层，曲线调整如图 8-97 所示。

图 8-96

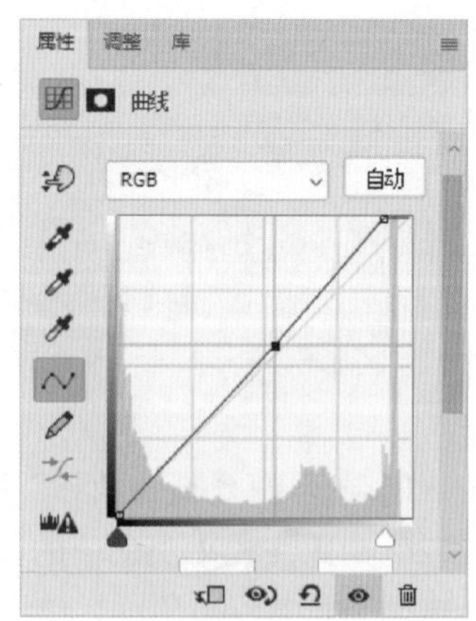

图 8-97

10 处理前后对比效果如图 8-98 和图 8-99 所示，对处理完成的文件以“人像调色.psd”为文件名进行保存。

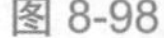

图 8-98

图 8-99

8.5　折页广告设计与制作

在进行广告设计过程中，各类型的设计作品和所有产品制作一样都有通用的尺寸标准。拿画册制作来说最常用的尺寸为 A4 幅面，其成品尺寸为 210 mm × 285 mm，在设计时需要对设计页面进行展开，即成品展开尺寸为 420 mm × 285 mm，四边各做 3 mm 出血位，画册的设计尺寸为 426 mm × 291 mm，中间加参考线分为两个页码。除此之外 A3 幅面（420 mm × 285 mm）、A5 幅面（210 mm × 140 mm）、A6 幅面（140 mm × 100 mm）这三个尺寸的画册也比较常见。画册也包含一些异形尺寸，如展示高档产品的方形画册尺寸一般为 210 mm × 210 mm、280 mm × 280 mm，也可以根据客户的不同要求有所变动。

对于折页广告，常规 A4 三折页的设计尺寸是 216 mm × 291 mm，印刷成品展开尺寸为 210 mm × 285 mm，折叠后的成品尺寸是 210 mm × 95 mm。A3 三折页的设计尺寸通常是 426 mm × 291 mm，印刷成品的展开尺寸是 420 mm × 285 mm，折叠后的成品尺寸是 140 mm × 285 mm。

案例 8-5　武功山旅游三折页广告设计与制作

要求：参照三折页尺寸，利用 Photoshop 相关工具及命令，结合给定的素材完成武功山旅游三折页广告制作。

操作步骤如下：

1 新建文件，文件名称为“武功山旅游折页”，宽高尺寸为 285 mm × 210 mm，分辨率为 300 像素/英寸，颜色模式为 RGB 颜色，其他参数保持默认，如图 8-100 所示，单击“创建”按钮，完成文件创建。

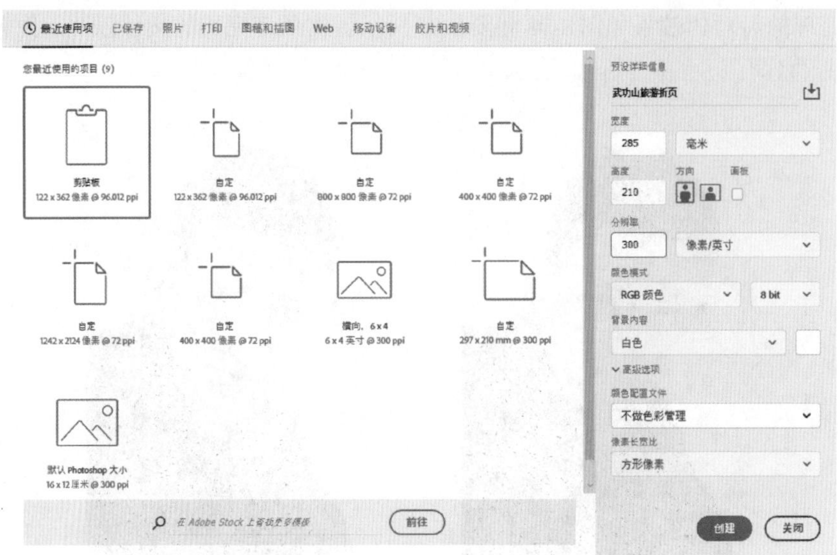

图 8-100

2 单击“视图”>“新建参考线”命令，弹出“新建参考线”对话框，选择“水平”，分别在0毫米和210毫米处新建水平参考线，选择“垂直”，分别在0毫米、95毫米、190毫米和285毫米出处新建垂直参考线。

3 单击“图像”>“画布大小”命令，将宽度和高度各增加6 mm，为设计稿预留出血，相关设置如图8-101所示，单击“确定”按钮，效果如图8-102所示。

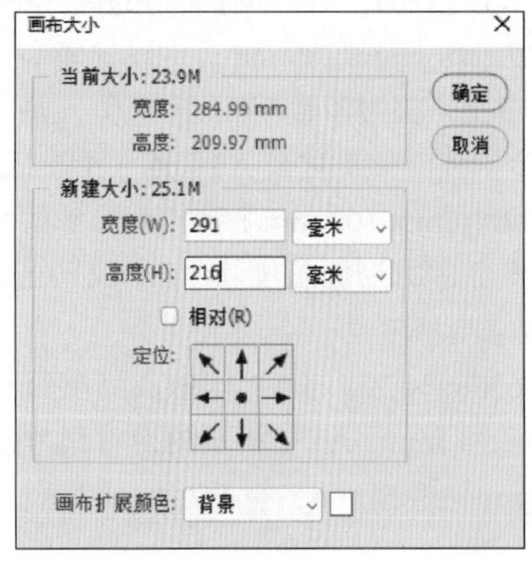

图 8-101

图 8-102

4 新建图层组，重命名为“外折页”，定义前景色RGB值为（100，100，100），如图8-103所示，选择“矩形工具”，在属性栏中类型选择“形状”，更改填充颜色为前景色，描边颜色为无，在“外折页”图层组中绘制矩形，重命名为“外页主图”，如图8-104所示。

5 打开素材文件夹中的“武功山主图.jpg”，将其拖动到“武功山旅游折页”文件中，并放置在图层“外页主图”上方，将该图层转换为“智能对象”图层，重命名图层名称为“武功山主图”，调整图片大小，按住【Alt】键在两图层之间单击，将图片置入到形状图层，如图8-105所示，图层分布情况如图8-106所示。

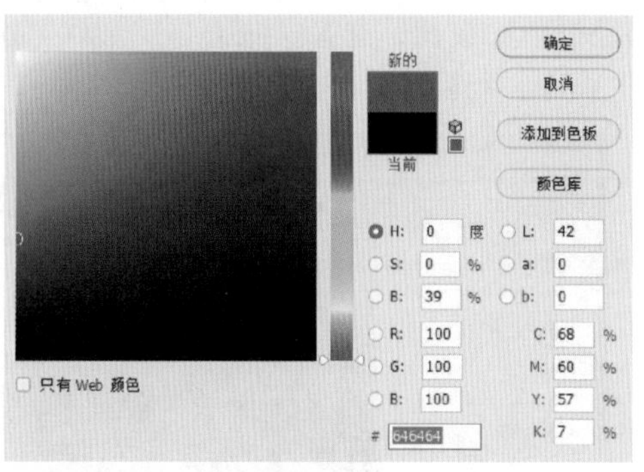

图 8-103

图 8-104

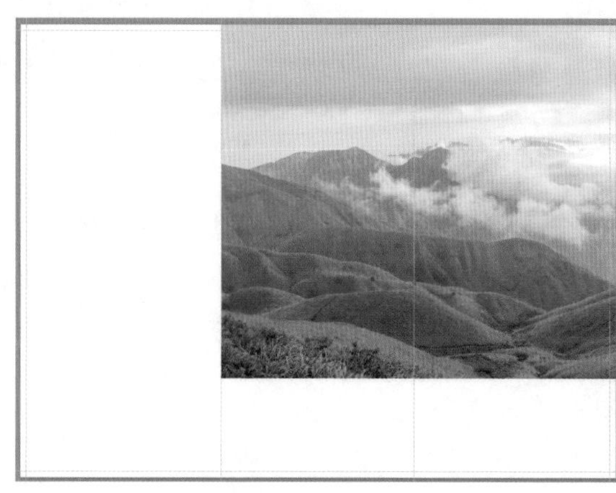

图 8-105

图 8-106

6 选择“武功山主图”图层，按【Ctrl+M】组合键调出曲线命令，对图像的RGB值进行调整，具体调整参数如图8-107~图8-109所示。

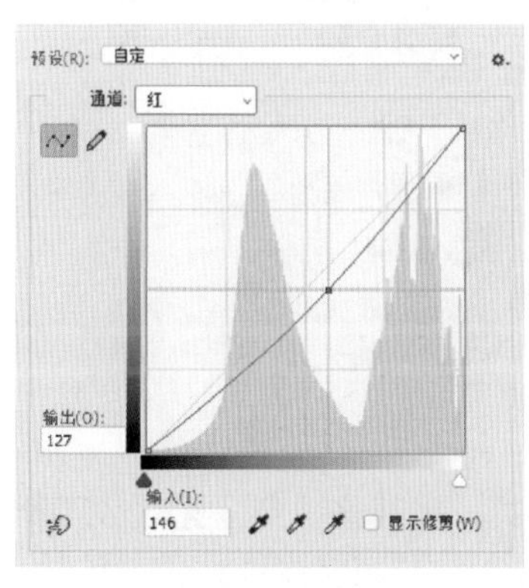

图 8-107

图 8-108

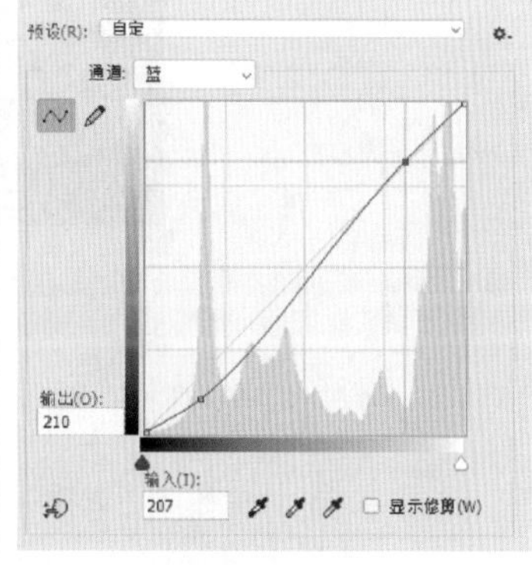

图 8-109

7 选择“矩形工具”，在属性栏中类型选择“形状”，更改填充颜色为前景色，描边颜色为无，在“外折页”图层组中绘制矩形，重命名为“标题区”，在标题区上方绘制一个小正方形，并将小正方形旋转45度，移动到图8-110所示的位置。

8 按住【Shift】键单击刚绘制矩形的形状图层和标题区形状图层，按【Ctrl+E】组合键进行合并，并重命名图层名称为“标题区”，选择工具箱中的“路径选择工具”，单击小正方形，使其处于选中状态，选择属性栏中的“路径操作”按钮，选择“减去顶层形状”选项，并选择“路径操作”按钮下的“合并形状组件”命令，得到图8-111所示的效果。

图 8-110

图 8-111

9 指定前景色为绿色，RGB值为（33，96，50），按【Alt+Delete】组合键，为绘制好的“标题区”形状填充绿色。按【Ctrl+J】组合键，复制“标题区”图层，图层名称为“标题区拷贝”，打开“8.5折页设计”素材文件夹中的“标题区底纹.jpg”文件，将其拖动到“武功山旅游折页”文件中，将图层重命名为“标题区底纹”，将图层转换为智能对象，调整图片大小，将其置入到“标题区拷贝”图层中，如图8-112所示，调整“标题区拷贝”图层的不透明度为20%，得到图8-113所示效果。

图 8-112

图 8-113

10 复制“标题区”形状图层，图层命名为“标题区拷贝2”，将其移动到“标题区”图层下方，选择工具箱中的“移动工具”，向上移动一段距离，双击“标题区拷贝2”图层，为其指定“颜色叠加”图层样式，设置填充黄色，RGB值为（255，206，9）得到图8-114、图8-115所示效果。

11 打开素材文件夹中的“浪漫.png”文件，并将其拖动到“武功山旅游折页”文件中，将图层重命名为“标题文字”，将图层转换为智能对象，调整图片大小，将其放置到合适位置，双击图层添加“颜色叠加”（白色）和“投影”（颜色为黑色，不透明度为35%，角度为9度，距离为10像素，其他参数均为0）图层样式效果，效果如图8-116、图8-117所示。

图 8-114

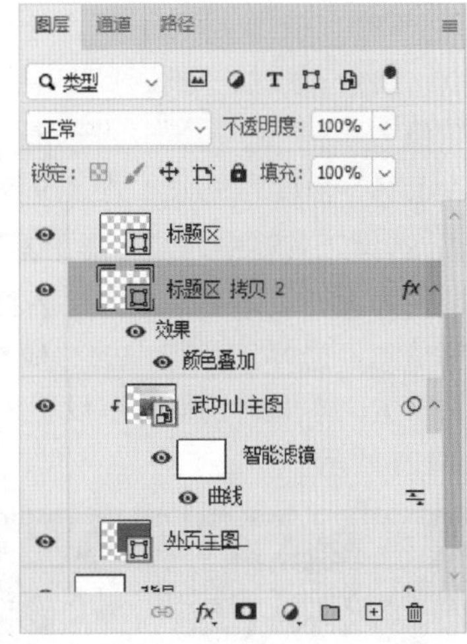

图 8-115

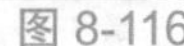

图 8-116

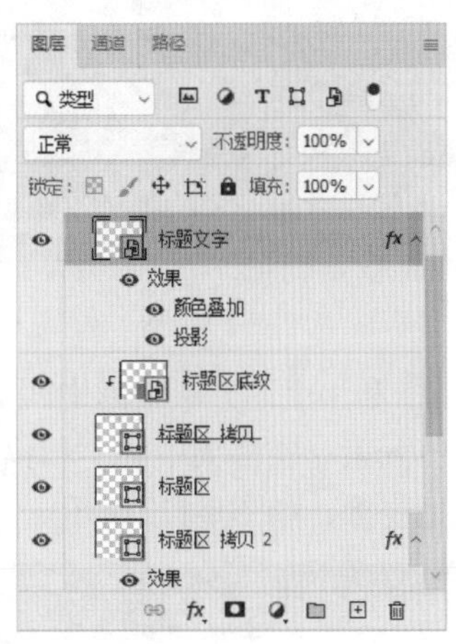

图 8-117

12 按住【Ctrl】键单击“标题文字”图层，将图层转换为选区，如图 8-118 所示，单击图层面板下方的“创建新图层”按钮，新建一个空白图层，命名图层名称为“花瓣”，指定前景色为粉色 RGB 值为（235，88，132），按【Alt+Delete】组合键为选区添加粉色，按【Ctrl+D】组合键取消选区，选择工具箱中的“橡皮擦工具”，擦除浪漫字体上的粉色，得到图 8-119 所示效果。

图 8-118

图 8-119

13 选择“横排文字工具”，分别输入“WUGONG　MOUNTAIN”（微软雅黑，Regular，9.27点，白色；添加“投影”图层样式，黑色，不透明度35%，角度为90度，距离4像素，其他数值为0）、“武功山”（华文行楷，60.33点，白色；添加“投影”图层样式，黑色，不透明度35%，角度为90度，距离9像素，其他数值为0）得到图8-120所示效果。

14 选择工具箱中的“矩形工具”，绘制矩形，填充颜色为绿色，RGB为（33，96，50），描边颜色为无，重命名矩形图层名称为“矩形线条”，将素材文件夹中的“文字信息.txt”中的文字信息，选择工具箱中的“横排文字工具”，在文件右上角拖动出段落文本框，将文字信息粘贴进文本框，调整文字设置（思源黑体，ExtraLight，9.22点，锐利，字体颜色为黑色），如图8-121所示。

图 8-120

国家级AAAAA级旅游景区
国家级风景名胜区
国家地质公园
国家自然遗产

图 8-121

15 利用上述方法绘制中间部分的矩形形状，并重命名图层为“联络区”，填充颜色为白色，打开素材文件夹中的“扫描方式.png”和“联络方式.png”文件，拖动到文件中，调整到合适位置，如图8-122所示。

图 8-122

16 利用步骤（14）的方法绘制两个矩形，分别命名为“矩形线条2”和“矩形线条3”，分别填充白色和绿色（RGB值为（33，96，50）），如图8-123所示。

17 在文件左侧绘制装饰线条，更改图层名称为“矩形线条4”和“矩形线条5”，新建图层组，重命名为“关于武功山”，选择工具箱中的“横排文字工具”，输入文字“关于”

（思源黑体，Light，9 点，平滑，字体颜色为灰色，RGB 值为（51，51，51））和“武功山”（华文行楷，20.53 点，字体颜色为灰色 RGB 值为（51，51，51）），利用“矩形工具”绘制装饰线条，填充颜色为灰色 RGB 值为（51，51，51），重命名图层名称为“装饰线条”，调用素材文件夹中的“武功山图标.png”，拖动到文件中，更改图层名称为“武功山图标”，将图层转换为智能对象，调整图像大小，为其添加“颜色叠加”图层样式，添加颜色为绿色，RGB 值为（33，96，50），效果如图 8-124、图 8-125 所示。

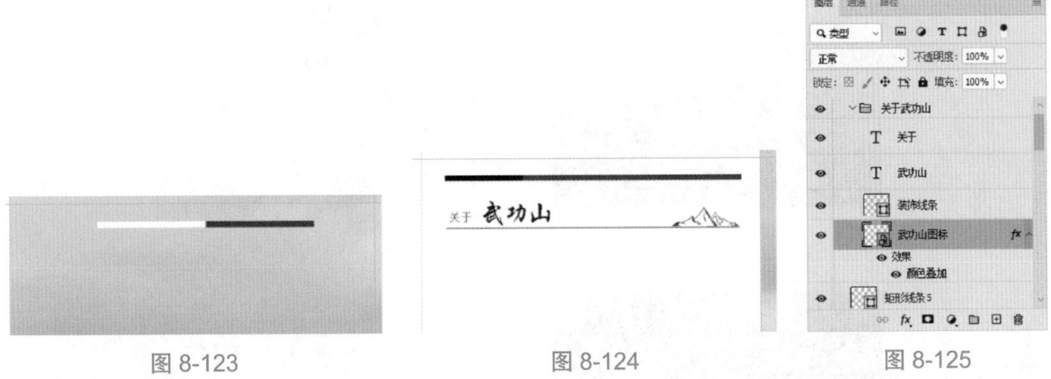

图 8-123　　图 8-124　　图 8-125

18 打开素材文件夹中的“文字信息.txt”，复制“关于武功山”内容中的第一段文字信息，选择工具箱中的“横排文字工具”，在文件左上部分拖动出段落文本框，将文字信息粘贴进文本框，调整文字设置（思源黑体，Light，8 点，锐利，字体颜色为灰色，RGB 值为（51，51，51）），在字符面板中调整参数，效果如图 8-126、图 8-127 所示。

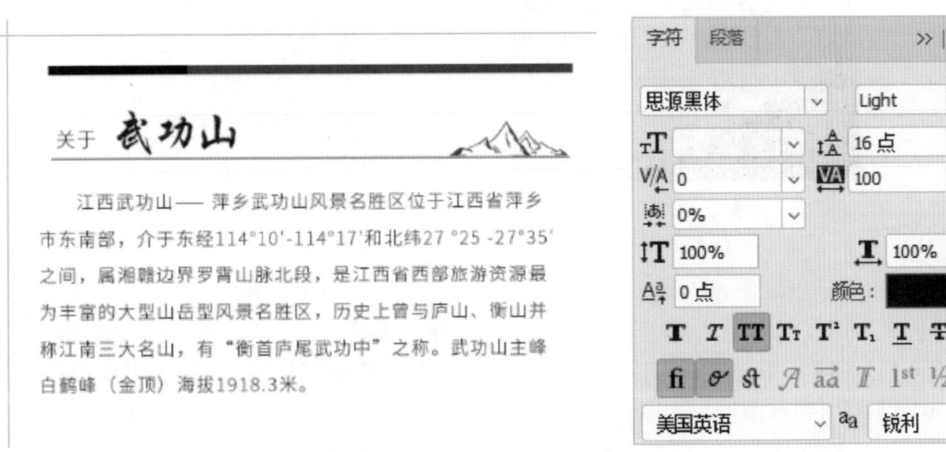

图 8-126　　图 8-127

19 打开素材文件夹选择“登山照片.png”将其拖动到文件中，更改图层名称为“登山照片”，将图层转换为智能对象，并调整到合适大小和位置，在图片下方输入文字“醉美武功山之秋日登顶美景”，字号为 6 点，其他默认，效果如图 8-128、图 8-129 所示。

20 用同样的方法复制“关于武功山”内容中第二段文字，调用素材文件夹中的“夕阳登山”图片，调整图片大小及位置，在图片下方输入“醉美武功山之夕阳美景”，效果如图 8-130、图 8-131 所示。

图 8-128

图 8-129

图 8-130

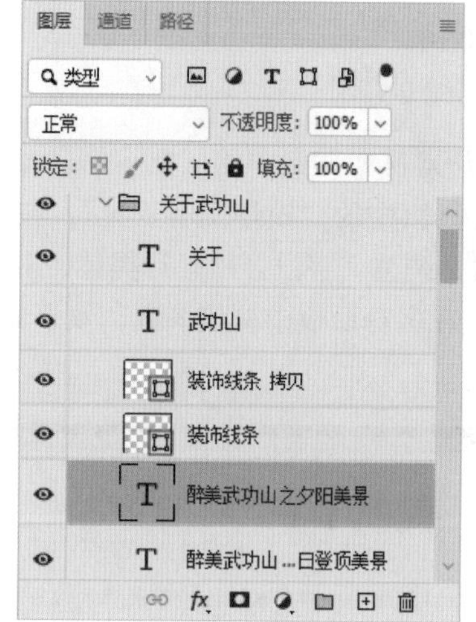

图 8-131

21 单击图层面板下方的“新建组”按钮，新建一个图层组，并重命名为“内折页”，复制“外折页”图层组中的“标题区底纹”至“标题区拷贝 2”四个连续图层，如图 8-132 所示，并将其复制到“内折页”图层组中，单击“外折页”图层组前方的眼睛图标 ，隐藏“外折页”图层组所有图层，如图 8-133 所示，并将图层移动到图 8-134 所示位置。

22 选择“矩形工具”，绘制矩形形状，填充为灰色 RGB 值为（100，100，100），更改图层名称为“武功山云海”，从素材文件中选择“武功山云海.jpg”，将其拖动到文件中，更改图层名称为“武功山云海”，放置在矩形形状上方，转换为智能对象，并置入到形状图层中，如图 8-135、图 8-136 所示。

23 选择工具箱中的“横排文字工具”，输入“武功山美景”（思源黑体，Regular，24 点，白色），复制素材文件夹中“武功山美景”下方的文字信息，拖动出段落文本框，并将复制的文字粘贴入文本框中，调整文字相关设置（思源黑体，Light，8 点，白色）。选择“形状工具”，绘制一个填充颜色为白色的长方形形状，作为分隔线，重命名图层名称为“分隔线”，放置到图 8-137、图 8-138 所示位置。

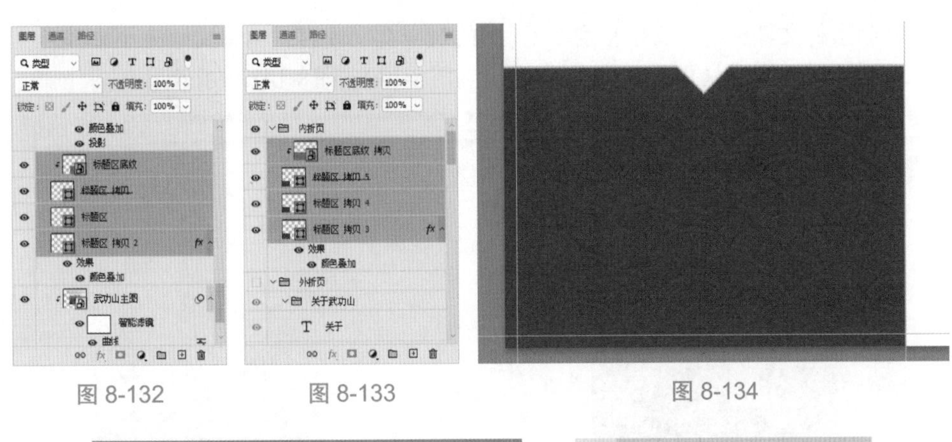

图 8-132　　图 8-133　　图 8-134

图 8-135

图 8-136

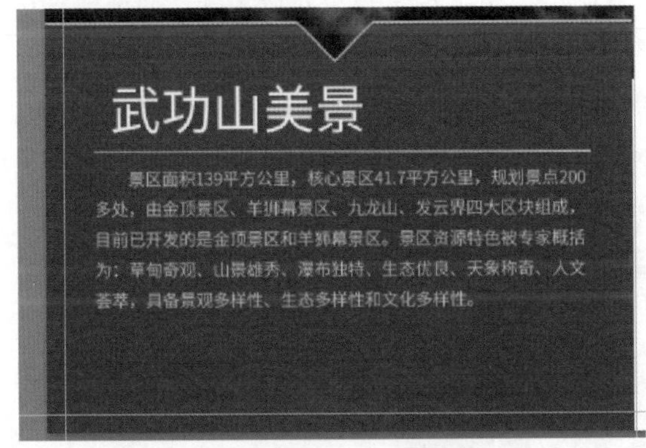

图 8-137

图 8-138

24 复制“外折页”图层组中的“矩形线条4”和“矩形线条5”，放置到“内折页”图层组中的中间页面位置，并再次复制放置在右侧位置，如图8-139所示。

25 复制素材文件夹中“文字信息.txt”中的“武功山旅游属于您的高山草甸户外天堂”，并调整文字大小和颜色（思源黑体，Heavy，16点，红色（194，25，32）），放置到相应位置，从“外折页”图层组中复制“装饰线条图层”，移动到“内折页”图层组中，更名为“装饰线条”，复制素材文件夹中“文字信息.txt”中的对应文字内容，调整文字大小和颜色（思源黑体，Light，8点，红色（92，92，92）），得到图8-140、图8-141所示效果。

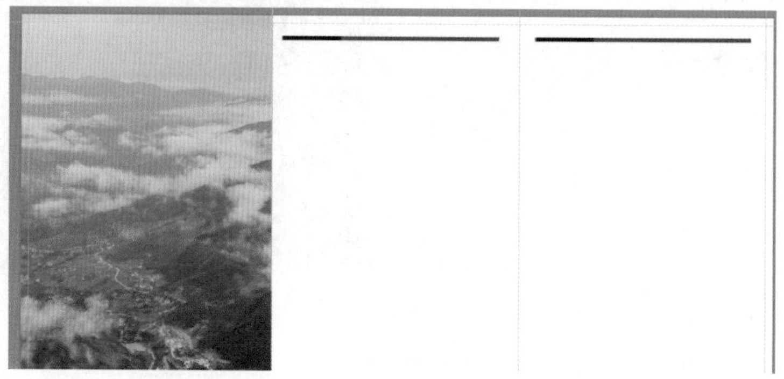

图 8-139

图 8-140

图 8-141

26 新建一个图层组，重命名为“便捷武功山”，将“外折页”图层组中的“关于”“武功山”“装饰线条”和“武功山图标”四个图层进行复制，并放入到“便捷武功山”图层组中，更改相应的文字信息，绘制矩形形状，命名为“中庵”，并将素材“中庵.jpg”参照前面的方法置入到形状中，更改图层名称，得到图8-142所示的效果。

图 8-142

27 利用上述方法复制装饰线条及文字，利用相似方法完成“驴友武功山”和“管理武功山”内容的制作，最终效果如图 8-143、图 8-144 所示，对最终文件进行保存。

图 8-143

图 8-144

8.6 创意海报

创意海报设计过程中，如果是图片占据主体，我们应该从图片的颜色、虚实、布局、结构、内容等多方面进行设计和处理，通过大面积的图片可以使读者更好地理解海报的主题内涵；如果以文字为主体，我们应该从文字字体、颜色、格式等方面进行设计；如果采用图文并用的方式，则图片表达设计的主体内容，文字表述主题、要点内容、主办单位、时间地点等信息，将整个海报的版面、大小、布局、文字、图案等内容统一起来，形成一个有机整体。在设计时要注意布局是否合理，图片与主体是否保持一致，文字与图片是否和谐，留白是否容易形成视觉上的疲劳感等问题。

案例 8-6 植树节海报

要求：使用photoshop相关工具及命令，结合给定的素材完成植树节海报案例制作。

操作步骤如下：

1 新建空白文件，文件名称为“植树节海报”，文件大小为30 cm×45 cm，分辨率为300像素/英寸，颜色模式为RGB颜色，背景内容为白色，其他参数默认，如图8-145所示，单击“创建”按钮。

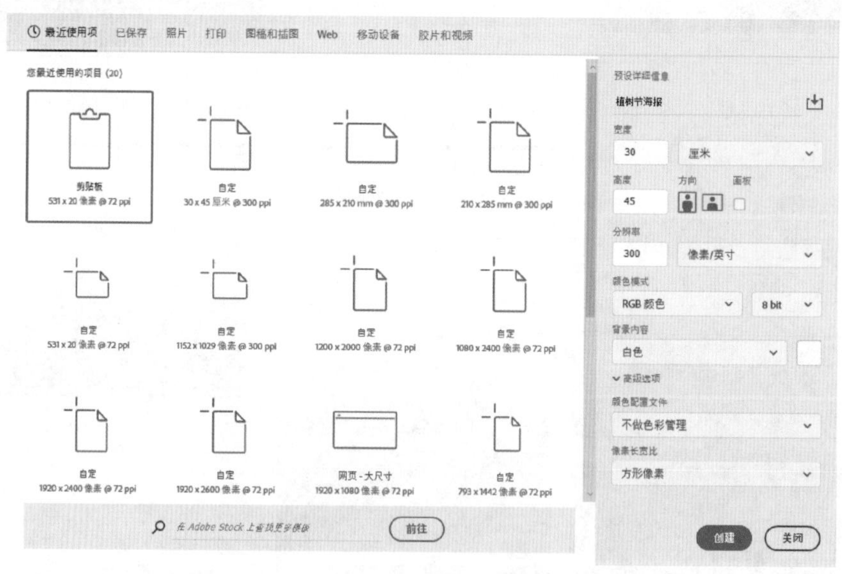

图 8-145

2 打开素材“创意海报制作”文件夹中的“背景.jpg”文件，拖动到文件中，移动到合适位置，更改图层名称为“背景图片”，单击图层面板下方的“创建新的填充或调整图层”按钮，更改图层颜色（色相+5，饱和度-22，明度+22），单击属性面板下方的“剪切到此图层”按钮，使其处于此状态，让“色相/饱和度”命令只影响“背景图片”图层。

3 打开素材文件夹中的“草地.png”文件，拖动到文件中，移动到合适位置，为其添加“色相/饱和度”命令（色相0，饱和度-40，明度0），单击属性面板下方的“剪切到此图层”按钮，使其处于此状态，让“色相/饱和度”命令只影响“草地”图层，如图 8-146 所示，继续添加“色阶”调整图层（中间调输入色阶为 1.42，高光输出色阶为 236），单击属性面板下方“剪切到此图层”按钮，使其处于此状态，让“色阶”命令只影响“草地”图层，如图 8-147、图 8-148 所示。

图 8-146

图 8-147

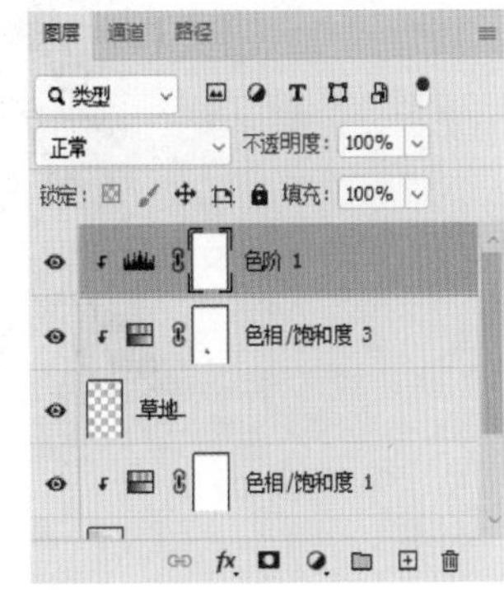

图 8-148

4 用同样的方法，调整“绿地.jpg”素材，添加“色相/饱和度”调整图层（色相+5，饱和度-29，明度0）和“色阶”调整图层（中间调输入色阶为 1.78，高光输出色阶为 221）并放置在“草地”素材上方，更改图层名称为“绿地”图层，为“绿地”图层添加“图层蒙版”，选择柔性画笔，前景色设置为黑色，将多余内容进行擦除。

5 打开素材库中的“阴影.png”，拖动到文件中，调整大小，移动到“草地”图层下方，放置在图 8-149 所示位置，图层顺序如图 8-150 所示。

图 8-149

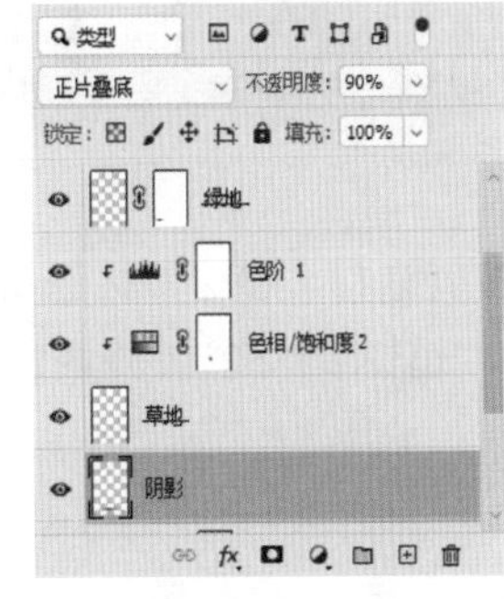

图 8-150

6 打开素材库中的“树木.png”，拖动到文件中，调整大小，移动到“绿地”图层上方的“色阶 2”图层上方，同时新建一个图层组，更名为“剪影”，将素材中的“父子”“情侣”“女士”“运动”四个剪影文件拖动到该图层组中，并调整图片的位置及大小，如图 8-151 所示，图层顺序如图 8-152 所示。

7 打开“剪影置入素材”拖动到文件中，放置在“剪影”图层组上方，更改图层名称为“剪影置入素材”，按住【Alt】键左键单击“剪影置入素材”图层和“剪影”图层组之间，将素材置入到“剪影”图层组中，为“剪影置入素材”图层创建新的“色相/饱和度”调整图层（色相+42，饱和度-41，明度0），单击属性面板下方的“剪切到此图层”按钮使其处于此状态，让“色相/饱和度”命令只影响“剪影置入素材”图层，得到图 8-153 所示效果，图层顺序如图 8-154 所示。

图 8-151

类型
正常 不透明度：100%
锁定： 填充：100%
剪影
运动
女士
情侣
父子
树木

图 8-152

图 8-153

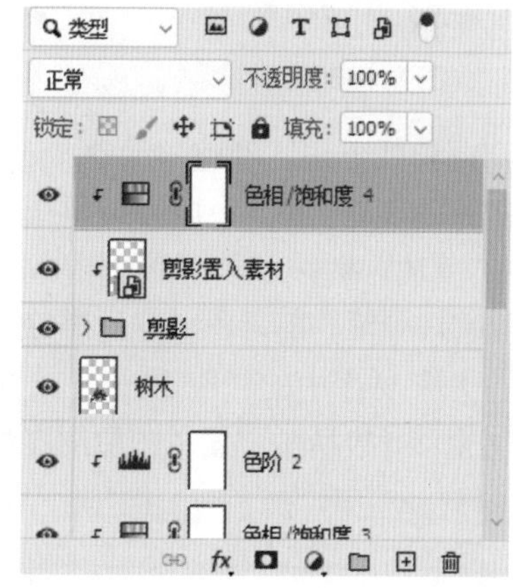

图 8-154

8 打开素材“植树节标题.png”，拖动到文件中，将素材图层转换为智能对象，更改图层名称为“植树节标题”，并调整到合适大小和位置，如图 8-155、图 8-156 所示。

图 8-155

图 8-156

9 新建图层组，重命名为“文字”，分别输入“低碳人生”、“从种下一颗树开始”（华文仿宋，28点，平滑，颜色为黑色）以及“ARBOR DAY”（黑体，18点，锐利，颜色为黑色），并选择英文，按住【Alt】键，多次按【→】键，对“字体间距”进行调整，得到图8-157所示效果，图层顺序图8-158所示。

图 8-157

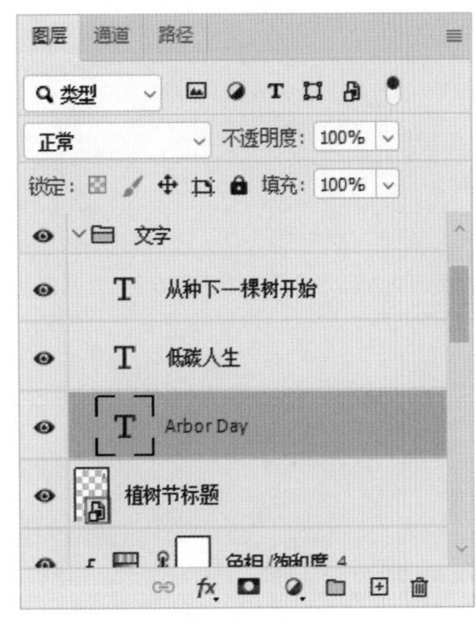

图 8-158

10 打开素材文件“飞鸟”，拖动到文件中，将素材图层转换为智能对象，更改图层名称为“飞鸟”，添加“颜色叠加”图层样式（RGB值为（73，212，145）），并调整到合适大小和位置，如图8-159所示，图层顺序如图8-160所示。

图 8-159

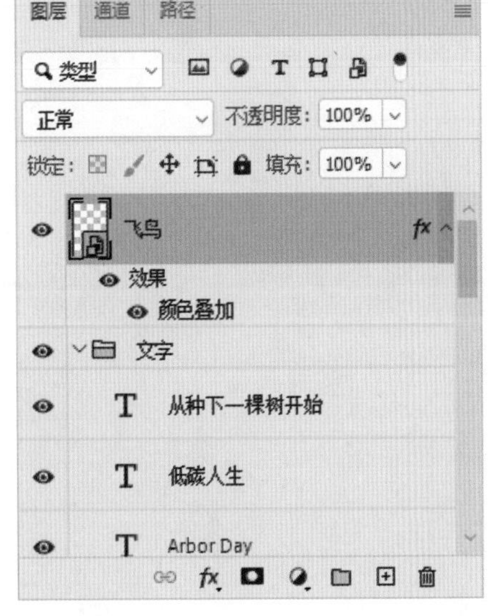

图 8-160

11 对制作好的文件以“植树节海报.psd”为名称进行保存。